TEUBNER-TEXTE zur Informatik   Band 33

U. Störl

Backup und Recovery in Datenbanksystemen

TEUBNER-TEXTE zur Informatik

Herausgegeben von

Prof. Dr. Johannes Buchmann, Darmstadt
Prof. Dr. Udo Lipeck, Hannover
Prof. Dr. Franz J. Rammig, Paderborn
Prof. Dr. Gerd Wechsung, Jena

Als relativ junge Wissenschaft lebt die Informatik ganz wesentlich von aktuellen Beiträgen. Viele Ideen und Konzepte werden in Originalarbeiten, Vorlesungsskripten und Konferenzberichten behandelt und sind damit nur einem eingeschränkten Leserkreis zugänglich. Lehrbücher stehen zwar zur Verfügung, können aber wegen der schnellen Entwicklung der Wissenschaft oft nicht den neuesten Stand wiedergeben.

Die Reihe „TEUBNER-TEXTE zur Informatik" soll ein Forum für Einzel- und Sammelbeiträge zu aktuellen Themen aus dem gesamten Bereich der Informatik sein. Gedacht ist dabei insbesondere an herausragende Dissertationen und Habilitationsschriften, spezielle Vorlesungsskripten sowie wissenschaftlich aufbereitete Abschlußberichte bedeutender Forschungsprojekte. Auf eine verständliche Darstellung der theoretischen Fundierung und der Perspektiven für Anwendungen wird besonderer Wert gelegt. Das Programm der Reihe reicht von klassischen Themen aus neuen Blickwinkeln bis hin zur Beschreibung neuartiger, noch nicht etablierter Verfahrensansätze. Dabei werden bewußt eine gewisse Vorläufigkeit und Unvollständigkeit der Stoffauswahl und Darstellung in Kauf genommen, weil so die Lebendigkeit und Originalität von Vorlesungen und Forschungsseminaren beibehalten und weitergehende Studien angeregt und erleichtert werden können.

TEUBNER-TEXTE erscheinen in deutscher oder englischer Sprache.

Backup und Recovery in Datenbanksystemen

Verfahren, Klassifikation, Implementierung und Bewertung

Von Dr. Uta Störl
Dresdner Bank AG, Frankfurt am Main

Springer Fachmedien Wiesbaden GmbH

Dr. Uta Störl

Geboren 1970 in Jena. Von 1989 bis 1994 Studium der Mathematik an der Friedrich-Schiller-Universität Jena; Diplomarbeit am Wissenschaftlichen Zentrum der IBM in Heidelberg. Anschließend von 1995 bis 1999 wissenschaftliche Mitarbeiterin am Lehrstuhl für Datenbanken und Informationssysteme der Universität Jena.

Forschungsarbeiten im Bereich Sicherungs- und Wiederherstellungstechniken für Datenbanken; Promotion in diesem Themenbereich 1999. Seit November 1999 Research Professional bei der Dresdner Bank AG, Frankfurt am Main. Arbeitsschwerpunkte: Analyse und Bewertung neuer Technologien

Die Deutsche Bibliothek – CIP-Einheitsaufnahme

1. Auflage April 2001

Alle Rechte vorbehalten
© Springer Fachmedien Wiesbaden 2001
Ursprünglich erschienen bei B. G. Teubner GmbH, Stuttgart/Leipzig/Wiesbaden, 2001

www.teubner.de

Umschlaggestaltung: Peter Pfitz, Stuttgart

ISBN 978-3-519-00416-5   ISBN 978-3-663-09332-9 (eBook)
DOI 10.1007/978-3-663-09332-9

Meinen Eltern

Vorwort

Verfügbarkeit von Daten und Schutz vor Datenverlust sind Hauptanforderungen von Datenbankanwendern. Große betriebliche integrierte Informationssysteme und neue Datenbankanwendungsgebiete haben in den letzten Jahren dazu geführt, daß die Menge der in Datenbanksystemen verwalteten Daten rapide zunimmt. Durch die wachsende Datenmenge und die gleichzeitig steigenden Verfügbarkeitsanforderungen treten bei den heute verwendeten Sicherungs- und Wiederherstellungsverfahren oftmals erhebliche Performance-Probleme auf. Daraus ergibt sich die Notwendigkeit effizienter Techniken für die Datensicherung und -wiederherstellung, deren Darstellung, Klassifikation, Vergleich und Weiterentwicklung Inhalt des vorliegenden Buches ist.

Es werden Klassifikationskriterien für Sicherungs- und Wiederherstellungstechniken von Datenbanken eingeführt. Existierende Ansätze für die Behandlung von Externspeicherfehlern in wissenschaftlichen Arbeiten werden präsentiert und eine Einordnung und Abgrenzung zu Arbeiten aus dem Bereich der Transaktions- und Systemfehlerbehandlung vorgenommen. Darüber hinaus wird ein ausführlicher Überblick über den Stand in kommerziellen Datenbanksystemen gegeben.

Neben der Diskussion der Funktionalität von Sicherungs- und Wiederherstellungstechniken bilden quantitative Leistungsbetrachtungen einen Schwerpunkt des Buches. Um quantitative Vergleiche, Bewertungen und Performance-Abschätzungen vornehmen zu können, werden analytische Kostenmodelle für verschiedene Backup- und Recovery-Techniken vorgestellt. Zur Validierung der Modelle wurden verschiedene Verfahren in einem DBMS-Prototyp implementiert und entsprechende Leistungsuntersuchungen durchgeführt. Um die erhaltenen Ergebnisse mit denen in real existierenden Datenbanksystemen vergleichen zu können, wurde ein datenbanksystemunabhängiger Backup- und Recovery-Benchmark entworfen und realisiert.

Ausgehend von den bei der Modellierung und den Messungen erzielten Ergebnissen und dabei aufgedeckten Schwachstellen existierender Ansätze, werden Verbesserungsmöglichkeiten und neue Ansätze für die Behandlung von Externspeicherfehlern vorgeschlagen. Zur Steigerung der Performance des Anwendens von Log-Information während der Recovery wurde ein Log-Clustering-Verfahren zur Nachbehandlung von Log-Information entwickelt. Idee dieses Verfahrens ist eine Neusortierung und physische Neuanordnung der Log-Einträge dergestalt, daß beim Anwenden der Log-Einträge die Lokalität der Änderungsoperationen erhöht wird. Dadurch wird die Buffer Hit Ratio während der Wiederherstellung signifikant verbessert und damit die Wiederherstellungszeit verringert.

Für verschiedene Backup- und Restore-Techniken werden Klassifikationen, Implementierungsvarianten und Leistungsuntersuchungen vorgestellt. Ein Schwerpunkt sind dabei Verfahren zur inkrementellen Sicherung von Datenbanken. Durch analytische Modelle und Meßergebnisse wird verdeutlicht, welche entscheidende Rolle die effiziente Implementierung des Lesens der veränderten Seiten für die Leistungsfähigkeit der inkrementellen Sicherungsverfahren darstellt. Es wird ein neues Verfahren vorgestellt, mit dem signifikante Performance-Verbesserungen erreicht werden können. Für Verfahren zum parallelen Backup und Restore wird eine Klassifikation gegeben, und die Eigenschaften der verschiedenen Verfahren werden erläutert. Ihre Leistungsfähigkeit wird anhand analytischer Modelle und prototypischer Implementierungen diskutiert.

Das vorliegende Buch basiert im wesentlichen auf der während meiner Tätigkeit als wissenschaftliche Mitarbeiterin am Lehrstuhl für Datenbanken und Informationssysteme in Jena entstandenen Dissertation [Stö99a, Stö00]. Meinem Doktorvater Herrn Prof. Dr. Klaus Küspert möchte ich für die Anregung zur Beschäftigung mit dem Thema Backup und Recovery in Datenbanksystemen und vor allem für die permanente Unterstützung, die kritischen Diskussionen und die hilfreichen Kommentare während der gesamten Zeit danken.

Den Herren Prof. Dr. Albrecht Blaser, Universität Heidelberg, und Prof. Dr. Peter Dadam, Universität Ulm, danke ich für die Bereitschaft zur Übernahme der weiteren Dissertationsgutachten. Bei Herrn Prof. Blaser möchte ich mich darüber hinaus für seine interessanten und engagierten Vorlesungen, mit denen er mich für die Welt der Datenbanken begeistert hat, und seine unterstützende Begleitung in den vergangenen Jahren bedanken.

Dank gebührt auch den Studenten, die durch ihre Studien- und Diplomarbeiten bei der Produktevaluierung bzw. der Implementierung des DBMS-Prototyps einen großen Beitrag zum Gelingen der Arbeit geleistet haben. Hier seien besonders Robert Baumgarten, Christoph Gollmick, Gert Großmann, Marco Maxeiner und Arndt Schweinitz genannt.

Den Firmen IBM, Software AG und SQL Datenbanksysteme danke ich für die Bereitstellung ihrer Datenbankprodukte. Bei Herrn Dr. Harald Schöning von der Software AG Darmstadt möchte ich mich für die vielen interessanten Diskussionen in den vergangenen Jahren bedanken.

Meinem ehemaligen Kollegen Dr. Ralf Schaarschmidt danke ich für das sorgfältige und kritische Korrekturlesen vieler Veröffentlichungen und der Dissertation sowie für die interessanten Diskussionen und Anregungen. Für die große technische und persönliche Unterstützung in den vergangenen Jahren möchte ich mich bei Jutta Sieron bedanken. Jan Nowitzky und Jens Lufter danke ich für ihren Beitrag zur Schaffung eines angenehmen Arbeitsumfeldes am Lehrstuhl.

Dem Verlag B. G. Teubner und Herrn Jürgen Weiß in Leipzig sowie dem Mitherausgeber Prof. Dr. Udo Lipeck, Universität Hannover, danke ich für die Möglichkeit, dieses Buch im Teubner-Verlag zu veröffentlichen. Bei der Firma IBM, insbesondere bei den Herren Manfred Päßler, Düsseldorf, und Dr. Hans-Joachim Renger, Böblingen, möchte ich mich für die Unterstützung der Publikation bedanken.

Besonderer Dank gebührt meinem Mann und meinen Freunden für die motivierende Unterstützung in den vergangenen Jahren und das Verständnis für den leider oft notwendigen Verzicht auf gemeinsame Zeit.

Jena und Frankfurt am Main, im Januar 2001   *Uta Störl*
                                                                       Uta.Stoerl@gmx.de

Inhaltsverzeichnis

1 Einleitung   **15**

  1.1 Motivation 15

  1.2 Ziele des Buches 16

  1.3 Abgrenzung zu anderen Arbeiten 17

  1.4 Aufbau des Buches 18

2 Grundlagen   **21**

  2.1 Architektur eines Datenbanksystems 21

  2.2 Fehlerbehandlung in Datenbanksystemen 22

  2.3 Backup 24

    2.3.1 Partielles Backup 25

    2.3.2 Inkrementelles Backup 26

    2.3.3 Online-Backup 27

    2.3.4 Paralleles Backup 27

  2.4 Recovery 28

    2.4.1 Partielle Recovery 28

    2.4.2 Point-In-Time-Recovery 29

    2.4.3 Online-Recovery 29

    2.4.4 Paralleles Restore 30

  2.5 Stand der Forschung 30

  2.6 Stand der Technik 33

  2.7 Weitere Ansätze zum Schutz vor Datenverlust 36

    2.7.1 Spiegelung 37

    2.7.2 RAID 37

    2.7.3 Remote-Backup 39

  2.8 Zusammenspiel mit anderen Sicherungssystemen 41

2.8.1   Betriebssystemdienste 41

2.8.2   Speichermanagementsysteme 43

2.8.3   Koordination der Sicherungsstrategien 43

3 Konzepte und Werkzeuge für quantitative Untersuchungen   45

3.1   Überblick 45

3.2   DBMS-Prototyp 47

    3.2.1   Architektur 47

    3.2.2   Buffer Manager 49

    3.2.3   Log Manager 50

    3.2.4   Transaction Manager 51

    3.2.5   Backup Manager 51

    3.2.6   Restore Manager 52

3.3   Analyse und Konvertierung von DB2-Logs 52

    3.3.1   Architektur 52

    3.3.2   Lesen von Log-Einträgen 52

    3.3.3   Statistische Auswertungen 53

    3.3.4   Konvertierung 56

3.4   Backup- und Recovery-Benchmark 56

    3.4.1   Architektur 57

    3.4.2   Funktionalität 58

    3.4.3   Schnittstelle 59

3.5   Untersuchungsszenarien 63

3.6   Meßumgebung 64

    3.6.1   Speicherverwaltung 65

    3.6.2   Verwendete Meßumgebung 66

    3.6.3   Verwaltung und Auswertung der Meßdaten 67

4 Logging und Reapply   69

4.1   Log-Protokollierung in Datenbanksystemen 69

    4.1.1   Grundlagen 69

    4.1.2   Archivierung von Log-Information 73

    4.1.3   Physisches Logging 75

    4.1.4   Logisches Logging 76

    4.1.5   Physiological Logging 77

4.1.6 Logging im DBMS-Prototyp 78

    4.1.6.1 Physisches Logging 79

    4.1.6.2 Physiological Logging 80

4.1.7 Logging in DB2 81

    4.1.7.1 Log-Protokollierungstechnik 81

    4.1.7.2 Archivierung von Log-Dateien 82

4.2 Reapply-Algorithmen 83

4.2.1 Reapply-Algorithmen mit Analysephase 83

4.2.2 Reapply-Algorithmen mit verkürzter Analysephase 85

4.2.3 Reapply-Algorithmen ohne Analysephase 86

4.3 Recovery-Verfahren 88

4.3.1 Point-In-Time-Recovery 88

4.3.2 Partielle Recovery 91

4.3.3 Online-Recovery 93

4.4 Leistungsuntersuchungen 94

4.4.1 Analytische Modelle 94

    4.4.1.1 Größe des Log 95

    4.4.1.2 Reapply 97

    4.4.1.3 Beispiele 101

4.4.2 Messungen 104

4.5 Log-Clustering-Verfahren **LogSplit** 105

4.5.1 **LogSplit**-Algorithmus 106

4.5.2 Reapply 109

4.5.3 Leistungsuntersuchungen 113

    4.5.3.1 Größe des Log 113

    4.5.3.2 Reapply 114

4.5.4 Anwendung von **LogSplit** für verschiedene Recovery-Verfahren 116

    4.5.4.1 Partielle Recovery 116

    4.5.4.2 Online-Recovery 117

    4.5.4.3 Paralleles Reapply 118

5 Backup und Restore **121**

5.1 Komplett-Backup und -Restore 121

   5.1.1 Implementierung 121

   5.1.2 Leistungsuntersuchungen 122

      5.1.2.1 Analytische Modelle 122

      5.1.2.2 Messungen 124

5.2 Online-Backup 128

   5.2.1 Klassifikation 128

   5.2.2 Implementierung 131

      5.2.2.1 Eingeschränktes Online-Backup 131

      5.2.2.2 Vollständiges Online-Backup 133

   5.2.3 Bewertung 135

5.3 Inkrementelles Backup 135

   5.3.1 Grundlagen 136

      5.3.1.1 Einfaches inkrementelles Backup 136

      5.3.1.2 Inkrementelles Multilevel-Backup 137

   5.3.2 Klassifikation 139

      5.3.2.1 Klassifikationskriterien 139

      5.3.2.2 Einfaches inkrementelles Backup 139

      5.3.2.3 Inkrementelles Multilevel-Backup 142

   5.3.3 Implementierung 143

      5.3.3.1 FullRead 144

      5.3.3.2 SelectiveRead 146

   5.3.4 Leistungsuntersuchungen 146

      5.3.4.1 Analytische Modelle 147

      5.3.4.2 Messungen 149

   5.3.5 SelectiveRead$_{Gap}$ 152

      5.3.5.1 Algorithmus 152

      5.3.5.2 Leistungsuntersuchungen 155

5.4 Paralleles Backup und Restore 157

   5.4.1 Grundlagen 157

      5.4.1.1 I/O-Parallelität 158

      5.4.1.2 Paralleles Backup und Restore 158

      5.4.1.3 Physische Speichereinheiten der Datenbank 159

5.4.1.4   Datenverteilung beim Backup 160

5.4.2   Klassifikation 163

    5.4.2.1   Klassifikationskriterien 163

    5.4.2.2   Bewertungskriterien 166

5.4.3   Implementierung 170

    5.4.3.1   Dynamische Verfahren 170

    5.4.3.2   Statische Verfahren 172

5.4.4   Leistungsuntersuchungen 176

    5.4.4.1   Analytische Modelle 176

    5.4.4.2   Messungen 180

6   Zusammenfassung und Ausblick   **183**

6.1   Ergebnisse 183

6.2   Weiterführende Arbeiten 185

Anhang   **191**

Literaturverzeichnis   **195**

Stichwortverzeichnis   **203**

Kapitel 1

Einleitung

1.1   Motivation

Immer weiter steigende Datenmengen sind das aktuelle Problem der heutigen Informationsverarbeitung. Dies gilt auch und gerade im Bereich der Datenbanken. Während 1980 die durchschnittliche Datenbankgröße noch 1 Megabyte betrug, sind es heute bereits 10 Gigabyte im Bereich operationaler Datenbanken. Das Marktforschungsunternehmen Gartner Group prognostiziert, daß sich die durchschnittliche Größe operationaler Datenbanken jährlich verdoppeln wird.

Im einem 1998 durchgeführten Wettbewerb um die größten operationalen Datenbanken [WA98] wurde als zum damaligen Zeitpunkt größte produktive Datenbank eine bei dem Transportunternehmen UPS installierte föderierte Datenbank mit einem Datenvolumen von 16,8 Terabyte ermittelt. Die größte zentralisierte Datenbank war eine vom Telekommunikationsunternehmen Telstra betriebene 4,3 Terabyte große Datenbank.

Neben diesen Extrembeispielen sind aber bereits heute beispielsweise im Bereich großer integrierter betrieblicher Informationssysteme à la SAP R/3 [Buc98] Datenbanken im Bereich mehrerer hundert Gigabyte keine Ausnahme mehr. Ein weiteres Datenbankanwendungsgebiet mit enormen Datenmengen sind Data Warehouses, in denen oftmals hunderte Terabyte verwaltet werden.

Aus diesen wachsenden Datenmengen ergeben sich zum einen Performance-Probleme für den normalen Datenbankbetrieb, zum anderen wird aber auch die Administration dieser Datenmengen komplizierter. Dies betrifft insbesondere die Sicherung der Daten. Die anwachsende Datenmenge führt zu längeren Sicherungs- und natürlich auch Wiederherstellungszeiten. Regelmäßige Komplettsicherungen sind kaum noch möglich [MN93], und die Frage der Sicherungsverfahren erhält dadurch eine völlig neue Dimension. Ein manchmal geäußertes Argument, daß die Fortschritte in der Externspeichertechnologie die Ausfallwahrscheinlichkeiten so minimieren würden, daß aufwendige Vorkehrungen für diesen Fall nicht mehr notwendig seien, ist so nicht haltbar. Große Datenbanken können nicht mehr auf einer einzelnen Platte gespeichert werden, sondern müssen über zahlreiche Platten verteilt werden. Unter der Annahme der Unabhängigkeit der Fehler (also der Annahme, daß die Fehler jeder einzelnen Platte unabhängig voneinander auftreten) berechnet sich die

Mean Time To Failure (MTTF) eines Platten-Cluster aus dem Quotienten der MTTF einer einzelnen Platte und der Anzahl der Platten in diesem Cluster [PGK88]. Damit erhöht sich die Wahrscheinlichkeit des Auftretens eines Fehlers im Gesamtsystem deutlich bei der Verwendung mehrerer Platten.

Erschwerend kommt eine zweite Tendenz, die Forderung nach immer höherer Verfügbarkeit, hinzu. Die Gründe für die wachsenden Verfügbarkeitsanforderungen sind vielfältig. Neben möglichen Wettbewerbsvorteilen, die man sich von einem hochverfügbaren EDV-System erhofft, wirkt sich auch der Zusammenschluß und die Internationalisierung von Unternehmen aus. Durch die Zentralisierung von Unternehmensdaten, auf die von Arbeitsplätzen in verschiedenen Ländern und Erdteilen zugegriffen wird, müssen aufgrund der Zeitverschiebung viele Daten nahezu rund um die Uhr verfügbar sein. Dadurch reduzieren sich die früher üblichen Zeiten für die Offline-Wartung der Daten dramatisch bzw. entfallen ganz.

Aus den dargestellten Problemen ergibt sich die Notwendigkeit effizienter Techniken für die Datensicherung und -wiederherstellung, deren Darstellung, Klassifikation, Vergleich und Weiterentwicklung Schwerpunkt dieses Buches sind.

1.2   Ziele des Buches

Ein Ziel dieses Buches ist es, einen ausführlichen Überblick über existierende Ansätze für die Behandlung von Externspeicherfehlern in Forschungsarbeiten und Produkten zu geben. Zwar existiert eine Vielzahl von Arbeiten, welche sich mit der Behandlung von Systemfehlern in Datenbanksystemen beschäftigen, hingegen gibt es bisher nur wenige wissenschaftliche Arbeiten zu Methoden und Verfahren der Behandlung von Externspeicherfehlern in Datenbanksystemen. Eine systematische Darstellung und Klassifikation fehlt bislang völlig. Die Betrachtungen müssen dabei unter verschiedenen Gesichtspunkten erfolgen. Aus Sicht eines Anwenders bzw. Datenbankadministrators ist es zunächst einmal natürlich wichtig zu wissen, welche Sicherungs- und Wiederherstellungsmöglichkeiten ein DBMS überhaupt anbietet. Deshalb wird die angebotene bzw. wünschenswerte Funktionalität der Sicherungs- und Wiederherstellungsverfahren analysiert. Dazu werden existierende Ansätze in der Literatur und die in Produkten vorhandene Funktionalität untersucht. Davon ausgehend werden Kriterien zur Klassifikation aufgestellt, welche eine systematische Darstellung und Einordnung ermöglichen.

In Abschnitt 1.1 haben wir die aus den wachsenden Datenmengen bei gleichzeitig steigenden Verfügbarkeitsanforderungen resultierenden Performance-Probleme bei der Sicherung und Wiederherstellung von Datenbanken erwähnt. Folglich ist es nicht nur wichtig, die Funktionalität der verschiedenen Verfahren zu analysieren, sondern ihre Leistungsfähigkeit muß auch unter Performance-Gesichtspunkten betrachtet werden. Quantitative Leistungsbetrachtungen verschiedener Verfahren werden deshalb einen Schwerpunkt dieses Buches bilden. Ziel ist es, Modelle und Werkzeuge zu schaffen, mit deren Hilfe entsprechende quantitative Vergleiche, Bewertungen und Performance-Abschätzungen vorgenommen werden können. Dabei sollen nicht nur existierende Verfahren verglichen werden, sondern ausgehend von den erzielten Ergebnissen und aufgedeckten Schwachstellen Verbesserungsmöglichkeiten und neue Ansätze für die Behandlung von Externspeicherfehlern aufgezeigt werden. Um existierende Verfahren vergleichen und die Leistungsfähigkeit neuer Ansätze untersuchen zu können, werden analytische Kostenmodelle für verschiedene Sicherungs- und Wiederherstellungstechniken angegeben. Diese werden mit Hilfe prototypischer Implementierungen und Benchmark-Untersuchungen validiert.

Die entwickelten Modelle sollen nicht nur als Hilfsmittel zum Vergleich von Verfahren, sondern auch als möglicher Ausgangspunkt für die Entwicklung eines Backup- und Recovery-Strategie-Tools dienen. Ziel eines solchen Werkzeugs ist es, den Datenbankadministrator durch geeignete Vorhersage von Leistungsparametern beim Finden einer individuellen, also auf die jeweilige Datenbank und das Benutzungsprofil zugeschnittenen Sicherungs- und Wiederherstellungsstrategie zu unterstützen. Heutige Produkte bieten hierfür keine bzw. nur sehr rudimentäre Unterstützung an.

1.3 Abgrenzung zu anderen Arbeiten

Nach der Erläuterung der Ziele des Buches soll in diesem Abschnitt eine kurze generelle Einordnung und die Abgrenzung zu anderen Arbeiten erfolgen. Dabei soll vor allem dargestellt werden, mit welchen Problemen und Aspekten sich das vorliegende Buch beschäftigt und welche Themen nicht ausführlich diskutiert werden. Eine detaillierte Darstellung der Unterschiede zu einzelnen, konkreten Arbeiten soll hingegen hier noch nicht erfolgen, da die benötigten Begriffe und Konzepte erst in Kapitel 2 eingeführt werden.

Die Wiederherstellung einer Datenbank im Fall eines Fehlers wird auch in der deutschsprachigen Literatur mit *Recovery* bezeichnet. Je nach Fehlerart werden verschiedene Recovery-Arten unterschieden. Dabei werden im wesentlichen drei Fehlerszenarien betrachtet: Transaktions-, System- und Externspeicherfehler. Allen drei Fehlerarten ist gemeinsam, daß die Datenbank durch die Fehlerbehandlungsmechanismen des DBMS wieder in einen transaktionskonsistenten Zustand gemäß dem ACID-Prinzip [HR83] gebracht werden muß. Wie das genau geschieht, insbesondere welche Informationen hierfür vom DBMS verwaltet werden müssen und wie diese im Fehlerfall angewandt werden, darauf wird in den Kapiteln 2, 4 und 5 detailliert eingegangen. In diesem Abschnitt soll nur deutlich gemacht werden, wie sich diese Fehlerarten voneinander abgrenzen und welche Fehlerszenarien im weiteren betrachtet werden.

Transaktionsfehler sind durch den Abbruch einer einzelnen Transaktion gekennzeichnet. Ein solcher Transaktionsabbruch wird entweder durch den Benutzer oder das DBMS initiiert. Ursachen für einen Abbruch durch das DBMS können beispielsweise Fehler im Anwendungsprogramm oder Verklemmungen (*deadlocks*) sein. Das Rücksetzen der Transaktion geschieht durch das DBMS und wird mit *transaction recovery* bezeichnet.

Die zweite Fehlerklasse sind *Systemfehler*. Sie sind durch den Verlust der Daten im Hauptspeicher, also insbesondere in allen vom DBMS verwalteten Puffern, gekennzeichnet. Ursachen für einen solchen Systemfehler sind beispielsweise Stromausfall oder unsachgemäßes Ausschalten des Rechners. Die Behandlung von Systemfehlern erfolgt i. allg. automatisch durch das DBMS und wird auch als *crash recovery* bezeichnet. Wichtig zur Abgrenzung ist die Feststellung, daß bei einem Systemfehler die Daten auf den Externspeichern vollständig erhalten sind.

Hingegen ist für die dritte Fehlerart der teilweise oder vollständige Verlust bzw. die Unbrauchbarkeit von Daten auf einem oder mehreren Externspeichern charakteristisch. Folglich werden diese Fehler als *Externspeicherfehler* bezeichnet. Die Behandlung dieser Fehler, welche auch als *media recovery* bezeichnet wird, kann i. allg. nicht automatisch durch das DBMS erfolgen, sondern erfordert ein Eingreifen des Datenbankadministrators. Insbesondere ist für die Fehlerbehandlung zusätzliche, separat gespeicherte Information notwendig. Auf diese wird später noch bei der Diskussion der einzelnen Sicherungs- und Wiederherstellungsvarianten in den Kapiteln 2, 4 und 5 näher eingegangen. Die möglichen Ursachen für den Verlust von Externspeicherinformation sind vielfältig. Neben Hardwarefehlern der Externspeicher selbst bzw. der sich anschließenden Hardware-Komponenten (Controller etc.) können die Externspeicher auch durch Umgebungsfehler wie Überspannung, Brand, Erdbeben o. ä. zerstört werden. Eine Zerstörung oder Unbrauchbarkeit von Information kann aber auch durch Softwarefehler, insbesondere Fehler der Systemsoftware, hervorgerufen werden. Eine weitere, oft in der Betrachtung vernachlässigte Fehlerursache sind Benutzerfehler. Darunter werden syntaktisch korrekte, aber inhaltlich falsche Aktionen, wie beispielsweise das versehentliche Löschen von Daten, verstanden. Deshalb werden diese Fehler auch als *logische Fehler* bezeichnet. Solche Fehler können mit den normalen Mitteln des DBMS nicht behoben werden, sondern es muß auf Mechanismen der Externspeicherfehlerbehandlung zurückgegriffen werden.

Inhalt dieses Buches sind Konzepte und Verfahren zur Behandlung von Externspeicherfehlern. Natürlich können diese nicht völlig losgelöst von den ersten beiden Fehlerklassen diskutiert werden. So werden wir in Kapitel 4 existierende Arbeiten auf dem Gebiet der Transaktions- und Systemfehlerbehandlung vorstellen und die Übertragbarkeit der vorgeschlagenen Verfahren diskutieren. Wir werden zeigen, daß eine solche Übertragung, insbesondere unter Performance-Gesichtspunkten, nur teilweise möglich und sinnvoll ist.

Bei der Diskussion der Behandlung von Externspeicherfehlern in Datenbanksystemen werden wir uns auf Mechanismen konzentrieren, bei denen die Datenbank mit Hilfe von Sicherungskopien und protokollierten Änderungsinformationen im Fehlerfall wiederhergestellt wird. Andere Ansätze zum Schutz vor Datenverlust, wie Spiegelung, RAID und Remote-Backup, werden in diesem Buch nicht schwerpunktmäßig betrachtet, sie werden aber in Kapitel 2.7 kurz dargestellt. Dort wird auch diskutiert, ob bzw. in welchem Maße sie zur Behandlung von Externspeicherfehlern in Datenbanksystemen eingesetzt werden können. Dabei wird sich zeigen, daß es eine Reihe von Fehlerszenarien gibt, in denen diese Mechanismen für den sicheren Schutz vor Datenverlust allein nicht ausreichen.

Wir werden uns bei der Diskussion der Fehlerbehandlung auf den Fall zentralisierter Datenbanksysteme konzentrieren. Die Unterschiede zu Verfahren für die Fehlerbehandlung in verteilten und parallelen Datenbanksystemen werden in diesem Buch nicht diskutiert. Der interessierte Leser sei hierfür beispielsweise auf [MN94], [Dad96] bzw. [Hva96] verwiesen.

1.4   Aufbau des Buches

In *Kapitel 2* werden die Grundlagen der Fehlerbehandlung in Datenbanksystemen dargestellt. Es werden die wichtigsten Backup- und Recovery-Konzepte kurz erläutert und für das Verständnis des gesamten Buches wichtige Begriffe eingeführt. Dabei erfolgt die Darstellung zunächst bezüglich der Funktionalität und noch nicht bezüglich der möglichen Algorithmen und Implementierungstechniken. Diese werden im Detail erst in Kapitel 4 bzw. 5

erläutert. Außerdem enthält Kapitel 2 eine Übersicht über die relevanten Forschungsarbeiten und den aktuellen Stand der Technik. Abschließend wird eine kurze Übersicht über andere Ansätze zum Schutz vor Datenverlust und das Zusammenspiel der Sicherung und Wiederherstellung auf Betriebssystemebene einerseits und auf Datenbanksystemebene andererseits diskutiert.

Wie bereits in Abschnitt 1.2 erläutert, bilden quantitative Leistungsuntersuchungen einen Schwerpunkt dieses Buches. Es wurden analytische Kostenmodelle entwickelt und diese durch prototypische Implementierungen bzw. Benchmark-Untersuchungen validiert. Um die quantitativen Aussagen in den Kapiteln 4 und 5 entsprechend einordnen zu können, werden deshalb in *Kapitel 3* die Vorgehensweise bei diesen Untersuchungen sowie die verwendeten Werkzeuge und deren Zusammenspiel erläutert. Nach einer Übersicht über die verschiedenen Methoden und Werkzeuge wird die Architektur des von uns entworfenen und implementierten DBMS-Prototyps erläutert. Anschließend wird das für die Analyse realitätsnaher Transaktionslasten geschaffene Werkzeug für die Auswertung und Konvertierung von DB2-Log-Einträgen vorgestellt. Danach wird der von uns entworfene datenbanksystemunabhängige Backup- und Recovery-Benchmark, insbesondere seine Schnittstelle und die unterstützten Transaktionsprofile, erläutert. Abschließend wird die für die Untersuchungen verwendete Meßumgebung skizziert.

In *Kapitel 4* werden Log-Protokollierungstechniken in Datenbanksystemen diskutiert. Dabei wird sowohl auf in Forschungsarbeiten beschriebene als auch in Systemen realisierte Techniken eingegangen. Anschließend werden Algorithmen zum Anwenden der Log-Information dargestellt und klassifiziert und deren Implikationen für verschiedene Recovery-Verfahren diskutiert. Es werden analytische Modelle für das Anwenden von Log-Information angegeben und diese Meßergebnissen gegenübergestellt. Aus der Analyse des Leistungsverhaltens werden Möglichkeiten zur Performance-Verbesserung abgeleitet, welche in der Vorstellung des Log-Clustering-Verfahrens LogSplit münden. Der entworfene Algorithmus wird erläutert und entsprechende Leistungsuntersuchungen werden vorgestellt.

Kapitel 5 enthält eine detaillierte Diskussion verschiedener Sicherungs- und Wiederherstellungstechniken. Dabei wird zunächst die Sicherung und Wiederherstellung ganzer Datenbanken diskutiert. Anschließend wird auf die Probleme eingegangen, welche bei einer Sicherung im laufenden Datenbankbetrieb entstehen. Bei der Diskussion der Wiederherstellung einer Datenbank mit Hilfe solcher Sicherungen wird natürlich nicht nur auf das Rückspielen der Sicherungskopie (Restore), sondern auch auf die Implikationen für das anschließend notwendige Anwenden der Log-Information eingegangen. Einen Schwerpunkt dieses Kapitels bildet die Diskussion inkrementeller Sicherungstechniken. Neben der Vorstellung und Klassifizierung existierender Verfahren werden mögliche Implementierungsvarianten vorgeschlagen, die in ihren Möglichkeiten teils über bekannte Vorschläge hinausgehen. Es wird das Verfahren SelectiveRead$_{Gap}$ vorgestellt, mit welchem signifikante Performance-Verbesserungen nachgewiesen werden konnten. Abschließend wird auf Parallelisierungsmöglichkeiten beim Backup und Restore eingegangen. Neben einer Klassifikation der Verfahren zum parallelen Backup und Restore werden ihre Eigenschaften sowie Implementierungsvarianten erläutert. Die Leistungsfähigkeit der verschiedenen Verfahren wird anhand analytischer Modelle und prototypischer Implementierungen diskutiert.

In *Kapitel 6* wird eine Zusammenfassung der Ergebnisse und ein Ausblick auf mögliche weitere Arbeiten in diesem Forschungsgebiet gegeben. Dabei wird u. a. auf mögliche Architekturen und Einsatzmöglichkeiten des in Abschnitt 1.2 erwähnten Backup- und Recovery-Strategie-Tools eingegangen.

Da im Verlauf des Buches in verschiedenen Kapiteln Variablenbezeichner eingeführt werden, erfolgt im *Anhang* aus Gründen der Übersichtlichkeit nochmals eine tabellarische Auflistung dieser Bezeichner.

Abschließend noch einige *technische Hinweise* zum Lesen des Buchs. Es werden typographische Konventionen verwendet, um bestimmte Textteile vom normalen Text abzuheben. Wichtige *Begriffe* und *betonte* Worte werden durch Kursivschrift hervorgehoben. Bezeichnungen von **Algorithmen** werden ebenso wie *Produktnamen* in einer eigenen Schrift gesetzt. Darüber hinaus werden nicht übersetzte *englische* Begriffe durch Kleinschreibung und eine andere Schrift vom übrigen Text abgesetzt. Die erste Erwähnung einer *Abbildung*, *Tabelle* o. ä. wird ebenfalls hervorgehoben.

Kapitel 2

Grundlagen

In diesem Kapitel werden grundlegende Begriffe und Konzepte dargestellt. Aufgrund der in der Literatur und in Produkten teilweise unterschiedlich verwendeten Bezeichnungen und deren Semantik wird zunächst kurz die Architektur eines Datenbanksystems skizziert, und dabei werden die in diesem Buch verwendeten Begriffe eingeführt. Danach werden die prinzipiellen Vorgehensweisen bei der Fehlerbehandlung in Datenbanksystemen erläutert, wobei insbesondere das Vorgehen bei der Behandlung von Externspeicherfehlern dargestellt wird. Anschließend werden die verschiedenen Backup- und Recovery-Techniken erläutert. Die Darstellung und Unterscheidung erfolgt dabei bezüglich der *Funktionalität* der Verfahren. Algorithmen und Implementierungsvarianten für ausgewählte Techniken werden später in Kapitel 4 bzw. 5 erläutert. Der anschließende Abschnitt gibt einen Überblick über den aktuellen Stand der Forschung, wobei relevante Forschungsarbeiten vorgestellt werden und die Übertragbarkeit der Ansätze diskutiert wird. Nachfolgend wird der Stand der Technik angegeben. Die untersuchten Produkte werden hierbei bezüglich der in den vorherigen Abschnitten diskutierten Kriterien zur Klassifizierung von Backup- und Recovery-Techniken verglichen. Zur Vervollständigung der Darstellung werden danach andere Ansätze zum Schutz vor Datenverlust, wie Spiegelung, RAID und Remote Backup, dargestellt. Es wird diskutiert, ob bzw. in welchem Maße sie zur Behandlung von Externspeicherfehlern in Datenbanksystemen eingesetzt werden können. Abschließend wird das Zusammenspiel der Sicherung und Wiederherstellung auf Datenbanksystemebene mit anderen Sicherungssystemen, wie etwa Betriebssystemdiensten und Speichermanagementsystemen, diskutiert.

2.1 Architektur eines Datenbanksystems

Ein *Datenbanksystem (DBS)* besteht aus einem *Datenbankmanagementsystem (DBMS)* und der von diesem verwalteten *Datenbank*. Vereinfachend verwenden wir in diesem Buch statt Datenbankmanagementsystem teilweise aber auch den Begriff Datenbanksystem, wenn die Unterscheidung aus dem Kontext ersichtlich ist. Bei der nun folgenden Erläuterung des Aufbaus eines Datenbanksystems werden wir uns auf relationale Datenbanken konzentrieren. Auf die Besonderheiten anderer Datenbankmodelle wird, wo notwendig, in den entsprechenden Kapiteln eingegangen. Die Daten werden in relationalen Datenbanken in *Tabellen* verwaltet. Dabei bezeichnet man die einzelnen Zeilen einer Tabelle als

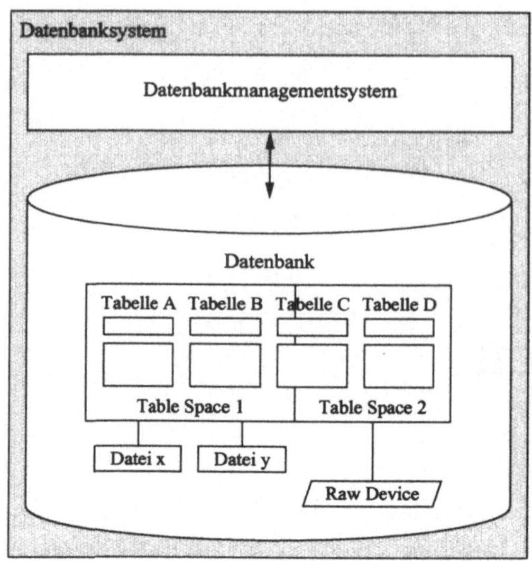

Abbildung 2.1: Architektur eines Datenbanksystems

Tupel. Tabellen und Tupel werden im folgenden als *logische* Strukturen einer relationalen Datenbank bezeichnet.

Zur Sicherung der Persistenz müssen die Daten geeignet auf nichtflüchtigem Speicher abgelegt werden. Zur Speicherung werden dabei entweder eine oder mehrere vom Betriebssystem bzw. dessen Dateisystem verwaltete Dateien verwendet oder die Daten werden direkt auf sogenannten Raw Devices abgelegt. Letztere kann man konzeptuell auch als Dateien betrachten, welche nicht vom Betriebssystem, sondern direkt vom Datenbankmanagementsystem verwaltet werden. Wir werden deshalb im folgenden o. B. d. A. von Dateien als physischen Speichereinheiten auf dem nichtflüchtigen Speicher sprechen. In vielen DBMS existiert eine Zuordnungsschicht zwischen Dateien und Tabellen. Mengen von Dateien werden dabei zu sogenannten *Table Spaces* zusammengefaßt. Jede Tabelle bzw. Teile dieser Tabelle werden einem Table Spaces zugeordnet, d. h., die in der Tabelle verwalteten Daten werden in den dem jeweiligen Table Space zugeordneten Dateien materialisiert. Dateien und Table Spaces stellen somit *physische* Struktureinheiten einer Datenbank dar. *Abbildung 2.1* veranschaulicht die beschriebene Architektur eines Datenbanksystems.

2.2 Fehlerbehandlung in Datenbanksystemen

Welche Aktionen im Fehlerfall für eine Transaktion ausgeführt werden müssen, hängt von ihrem Zustand zum Zeitpunkt des Fehlers ab. Eine Transaktion kann zum Fehlerzeitpunkt genau einen der drei folgenden Zustände haben:

1. Eine Transaktion heißt zum Fehlerzeitpunkt *erfolgreich beendet* (*committed*), wenn das DBMS alle Aktionen der Transaktion ausgeführt und das Ende der Transaktion festgeschrieben hat.

2. Wurde die Verarbeitung einer Transaktion durch den Benutzer oder das DBMS unterbrochen und wurden die von ihr in der Datenbank ausgeführten Veränderungen vollständig zurückgesetzt, dann wird diese Transaktion als *abgebrochen* (*aborted*) bezeichnet.

3. Ist eine Transaktion zum Fehlerzeitpunkt weder erfolgreich beendet noch abgebrochen, wird sie als *offen* (*open*) bezeichnet. Dies schließt auch Transaktionen ein, deren Abbruch zwar initiiert, aber noch nicht vollständig durchgeführt wurde, d. h., deren ausgeführte Veränderungen noch nicht komplett zurückgesetzt wurden.

In Kapitel 1.3 wurden die drei wichtigsten Fehlerklassen in Datenbanksystemen (Transaktionsfehler, Systemfehler und Externspeicherfehler) erläutert. Allen drei Fehlerarten ist gemeinsam, daß die Datenbank nach dem Auftreten eines Fehlers wieder in einen transaktionskonsistenten Zustand gemäß dem *ACID-Prinzip* [HR83] gebracht werden muß. ACID steht für *atomicity, consistency, isolation* und *durability*, also Atomarität, Konsistenz, Isolation und Dauerhaftigkeit. Diese Eigenschaften haben dabei folgende Semantik:

- *Atomarität*: Die Eigenschaft der Atomarität bedeutet, daß eine Transaktion entweder vollständig oder gar nicht ausgeführt wird. Kommt es zu einem Fehler während der Ausführung einer Transaktion und muß diese abgebrochen werden, dann müssen alle bereits ausgeführten Änderungen dieser Transaktion zurückgenommen werden.

- *Konsistenz*: Eine Transaktion, welche erfolgreich beendet wurde, erhält die Konsistenzbedingungen der Datenbank, d. h., sie überführt die Datenbank in einen neuen konsistenten Zustand, falls sie auf einem konsistenten Zustand gestartet wurde.

- *Isolation*: Transaktionen laufen isoliert voneinander ab. Transaktionen sehen Änderungen anderer Transaktionen erst dann, wenn diese erfolgreich beendet wurden.

- *Dauerhaftigkeit*: Falls eine Transaktion erfolgreich beendet wurde, müssen die von ihr durchgeführten Veränderungen in der Datenbank überleben. Dies gilt unabhängig davon, ob zum Fehlerzeitpunkt diese Änderungen bereits in der Datenbank materialisiert wurden oder sich noch im Datenbankpuffer befinden.

Bei einem Transaktionsfehler, also dem durch den Benutzer oder das DBMS veranlaßten Abbruch einer Transaktion, müssen alle von dieser Transaktion durchgeführten Änderungen zurückgenommen werden, um die Eigenschaft der Atomarität sicherzustellen. Dieses Rücksetzen im Falle eines Transaktionsfehlers wird auch als *R1-Recovery* bezeichnet [Reu81].

Im Falle eines Systemfehlers muß beim Wiederanlauf sichergestellt werden, daß alle Ergebnisse bereits erfolgreich beendeter Transaktionen in der Datenbank enthalten sind bzw. nachgefahren werden, um die Eigenschaft der Dauerhaftigkeit sicherzustellen (*R2-Recovery*). Die bereits materialisierten Änderungen noch offener Transaktionen müssen zurückgesetzt werden, um die Atomaritätseigenschaft zu gewährleisten (*R3-Recovery*).

Bei einem Externspeicherfehler sind die Daten auf einem oder mehreren Externspeichern zerstört. Folglich müssen diese zunächst mit Hilfe von Sicherungskopien der Datenbank wiederhergestellt werden. Die verschiedenen Möglichkeiten, solche Sicherungskopien zu erzeugen, werden in Abschnitt 2.3 erläutert, das Wiedereinspielen in Abschnitt 2.4. In einer zweiten Phase muß mit Hilfe von Log-Information die Datenbank in den letztgültigen transaktionskonsistenten Zustand gebracht werden. Es muß also sichergestellt werden, daß die Datenbank die Änderungen aller bis zum Fehlerzeitpunkt erfolgreich beendeten Transaktionen enthält und keine Ergebnisse von abgebrochenen oder offenen Transaktionen. Log-Protokollierungstechniken und die Möglichkeiten des Anwendens der Log-Information werden in Kapitel 4 erläutert. Der komplette Vorgang der Wiederherstellung der Datenbank nach einem Externspeicherfehler wird auch als *R4-Recovery* bezeichnet.

Wie bereits in Kapitel 1.3 erläutert, werden wir uns in diesem Buch auf die Diskussion der Fehlerbehandlung im Fall eines Externspeicherfehlers konzentrieren. Deshalb werden wir jetzt definieren, welche Begriffe im folgenden für diesen Vorgang bzw. die einzelnen Phasen verwendet werden. Zunächst betrachten wir die erste Phase der Fehlerbehandlung, das Einspielen einer oder mehrerer Sicherungskopien der Datenbank.

> Das Wiederherstellen einer Datenbank auf den Externspeichern mit Hilfe von Sicherungskopien der kompletten Datenbank oder von Teilen der Datenbank wird als *Restore* bezeichnet.

Nach dem Restore muß, wie oben erläutert, die Datenbank in den letztgültigen transaktionskonsistenten Zustand gebracht werden. Dies geschieht mit Hilfe der während des normalen Datenbankbetriebs geschriebenen Log-Information.

> Das Anwenden von Log-Information auf eine mit Hilfe eines Restore wiederhergestellte Datenbank bezeichnen wir als *Reapply*.

> Die komplette Wiederherstellung einer Datenbank nach einem Externspeicherfehler in den letztgültigen transaktionskonsistenten Zustand wird als *Recovery* bezeichnet. Die Recovery setzt sich somit aus einer Restore- und einer Reapply-Phase zusammen.

Wenn im folgenden von Recovery gesprochen wird, ist also immer die Wiederherstellung einer Datenbank nach einem Externspeicherfehler gemeint. Diese eingeschränkte Definition eines sonst eher allgemeiner verwendeten Begriffs haben wir eingeführt, da die ständige Verwendung der Begriffe *media recovery* oder R4-Recovery im weiteren Verlauf die Lesbarkeit des Buches stark beeinträchtigen würde.

2.3 Backup

Wie im vorigen Abschnitt erläutert, muß bei einem Externspeicherfehler der zerstörte Teil der Datenbank mit Hilfe von Sicherungskopien restauriert werden.

> Das Erstellen einer Sicherungskopie von Daten einer Datenbank wird als *Backup* bezeichnet.

Es existiert eine Vielzahl von Möglichkeiten, solche Sicherungskopien zu erzeugen. Im folgenden werden wir zunächst Unterscheidungskriterien für die einzelnen Sicherungsverfahren einführen und danach die verschiedenen Möglichkeiten genauer erläutern. Dabei werden zunächst zwei Kriterien angegeben, die beschreiben, welche Daten gesichert werden. Die nächsten beiden Kriterien beziehen sich hingegen auf die Durchführung der Sicherung.

Folglich beschreiben die ersten beiden Kriterien das *was*, während die nächsten beiden das *wie* näher bestimmen.

- *Granulat* des Backup

  Erfolgt die Auswahl der zu sichernden Teile der Datenbank bezüglich logischer (Tabellen, Tupel) oder physischer Strukturen (Table Spaces, Dateien), dann wird die getroffene Auswahl als Granulat des Backup bezeichnet.

- *Änderungszustand* der zu sichernden Daten

  Im Gegensatz zum vorigen Punkt erfolgt die Auswahl der zu sichernden Daten hier nicht anhand der Struktur der Datenbank, sondern aufgrund des Änderungszustands der Daten. Das bedeutet, daß nur solche Datenbankobjekte gesichert werden, welche einen bestimmten Änderungszustand aufweisen, also beispielsweise nach einem bestimmten Zeitpunkt verändert wurden.

- *Betriebszustand der Datenbank* während des Backup

  Hierbei wird betrachtet, ob und in welchem Maße während des Sicherungsvorgangs ein schreibender Zugriff auf die Datenbank möglich ist.

- *Medienparallelität*

  Damit wird beschrieben, wieviele Sicherungsmedien *gleichzeitig* für die Sicherung genutzt werden.

Alle vier Kriterien sind orthogonal. Damit ergibt sich eine Vielzahl von Sicherungsmöglichkeiten, zumal für jedes einzelne Kriterium wieder Variationsmöglichkeiten (verschiedene Granulate, Parallelitätsgrad etc.) existieren. In den folgenden Abschnitten werden zu den Kriterien korrespondierende Backup-Techniken diskutiert.

2.3.1 Partielles Backup

Bevor wir den Begriff partielles Backup näher erläutern können, muß zunächst noch der Begriff des Komplett-Backup genauer bestimmt werden, auch wenn dieser sehr intuitiv ist.

Die Sicherung einer kompletten Datenbank wird als *Komplett-Backup* bezeichnet.

Als erstes Unterscheidungskriterium wurde im vorigen Abschnitt das Granulat der Sicherung identifiziert. Die dazu korrespondierende Backup-Technik wird als partielles Backup bezeichnet.

Unter *partiellem Backup* wird die Sicherung von Teilen der Datenbank verstanden, wobei die Auswahl der zu sichernden Daten bezüglich physischer oder logischer Strukturen der Datenbank erfolgt.

Eine solche Teilsicherung kann wesentlich schneller als eine Komplettsicherung sein. Damit ist die Datenbank auch schneller wieder verfügbar, falls die Sicherung offline (Abschnitt 2.3.3) durchgeführt wird. Außerdem kann die Sicherungsstrategie abhängig vom Zugriffsprofil auf die Datenbank gestaltet werden. Falls bestimmte Teile der Datenbank häufiger geändert werden, ist es sinnvoll, diese auch häufiger zu sichern, damit im Fehlerfall weniger Log-Information angewandt werden muß und so die Zeit für die Wiederherstellung der Datenbank reduziert werden kann. Dies ist zum Beispiel für Datenbanken mit einer klaren Abgrenzung zwischen Stamm- und Bewegungsdaten, also Daten, welche selten bzw. häufig verändert werden, sinnvoll. Ein Beispiel hierfür ist die dem SAP R/3 System zugrundeliegende Datenbank [SR97].

Für solche DBMS, die kein vollständiges Online-Backup anbieten (siehe Abschnitt 2.3.3 und Kapitel 5.2), ist insbesondere auch die Möglichkeit, einzelne Bereiche der Datenbank offline zu setzen und einzeln zu sichern, sehr interessant. Während einer solchen partiellen Sicherung können Transaktionen, die nicht schreibend auf den offline gesetzten Teil der Datenbank zugreifen wollen, uneingeschränkt weiterlaufen. Dadurch kann die Zeit der Nichtverfügbarkeit der Datenbank bzw. von Teilen der Datenbank gegenüber einer kompletten Sicherung erheblich reduziert werden.

Die Wiederherstellung eines aktuellen transaktionskonsistenten Zustands nach einem Externspeicherfehler ist für das partielle Backup allerdings aufwendiger als bei einem kompletten Backup. Da die Sicherungen i. allg. zu verschiedenen Zeitpunkten erstellt werden, muß nach dem Einspielen mehrerer solcher Sicherungen Log-Information selektiv angewendet werden, um Transaktionskonsistenz auf aktuellem Niveau für die gesamte Datenbank zu erreichen. Hierauf wird in Kapitel 4 noch detaillierter eingegangen.

Das partielle Backup ist besonders dann effektiv einsetzbar, wenn die Veränderungen stark mit der logischen oder physischen Struktur der Datenbank korrespondieren, sich Veränderungen also überwiegend auf einige Tabellen oder Table Spaces konzentrieren. Dies ist natürlich nur bei bestimmten Datenbankstrukturen und Anwendungsprofilen der Fall. Korrespondieren die Veränderungen nicht mit den Strukturen der Datenbank, dann kann der Einsatz der im nächsten Abschnitt diskutierten inkrementellen Sicherungstechniken sinnvoller sein.

2.3.2   Inkrementelles Backup

Die Sicherung der seit einem bestimmten Zeitpunkt veränderten Datenbankobjekte wird als *inkrementelles Backup* bezeichnet.

Solche Zeitpunkte können beispielsweise das letzte komplette oder inkrementelle Backup, aber auch andere, nutzerdefinierte Zeitpunkte sein. Als Sicherungsobjekte, also die Datenbankobjekte, deren Veränderung betrachtet wird, werden dabei i. allg. Datenbankseiten verwendet. Für eine detaillierte Diskussion dieser beiden Aspekte sei auf Kapitel 5.3 verwiesen.

Es ist offensichtlich, daß durch die Verwendung des inkrementellen Backup sowohl der Platzbedarf reduziert als auch die Sicherungszeit im Vergleich zu Komplettsicherungen erheblich verkürzt werden kann, insbesondere, wenn die Veränderungen nur einen im Verhältnis zur Gesamtgröße kleinen Teil der Datenbank betreffen. Allerdings hat diese Vorgehensweise Konsequenzen für das Restore. Beim Restore einer Datenbank müssen das letzte Komplett-Backup und *alle* danach erstellten inkrementellen Sicherungsabbilder wiedereingespielt werden. Eine große Anzahl inkrementeller Sicherungen wirkt sich entsprechend

negativ auf die Restore-Zeit und damit die Ausfallzeit der Datenbank aus. Deshalb ist es
trotzdem notwendig, in regelmäßigen Abständen ein Komplett-Backup durchzuführen.

Wenn die in den einzelnen Sicherungsabbildern enthaltenen Datenbankseiten nicht disjunkt
sind, so werden einzelne Datenbankseiten mehrfach wiedereingespielt. Ist der Anteil dieser
mehrfach gesicherten Seiten sehr groß, so stellt das Erstellen inkrementeller Sicherungen
auf verschiedenen Leveln eine interessante Verbesserungsmöglichkeit dar. Wir werden darauf detailliert in Kapitel 5.3 eingehen. Dort werden auch ausführlich verschiedene Implementierungsvarianten diskutiert, da beim inkrementellen Backup die Ermittlung und das
effiziente Lesen der veränderten Seiten einen entscheidenden Einfluß auf die Performance
des Sicherungsprozesses hat.

2.3.3   Online-Backup

Bezüglich des Betriebszustands der Datenbank während der Sicherung kann man grob zwei
Fälle unterscheiden.

> Falls während des Backup durch andere Transaktionen keine Veränderungen in der
> Datenbank ausgeführt werden können, wird das Backup als *Offline-Backup* bezeich-
> net. Ist hingegen ein vollständiger oder zumindest teilweiser schreibender Zugriff mög-
> lich, spricht man von einem *Online-Backup*.

Der große Vorteil eines Online-Backup besteht darin, daß der Betrieb auf der Datenbank
nicht unterbrochen werden muß. Um nach einem Fehler die Datenbank trotzdem in einen
transaktionskonsistenten Zustand wiederherstellen zu können, sind allerdings spezielle Einträge im Log notwendig. Im Detail werden wir dies in Kapitel 5.2 diskutieren. Dort werden Klassifikationskriterien für verschiedene Formen des Online-Backup, abhängig von der
Verfügbarkeit der Datenbank, eingeführt. Dabei werden wir sehen, daß die Zugriffsmög-
lichkeit während eines Online-Backup in heutigen DBMS teilweise immer noch recht stark
eingeschränkt ist. Als Hauptproblem stellt sich dabei der Umgang mit länger laufenden
Transaktionen dar.

2.3.4   Paralleles Backup

Bei der Erstellung von Sicherungskopien ist oftmals nicht das Lesen, sondern das Schreiben
der Information auf das Sicherungsmedium der Performance-Engpaß, insbesondere dann,
wenn die Sicherung aus Kostengründen direkt auf Tertiärspeicher erfolgt. Deshalb sollte
die Sicherung parallel auf mehrere solcher Medien erfolgen (können).

> Wird während eines Backup gleichzeitig auf mehrere Sicherungsmedien[1] geschrieben
> und das Sicherungsabbild auf diese verteilt, so wird dies als *paralleles Backup* be-
> zeichnet.

Dabei gibt es sowohl für die Verteilung der zu sichernden Daten auf die Sicherungsmedien
als auch die Realisierung des Lesens der zu sichernden Teile der Datenbank verschiedene
Vorgehensweisen. Diese werden in Kapitel 5.4 ausführlich diskutiert und anhand entsprechender Performance-Untersuchungen belegt.

---

[1]Damit sind nicht notwendigerweise physisch disjunkte Medien gemeint, auch wenn dies natürlich aus
Performance-Gründen sinnvoll ist.

2.4   Recovery

Nachdem im vorigen Abschnitt die wichtigsten Sicherungsmöglichkeiten erläutert wurden, soll im folgenden auf die verschiedenen Varianten der Wiederherstellung einer Datenbank nach einem Externspeicherfehler eingegangen werden. Auch hier werden zunächst zwei Kriterien angegeben, welche beschreiben, *was* wiederhergestellt wird und danach zwei Kriterien, die das *wie* näher bestimmen.

- *Granulat* der Recovery

  Das Granulat der Recovery gibt an, welche Teile der Datenbank wiederhergestellt werden. Dies können hinsichtlich der Auswahlentscheidung sowohl logische als auch physische Strukturen der Datenbank sein.

- *Recovery-Zeitpunkt*

  Eine Datenbank kann entweder bis zum letztgültigen transaktionskonsistenten Zustand wiederhergestellt werden oder die Wiederherstellung erfolgt in einen Zustand, wie er zu einem spezifizierten Zeitpunkt vorlag.

- *Betriebszustand der Datenbank* während der Recovery

  Hierbei wird betrachtet, ob und in welchem Maße während des Wiederherstellungsvorgangs ein schreibender Zugriff durch Transaktionen auf die Datenbank möglich ist. Dieser schreibende Zugriff kann sich natürlich nur auf nicht bzw. nicht mehr von der Wiederherstellung betroffene Teile der Datenbank beziehen.

- *Medienparallelität* beim Restore

  Damit wird beschrieben, wieviele Sicherungsmedien *gleichzeitig* für das Restore, also das Wiedereinspielen der Sicherungskopien genutzt werden.

In den folgenden Abschnitten werden zu den Kriterien korrespondierende Recovery-Techniken erläutert.

2.4.1   Partielle Recovery

Zunächst muß der Begriff der Komplett-Recovery definiert werden, bevor die partielle Recovery erläutert werden kann.

Die Wiederherstellung einer kompletten Datenbank in einen transaktionskonsistenten Zustand wird als *Komplett-Recovery* bezeichnet.

Die heutigen sehr großen Datenbanken sind i. allg. physisch nicht auf einer einzigen Magnetplatte gespeichert. Da bei einem Externspeicherfehler oftmals nur eine einzelne Platte oder ein Teil einer Platte betroffen ist, möchte man aus Performance-Gründen nur den vom Externspeicherfehler betroffenen Teil der Datenbank wiederherstellen.

Werden nur Teile der Datenbank und nicht die komplette Datenbank wiederhergestellt, so wird dies als *partielle Recovery* bezeichnet.

Dabei sind wieder sowohl logische also auch physische Granulate der Recovery möglich. Die Wiederherstellung von logischen Strukturen kann dann notwendig sein, wenn durch Benutzer- oder Softwarefehler die Information in bestimmten Tabellen oder Teilen von Tabellen unbrauchbar geworden ist. Physische Granulate wie Table Spaces oder Dateien sind meist dann sinnvoll, wenn die Fehlerursache Hardwarefehler sind und damit dedizierte physische Speicherbereiche betroffen sind. Dabei sind prinzipiell sehr kleine Wiederherstellungsgranulate, bis hin zu einzelnen Datenbankseiten, vorstellbar, wenn dies auch bisher kaum von Produkten angeboten wird (Abschnitt 2.6). Daraus ergibt sich die Notwendigkeit, das Granulat der Recovery möglichst unabhängig, also insbesondere kleiner als das Backup-Granulat, wählen zu können. Dabei muß das DBMS in der Lage sein, die benötigte Information aus dem Sicherungsabbild auswählen und die Log-Information geeignet auswerten und selektiv anwenden zu können.

Ist das Granulat der Recovery kleiner als das Granulat der für das Restore benutzten Sicherungskopie, so wird in diesem Fall die partielle Recovery als *selektiv* bezeichnet.

Eine partielle Recovery ist nicht für alle Log-Protokollierungstechniken möglich. Die Voraussetzungen und Realisierungsmöglichkeiten werden in Kapitel 4.3.2 diskutiert.

2.4.2   Point-In-Time-Recovery

In Kapitel 1.3 wurde bereits erwähnt, daß eine Wiederherstellung der Datenbank oder von Teilen der Datenbank auch dann notwendig sein kann, wenn die Information auf den Externspeichern durch syntaktisch korrekte, aber inhaltlich falsche Aktionen des Benutzers oder durch Softwarefehler unbrauchbar geworden ist. In diesem Fall kann die Anforderung bestehen, die Datenbank in einen transaktionskonsistenten Zustand, wie er vor dem Auftreten dieses Fehlers vorlag, wiederherzustellen.

Unter *Point-In-Time-Recovery* wird die Wiederherstellung einer Datenbank in einen transaktionskonsistenten Zustand, wie er zu einem bestimmten, spezifizierbaren Zeitpunkt vorlag, verstanden.

Point-In-Time-Recovery kann dabei entweder als *forward recovery* (ausgehend von Sicherungskopien und Log-Information) oder als *backward recovery* (ausgehend vom aktuellen Zustand der Datenbank) implementiert werden. Das genaue Vorgehen ist dabei abhängig von der Art der Log-Protokollierung. Wir werden diesen wichtigen Spezialfall in Kapitel 4.3.1 diskutieren.

2.4.3   Online-Recovery

Werden nur Teile der Datenbank wiederhergestellt, so ist es prinzipiell möglich, daß auf andere Teile der Datenbank durch Transaktionen schreibend zugegriffen wird. Auch bei einer Wiederherstellung der gesamten Datenbank wäre es denkbar, daß zunächst bestimmte Teile der Datenbank wiederhergestellt werden und danach auf diese bereits schreibend zugegriffen werden kann, während der Rest der Datenbank noch wiederhergestellt wird.

Wenn während der Recovery einer Datenbank auf nicht von der Wiederherstellung betroffene Teile oder bereits wiederhergestellte Teile der Datenbank schreibend zugegriffen werden kann, wird die Recovery als *Online-Recovery* bezeichnet.

Während das erste geschilderte Szenario bereits von verschiedenen Produkten unterstützt wird, ist uns eine Unterstützung für das zweite Szenario nicht bekannt (Abschnitt 2.6). In Kapitel 4.5 wird deshalb ein Log-Clustering-Verfahren vorgeschlagen, mit dessen Hilfe eine Recovery so durchgeführt werden kann, daß ein schreibender Zugriff auf bereits wiederhergestellte Teile der Datenbank vor Beendigung der Wiederherstellung der gesamten Datenbank möglich ist.

2.4.4   Paralleles Restore

Analog zu der in Abschnitt 2.3.4 diskutierten parallelen Sicherung auf mehrere Medien ist es aus Performance-Gründen natürlich ebenfalls sinnvoll, beim Restore das Sicherungsabbild parallel einzulesen.

Wird während eines Restore gleichzeitig von mehreren Sicherungsmedien gelesen, so wird dies als *paralleles Restore* bezeichnet.

Verschiedene Implementierungsvarianten und ihre Konsequenzen werden in Kapitel 5.4 diskutiert.

2.5   Stand der Forschung

In diesem Abschnitt soll ein kurzer Überblick über die wichtigsten wissenschaftlichen Arbeiten auf dem Gebiet der Recovery[2] zentralisierter Datenbanken gegeben werden. Dabei wird deren Einordnung und Abgrenzung bezüglich des Inhalts des vorliegenden Buches diskutiert. Nach der generellen Diskussion von Arbeiten zu Recovery-Algorithmen wird auf einige Teilgebiete aufgrund ihrer Relevanz speziell eingegangen.

Eine der wichtigsten Grundlagen für Recovery-Algorithmen haben [HR83] durch die Einführung des ACID-Prinzips für Transaktionen (Abschnitt 2.2) gelegt. In dieser Arbeit wird außerdem eine systematische Klassifikation von Recovery-Algorithmen gegeben. Während [HR83] dabei nach Seitenersetzungs- und Ausschreibstrategien (Kapitel 4.1.1) klassifizieren und daraus die notwendigen Aktionen während der Recovery ableiten, geben [BHG87] eine inhaltlich äquivalente Klassifikation an, welche direkt von den notwendigen Recovery-Aktionen (Redo/Undo) ausgeht. Diese beiden Arbeiten werden, je nach Sprachraum und Schule, meist als *die* Grundlagenliteratur auf dem Gebiet der Recovery-Algorithmen zitiert.

Eine ausführliche Darstellung verschiedener Protokollierungstechniken und Recovery-Algorithmen sowie verschiedenster Checkpoint[3]-Varianten findet sich in [Reu81]. Frühe wegweisende Arbeiten im Bereich der Recovery-Algorithmen sind u. a. die Einführung des Schattenspeicherkonzepts in [Lor77], die Beschreibung des im System R implementierten Recovery-Manager [GMB+81] und der in [EB84] vorgestellte DB Cache. In all diesen

---

[2]Der Begriff Recovery wird in diesem Abschnitt in seiner allgemeinen Bedeutung der Wiederherstellung einer Datenbank nach einem Transaktions-, System- oder Externspeicherfehler benutzt, während er im Rest des Buches im Sinne der Definition in Abschnitt 2.2 für die Wiederherstellung einer Datenbank nach einem Externspeicherfehler verwendet wird.

[3]Checkpoints stellen Maßnahmen zur Begrenzung des Redo-Aufwands nach Systemfehlern dar. Dabei werden entweder die veränderten Seiten aus dem Datenbankpuffer ausgeschrieben oder entsprechende Statusinformationen im Log protokolliert [HR99].

Arbeiten werden Techniken des physischen Logging auf Seiten- oder Eintragsebene (Kapitel 4.1.3) bzw. des logischen Logging (Kapitel 4.1.4) benutzt bzw. eingeführt.

Bereits in den siebziger und achtziger Jahren wurden in IMS und Tandem grundlegende Ideen einer Protokollierungstechnik entwickelt und realisiert, deren eigentlicher Durchbruch aber erst mit der Definition von ARIES ([ML89, MHL+92] und weitere) gelang und die meist als physiological Logging bezeichnet wird [GR93] (Kapitel 4.1.5). Diese Protokollierungstechnik hat inzwischen eine große Akzeptanz und starke Verbreitung gefunden. Basierend auf den Grundlagenarbeiten zu ARIES wurden Modifikationen und Erweiterungen, beispielsweise für das Index-Management [ML92] und den Einsatz in Client-Server-Umgebungen [MN94], vorgeschlagen. Eine Variante von ARIES für geschachtelte Transaktionen findet sich in [RM89]. In [Dom95] wird das in [RM89] vorgestellte ARIES/NT für die Unterstützung erweiterter Transaktionsmodelle [JK97], wie Sagas [GMS87] und Contracts [WR92, RSS97], modifiziert. Eine formale Verifikation von ARIES findet sich im übrigen erst in [Kuo96]. Generell ist festzustellen, daß bislang kaum Arbeiten zur formalen Verifikation von Recovery-Algorithmen existieren [LT95].

Recovery nach Externspeicherfehlern

Schwerpunkt der erwähnten und einer Vielzahl weiterer Arbeiten, von denen einige der wichtigsten in [KH98] zusammengestellt wurden, sind die Behandlung von Transaktions- und Systemfehlern ausgehend von verschiedenen Log-Protokollierungstechniken, Seitenersetzungs-, Ausschreib- und Einbringstrategien sowie Checkpoint-Arten. Die Problematik der Recovery nach einem Externspeicherfehler, welche der Schwerpunkt dieses Buches ist, wird kaum betrachtet. Die in den obigen Arbeiten primär für Systemfehler vorgeschlagenen Recovery-Algorithmen werden ohne kritische Diskussion auf die Externspeicherfehlerbehandlung übertragen. Dies funktioniert zwar konzeptionell, ist aber unter Performance-Gesichtspunkten sehr kritisch. Hauptursache hierfür sind die Unterschiede in der Verfügbarkeit der Log-Information. Während bei einer Transaktions- oder Systemfehlerbehandlung die zu lesende Log-Information entweder noch im Hauptspeicher, zumindest aber auf dem Sekundärspeicher verfügbar ist, wird bei der Externspeicherfehlerbehandlung typischerweise solche Log-Information benötigt, welche bereits auf Archivierungsmedien ausgelagert wurde (Kapitel 4.1.2). Daraus ergeben sich andere Anforderungen an den Entwurf der Recovery-Algorithmen. Wir werden in Kapitel 4.2 zeigen, daß beispielsweise Algorithmen mit einer zusätzlichen Analysephase für die Recovery nach einem Externspeicherfehler wenig geeignet sind.

Bislang existieren relativ wenige wissenschaftliche Arbeiten zum Thema Sicherungstechniken. In [LSG+79] wird die Möglichkeit eines *fuzzy dump*, also einer Form des Online-Backup (Kapitel 5.2), diskutiert. In [CPM82] wird ein Verfahren für inkrementelle Sicherungen vorgestellt. [MN93] beschreiben einen Algorithmus, welcher einige (Performance-)Nachteile des Verfahrens aus [CPM82] eliminiert (Kapitel 5.3). Ein nicht auf Logging basierender Recovery-Algorithmus für transaktionszeitbasierte temporale Datenbanken [LS93b] wird in [LS93a] beschrieben.

Eine Reihe aktueller Arbeiten beschäftigt sich mit der Recovery von Main-Memory-Datenbanken. Die dort auftretenden Fragestellungen weisen Analogien zur Wiederherstellung einer Datenbank nach einem Externspeicherfehler auf. Aus diesem Grund erscheint die Diskussion der Übertragbarkeit dieser Ansätze lohnenswert.

Recovery von Main-Memory-Datenbanken

Charakteristisch für *Main-Memory-Datenbanken (MMDB)* ist, daß sich die *primäre* Kopie der Datenbank vollständig im Hauptspeicher befindet. Um die ACID-Eigenschaften von Transaktionen zu gewährleisten, wird auch hier ein Datenbank-Log geführt, welches zum Commit-Zeitpunkt ausgeschrieben wird. Um daraus resultierende I/O-Engpässe zum Commit-Zeitpunkt zu vermeiden, existieren auch Ansätze zur Nutzung von nichtflüchtigem Speicher (beispielsweise *battery backed RAM* [LD96]) für den Log-Puffer. Um die Wiederanlaufzeit im Fehlerfall gering zu halten, werden regelmäßig Checkpoints durchgeführt und dabei die Seiten aus dem Hauptspeicher in eine auf Sekundärspeichern befindliche Sicherungskopie eingebracht [GHD$^+$96].[4] Schwerpunkt vieler wissenschaftlicher Arbeiten in diesem Bereich sind die Entwicklung und Bewertung verschiedener Checkpoint-Algorithmen (beispielsweise [SGM89, LD96, DLL98]).

Im Fall eines Systemfehlers wird die Datenbank mit Hilfe der Sicherungskopie wiederhergestellt, wobei dieser Vorgang meist als *Reload* bezeichnet wird. Dies entspricht auf den ersten Blick dem in diesem Buch betrachteten Fall des Restore einer *Disk-Resident-Datenbank (DRDB)*. Allerdings gibt es aufgrund der verschiedenen Systemarchitekturen wichtige Unterschiede. Die Sicherungskopie einer MMDB liegt vollständig auf Sekundärspeichern und wird in den Hauptspeicher wiederhergestellt. Folglich können Reload-Algorithmen mit nichtsequentiellem Zugriff auf der Seite des Sekundärspeichers und beliebigem wahlfreien Zugriff im Hauptspeicher eingesetzt und entsprechende Optimierungen durchgeführt werden. Performance-Untersuchungen solcher Techniken finden sich beispielsweise in [GE91] und [KB98]. Die Sicherungskopien von DRDB liegen hingegen i. allg. auf Tertiärspeichern, d. h. auf Geräten mit sequentiellem Zugriff. Außerdem wird die Datenbank auf Sekundärspeichermedien und nicht in den Hauptspeicher wiederhergestellt. Aufgrund der erläuterten unterschiedlichen Zugriffscharakteristika sind die meisten Reload-Algorithmen deshalb nicht effizient für das Restore von DRDB einsetzbar.

Performance-Analyse von Recovery-Algorithmen

In existierenden Arbeiten zur Performance-Analyse von Recovery-Algorithmen werden verschiedene Ansätze und Vorgehensweisen verfolgt. Eine erste Gruppe von Arbeiten konzentriert sich auf die Entwicklung kostenbasierter analytischer Modelle. So wird in [Reu84] ein solches Modell für die Behandlung von Transaktions- und Systemfehlern gegeben und verschiedene Recovery-Algorithmen damit untersucht. Das Zusammenspiel verschiedener Concurrency Control und Recovery-Techniken wird in [AD85], ebenfalls mit Hilfe analytischer Kostenmodelle, analysiert. [JK92] geben detaillierte Modelle für die Recovery nach einem Systemfehler bei der Verwendung von ARIES [MHL$^+$92] an.

Umfangreiche Simulationsuntersuchungen für die Systemfehlerbehandlung mit verschiedenen Recovery-Techniken gemäß der in [BHG87] gegebenen Klassifikation der verschiedenen

---

[4]Dieses Vorgehen weist Analogien zum Remote Backup (Abschnitt 2.7.3) auf, wobei hier allerdings andere Einbringgranulate und -techniken verwendet werden.

Redo und Undo Kombinationen werden in [KM98] präsentiert. Die Behandlung von Systemfehlern in einem objektorientierten Datenbanksystem wurde in [WD95] experimentell, d. h. durch Implementierung verschiedener Recovery-Techniken, verglichen und ein Vergleich zu den in [HBM93] für dieses Szenario präsentierten Ergebnissen gegeben.

Daneben existiert eine Reihe von Arbeiten, in denen stochastische Modelle zur Analyse der Recovery-Performance im Falle eines Systemfehlers verwendet werden. Ein Überblick über die verschiedenen Arbeiten dieser Gruppe wird in [GS98] gegeben. Dort wird außerdem versucht, stochastische Modelle und analytische Kostenmodelle zu kombinieren, um so die unterschiedlichen Vorteile der beiden Ansätze auszunutzen.

Gemeinsam ist all diesen oben erwähnten Arbeiten, daß sie auf die Betrachtung der Recovery nach einem Systemfehler fokussieren. Diese hat allerdings eine ganz andere Zeitdimension als die Wiederherstellung nach einem Externspeicherfehler. Geht es bei einer Wiederherstellung nach einem Systemfehler normalerweise um die Betrachtung von Sekunden oder wenigen Minuten, so sind es bei einem Externspeicherfehler oftmals einige Stunden. Aus diesen verschiedenen Zeitdimensionen ergeben sich unterschiedliche Haupteinflußfaktoren für die Performance. Während beispielsweise die Zeit für die Veränderung der Log-Einträge im Hauptspeicher bei der Recovery nach einem Externspeicherfehler im Verhältnis zur Gesamtzeit kaum relevant ist, kann sie für die Systemfehlerbehandlung durchaus ein signifikanter Einflußfaktor sein [JK92].

Weiterhin beeinflußt im Falle eines Systemfehlers der gewählte Checkpoint-Algorithmus die Anzahl der anzuwendenden Log-Einträge und damit die Gesamt-Performance wesentlich. Außerdem haben Checkpoints einen signifikanten Einfluß auf den normalen Datenbankbetrieb, d. h. sie beeinflussen Transaktionslaufzeiten und Systemdurchsatz. Diese beiden Größen werden deshalb oft als Performance-Maße in Arbeiten zur Systemfehlerbehandlung verwendet. Aufgrund ihres großen Einflusses sind unterschiedliche Checkpoint-Algorithmen ein wichtiger Untersuchungsgegenstand in vielen Arbeiten zur Systemfehlerbehandlung. Für die Performance der Recovery nach einem Externspeicherfehler sind Checkpoints hingegen kaum relevant.

Aus den genannten Fakten wird deutlich, daß die Ansätze der Arbeiten zur Performance-Analyse der Systemfehlerbehandlung nur teilweise auf die Behandlung von Externspeicherfehlern übertragbar sind. In diesem Buch werden deshalb in den Kapiteln 4 und 5 analytische Kostenmodelle entwickelt, welche die spezifischen Einflußfaktoren bei der Wiederherstellung nach einem Externspeicherfehler berücksichtigen. Außerdem werden in Kapitel 5 Modelle für unterschiedliche Sicherungstechniken angegeben.

2.6   Stand der Technik

In [SG98b] haben wir einen ausführlichen Überblick über den Stand in kommerziellen Datenbanksystemen gegeben. Die Untersuchungen wurden zum einen auf Basis der Systemliteratur durchgeführt [Gro96]. Zum anderen haben wir verschiedene Produkte praktisch evaluiert, wobei dabei neben Leistungsuntersuchungen Aspekte der Handhabung der Sicherungs- und Wiederherstellungsmechanismen, also Administrationsaspekte, im Vordergrund standen. Auf die Ergebnisse dieser praktischen Evaluierungen soll hier nicht näher eingegangen werden, ausführliche Darstellungen dazu findet man in [Hen96], [Leo96] und [Sku97].

Die von uns in [SG98b] angegebene Übersicht über den aktuellen Stand in Produkten wurde überarbeitet und aktualisiert. *Tabelle 2.1* enthält eine Übersicht über die angebotenen Sicherungsmechanismen. Die Datenbanksysteme sind in alphabetischer Reihenfolge aufgeführt. Ein ✔ drückt aus, daß eine bestimmte Funktionalität von einem System angeboten wird, und ein ✗ bestimmt diese näher, markiert also das Granulat o. ä.

Da alle untersuchten Systeme ein Komplett-Backup anbieten, wurde dieser Punkt nicht mit aufgeführt. Für das partielle Backup wird in der Übersicht das unterstützte Granulat der Sicherung mit angegeben. Es werden Tabellen, Table Spaces und Dateien aufgeführt. Hierzu ist zu bemerken, daß die Einordnung einiger Systeme aufgrund abweichender physischer Datenhaltungskonzepte problematisch ist. Für die Systeme *DB2 for OS/390* und *IMS/ESA* ist eine Sicherung auf *data set*-Ebene möglich. Dies ist am ehesten mit einer Menge von Dateien vergleichbar – deshalb wurde die Einordnung entsprechend vorgenommen. Analoges gilt für das Datenbanksystem *UDS/SQL*, für welches eine partielle Sicherung auf area-Ebene möglich ist. Das in *ADABAS C* mögliche Granulat der partiellen Sicherung ist ein logisches auf der Ebene von Record-Typen – deshalb wurde hier Tabelle markiert.

Beim inkrementellen Backup wird zum einen angegeben, bezüglich welcher Teile der Datenbank die inkrementelle Sicherung durchgeführt werden kann. Zum anderen werden die Sicherungsobjekte, also die Datenbankobjekte, deren Veränderung überprüft wird, angegeben. Dies sind i. allg. Seiten. Die einzige Ausnahme bildet hier *ObjectStore*. In diesem objektorientierten Datenbanksystem werden Segmente als Sicherungsobjekte verwendet, wobei Segmente Mengen von Seiten darstellen und mit den von relationalen Systemen bekannten Table Spaces vergleichbar sind.

Für das parallele Backup ist nur angegeben, ob eine parallele Sicherung möglich ist oder nicht. Zu beachten ist hier allerdings, daß die Anzahl der parallel ansprechbaren Medien teilweise beschränkt ist. Typische Größen sind 8, 16 oder 32 Sicherungsmedien als Maximalwerte.

Alle untersuchten Datenbanksysteme bieten eine gewisse Form des Online-Backup an, wenn auch die Funktionalitätsunterschiede erheblich sind. An dieser Stelle wäre es natürlich interessant gewesen, eine detailliertere Unterscheidung vorzunehmen, da sich daraus erhebliche Konsequenzen für den laufenden Betrieb der Datenbank während der Sicherung ergeben. Allerdings standen uns nicht alle Systeme zur praktischen Evaluierung zur Verfügung, und die Angaben in der Systemliteratur sind in diesem Punkt größtenteils nicht aussagekräftig genug. Deshalb wurde dieser Punkt nicht mit in die Übersicht aufgenommen, für Aussagen zu einigen ausgewählten Systemen und eine ausführliche Diskussion verschiedener Implementierungsvarianten sei auf Kapitel 5.2 verwiesen.

Tabelle 2.2 gibt eine Übersicht über den Stand der Technik bezüglich der Recovery. Für die partielle Recovery wird angegeben, welches Granulat der Wiederherstellung möglich ist. Außerdem wurde die Frage, ob eine partielle Recovery selektiv durchgeführt werden kann, als Unterpunkt mit aufgenommen.

Wie bereits in Abschnitt 2.4.3 beschrieben, ermöglichen die untersuchten Systeme, wenn überhaupt, nur im Falle einer partiellen Recovery eine Online-Recovery. Deshalb wurden die Haken in der Spalte für Online-Recovery in Klammern gesetzt.

Tabelle 2.1: Backup-Funktionalität in kommerziellen Datenbanksystemen

In der folgenden Tabelle ist das *Partielle Backup* mit den Unterkategorien *Tabellen*, *Table Spaces*, *Dateien* aufgeführt; das *Inkrementelle Backup* mit *Datenbank*, *Tabellen*, *Table Spaces*, *Dateien*; die *Sicherungsobjekte* mit *Segmente* und *Seiten*; sowie das *Paralleles Backup*.

	Partielles Backup	Tabellen	Table Spaces	Dateien	Inkrementelles Backup	Datenbank	Tabellen	Table Spaces	Dateien	Sicherungsobjekte: Segmente	Seiten	Paralleles Backup
ADABAS C 6.2	✓	✗			✓	✗					✗	✓
ADABAS C UNIX 3.1	✓	✗										✓
ADABAS D 6.1					✓	✗					✗	✓
DB2 for OS/390 5.0	✓		✗	✗	✓			✗	✗		✗	✓
DB2 for VSE & VM 5.1												✓
DB2 UDB 5.2	✓		✗									✓
IMS/ESA 6.0	✓			✗								✓
Informix Dyn. Server 7.2	✓		✗		✓	✗		✗			✗	✓
Microsoft SQL Server 7.0	✓			✗	✓	✗					✗	✓
O$_2$ 5.0												
ObjectStore 5.1					✓	✗				✗		
OpenIngres 2.0	✓	✗										✓
Oracle8 8.0	✓		✗	✗	✓	✗		✗	✗		✗	✓
POET 5.0												
SESAM/SQL-Server 2.2	✓		✗									
Sybase SQL Server 11.0												✓
TransBase 4.2												
UDS/SQL 2.0	✓			✗								✓

Anhand der beiden Tabellen sieht man, daß noch längst nicht alle DBMS die gesamte Vielfalt der Sicherungs- und Wiederherstellungstechniken anbieten. Insbesondere die objektorientierten Datenbanksysteme weisen noch deutlichen Nachholbedarf auf. Offenbar wurden während der relativ kurzen Zeit, in der diese Systeme erst kommerziell verfügbar sind, die Prioritäten auf andere Funktionalitäten gesetzt. Allerdings werden hier mit der Konsolidierung dieser Systeme weitere Entwicklungen notwendig sein, insbesondere, da in den von diesen Systemen anvisierten Anwendungsgebieten, wie dem Konstruktionsbereich oder der Verwaltung multimedialer Daten, sehr große Datenvolumina anfallen und damit Sicherungstechniken wie partielles und inkrementelles Backup unabdingbar sind. Generell unterstützen bislang nur sehr wenige DBMS die wichtige Sicherungsform des inkrementellen Backup. Auf mögliche Implementierungsvarianten dieser Sicherungstechnik wird ausführlich in Kapitel 5.3 eingegangen. Gar nicht unterstützt wird bislang die in Ab-

Tabelle 2.2: Recovery-Funktionalität in kommerziellen Datenbanksystemen

	Partielle Recovery	Tabellen	Table Spaces	Dateien	Seiten	selektiv	Point-In-Time-Recovery	Online-Recovery	Paralleles Restore
ADABAS C 6.2	✓	✗				✓	✓	(✓)	✓
ADABAS C UNIX 3.1	✓	✗				✓	✓	(✓)	✓
ADABAS D 6.1							✓		✓
DB2 for OS/390 5.0	✓		✗	✗	✗	✓	✓	(✓)	✓
DB2 for VSE & VM 5.1	✓	✗				✓	✓		✓
DB2 UDB 5.2	✓		✗			✓	✓	(✓)	✓
IMS/ESA 6.0	✓			✗		✓	✓	(✓)	✓
Informix Dyn. Server 7.2	✓		✗			✓	✓	(✓)	✓
Microsoft SQL Server 7.0	✓			✗		✓	✓		✓
O$_2$ 5.0									
ObjectStore 5.1							✓		
OpenIngres 2.0							✓		✓
Oracle8 8.0	✓		✗	✗		✓	✓	(✓)	✓
POET 5.0									
SESAM/SQL-Server 2.2	✓		✗					(✓)	
Sybase SQL Server 11.0									✓
TransBase 4.2									
UDS/SQL 2.0	✓			✗		✓		(✓)	✓

schnitt 2.4.3 beschriebene Online-Recovery im Fall einer kompletten Wiederherstellung.
Auf Möglichkeiten hierfür wird, wie schon erwähnt, in Kapitel 4.5 eingegangen.

2.7 Weitere Ansätze zum Schutz vor Datenverlust

Um sich vor Datenverlust durch Externspeicherfehler zu schützen, ist immer redundante
Information notwendig. Bei den bisher erläuterten Verfahren wurde diese redundante Information mit Hilfe von DBMS-Funktionalität in Form von Sicherungen der Datenbank
bzw. von Teilen der Datenbank erzeugt. Orthogonal dazu existieren weitere Techniken,
die ebenfalls unter Nutzung von Redundanz den Schutz vor Datenverlust zu ermöglichen
versuchen. Wir werden zur Vervollständigung und Abrundung im folgenden einen Über-

blick über die wichtigsten dieser Ansätze geben. Zunächst werden Spiegelung und RAID, also vom Betriebssystem bzw. der Hardware bereitgestellte Techniken, vorgestellt. Danach werden wir Verfahren diskutieren, bei denen die komplette Datenbank mit Hilfe von DBMS-Funktionalität repliziert wird.

2.7.1 Spiegelung

Ein erster Ansatz ist die Spiegelung der verwendeten Magnetplatten. Dabei wird die Information jeder Platte auf einer oder mehreren anderen Platten gespiegelt. Jede involvierte Platte enthält dabei die identische Information [WZ93b]. Fällt eine einzelne Platte aus, so kann sofort auf einer anderen Platte weitergearbeitet werden. Damit können einfache Plattenfehler kompensiert werden. Sobald der Fehler aber durch andere Hardware-Komponenten (z. B. Controller oder Bussystem) verursacht wird, werden diese Fehler auch auf den anderen Platten repliziert, wodurch die Information auf den gespiegelten Platten ebenfalls fehlerhaft wird. Dieses Problem versucht man teilweise durch Spiegelung weiterer Hardware-Komponenten, bis hin zu kompletten Systemen, zu beheben. Handelt es sich allerdings um einen Software- oder Benutzerfehler, dann hilft auch dieses Vorgehen nicht, da dann die fehlerhafte Information ebenfalls gespiegelt wird. Außerdem ist Spiegelung sehr teuer, da die duplizierten Hardware-Komponenten (also insbesondere auch die Magnetplatten) immer mindestens doppelt vorhanden sein müssen und damit mindestens doppelte Kosten im Vergleich zu nicht gespiegelten Systemen anfallen.

2.7.2 RAID

Um die bei der Verwendung von Spiegelungstechniken hohen Kosten zu reduzieren, wurden Alternativen entwickelt. Diese beruhen auf der Idee, statt hundertprozentiger Redundanz in Form einer vollständigen Kopie der Daten einer Platte auf einer anderen, Redundanz in Form von Paritätsinformation zu speichern. Diese Paritätsinformation muß natürlich auf einer anderen Platte als die Information, auf welche sie sich bezieht, gespeichert werden. Diese Techniken werden unter dem Namen *RAID* zusammengefaßt. Der Begriff RAID wurde 1988 von Patterson, Gibson und Katz in [PGK88] definiert und stand damals für *Redundant Array of Inexpensive Disks*. Heute wird statt Inexpensive i. allg. der Begriff *Independent* verwendet und seine Verwendung auch vom *RAID Advisory Board*[5] empfohlen. Die Intention des Originalbegriffs war die Nutzung vieler kleiner statt weniger großer Magnetplatten. Letztere waren zu diesem Zeitpunkt in Relation zu kleinen Platten sehr teuer. Diese relativen Preisunterschiede sind heute kaum noch vorhanden, und der Schwerpunkt der Nutzung von RAID hat sich folglich auf die Ausnutzung der *Unabhängigkeit* der Platten verlagert [Mas97].

In [PGK88] wurden fünf RAID-Level definiert, in [KGP89] wurde diese Definition um einen sechsten erweitert. Diese werden i. allg. mit RAID Level 1–6 bezeichnet. Wichtig ist allerdings zu bemerken, daß der Begriff Level hier nur eine Numerierung zur Bezeichnung der Verfahren ist, aber keinerlei Wertung oder Rangfolge ausdrückt. Im folgenden sollen die

---

[5]Das *RAID Advisory Board* ist ein Zusammenschluß von über 50 Herstellern und Anwendern mit dem Ziel der Standardisierung der im RAID-Umfeld verwendeten Begriffe und Produkte.

einzelnen Level kurz erläutert werden, für ausführliche Informationen sei auf die zitierten Originalarbeiten oder auf [Mas97] verwiesen.

RAID Level 1 bedeutet Spiegelung. Auf die Vor- und Nachteile dieser Vorgehensweise wurde bereits im vorigen Abschnitt eingegangen. Bei diesem Level wird noch keinerlei Paritätsinformation benutzt.

RAID Level 2 arbeitet mit einem Hamming-Code zur Fehlerkorrektur. Er eignet sich allerdings nicht für Zugriffsprofile, bei denen überwiegend kleine Datenmengen transportiert werden und ist damit nicht für den Einsatz in Datenbanksystemen geeignet. Außerdem hat sich dieser Level kommerziell nicht durchgesetzt, da hierfür spezielle Platten benötigt werden und diese im Vergleich zu normalen Platten meist zu teuer sind [Mas97].

RAID Level 3 speichert redundante Information in Form von Paritätsinformation, welche mittels XOR-Verfahren gebildet wird, auf einer separaten Platte. Der Plattenplatz-Overhead wird dadurch im Vergleich zu Level 1 drastisch reduziert. Da bei RAID Level 3 parallel auf alle Laufwerke geschrieben bzw. von diesen gelesen wird,[6] eignet er sich besonders für Anwendungen, bei denen große, zusammenhängende Datenmengen verarbeitet werden, also beispielsweise bei der Bildverarbeitung oder im CAD-Bereich. Allerdings ist bei diesem Level ein gleichzeitiger Zugriff auf alle Laufwerke notwendig, und damit kann zu einem Zeitpunkt nur eine Operation ablaufen. Aus diesem Grund eignet sich RAID Level 3 ebenfalls nicht für Datenbanksysteme.

RAID Level 4 nutzt wie Level 3 Paritätsinformation auf einer dedizierten Platte. Dabei kann aber auf die anderen Platten unabhängig zugegriffen werden, und somit ist diese Technik besser für den Einsatz in Datenbanksystemen geeignet. Es hat sich allerdings gezeigt, daß durch das Schreiben der Paritätsinformation auf *eine* Platte diese sehr schnell zum Engpaß wird. Diesen Schwachpunkt beseitigt der nächste Level.

RAID Level 5 unterscheidet sich von Level 4 dadurch, daß die Paritätsinformation über mehrere oder alle Platten verteilt wird. Dadurch wird der potentielle Engpaß beim Schreiben der Paritätsinformation reduziert, wenn auch nicht gänzlich beseitigt. RAID Level 5 ist die für Datenbanksysteme geeignetste und in diesem Umfeld am häufigsten eingesetzte Technologie.

Allen fünf bisher beschriebenen Leveln ist allerdings gemeinsam, daß sie nur den Ausfall *einer* Platte behandeln können. Der Ausfall einer weiteren Platte bzw. ein durch andere Hardwarekomponenten auf mehrere Platten reproduzierter Fehler kann nicht kompensiert werden.

RAID Level 6 kann zumindest den Ausfall einer zweiten Platte kompensieren, da hier Paritätsinformation auf zwei unabhängige Arten erzeugt und jeweils auf zwei unabhängige Platten verteilt wird. Allerdings werden dadurch im Vergleich zu Level 5 die Schreibzugriffe wieder deutlich langsamer. Das Problem der von anderen Komponenten propagierten Fehler auf mehr als zwei Platten bleibt außerdem erhalten. Dadurch können Software- oder Benutzerfehler selbst mit diesem Level i. allg. nicht behandelt werden.

---

[6]Dies wird auch als *disk striping* bezeichnet. Hierfür wird teilweise auch der Begriff *RAID Level 0* verwendet, allerdings ist dies keine definierte RAID-Variante, da hier keine Redundanz und damit keinerlei Fehlersicherheit vorhanden ist. *Disk striping* dient ausschließlich der Performance-Verbesserung durch paralleles Lesen bzw. Schreiben.

Die sechs definierten Level beschreiben, *wie* Daten auf Magnetplatten geschrieben und verteilt werden. Hingegen berücksichtigen sie die weiteren Komponenten eines Speichersystems (z. B. Controller und Caches) nicht. Viele Hersteller haben auch in diesem Bereich Technologien weiterentwickelt und diesen eigene Namen, teilweise unter Verwendung des RAID-Begriffs, gegeben. Außerdem beschreibt die RAID-Klassifikation nur unzureichend, welchen Schutz der Einsatz dieser Techniken dem Anwender wirklich bringt. Dies alles hat das *RAID Advisory Board* veranlaßt, eine neue Klassifikation vorzuschlagen. In dieser werden 20 sogenannte *Extended Data Availability and Protection (EDAP)* Kriterien definiert, welche die Fehlertoleranz gegenüber verschiedenen Fehlerarten und die Dauer der Wiederherstellung defekter Platten näher beschreiben. Diese Kriterien beschreiben also den Grad der Absicherung gegenüber verschiedenen Fehlersituationen. Sie werden wiederum zu drei Klassen mit jeweils zwei bzw. drei Abstufungen unter den Namen *Failure Resistant Disk System (FRDS)*, *FRDS+*, *Failure Tolerant Disk System (FTDS)*, *FTDS+*, *FTDS++*, *Disaster Tolerant Disk System (DTDS)* und *DTDS+* zusammengefaßt [Mol97]. Diese Einteilung beschreibt die Verfügbarkeit eines Speichersystems und ist folglich von hohem Informationsgehalt für den Anwender.

Zusammenfassend kann gesagt werden, daß mit RAID-Techniken dem Datenverlust durch Fehler auf einer einzelnen bzw. zwei Magnetplatte(n) gut vorgebeugt werden kann, wobei für den Einsatz in Datenbanksystemen letztlich nur RAID Level 5 wirklich geeignet ist. RAID-Techniken bieten allerdings keinen Schutz vor Zerstörung bzw. Unbrauchbarkeit von Information durch Software- und insbesondere Benutzerfehler. Unabhängig vom eingesetzten RAID- oder EDAP-Level ist also eine regelmäßige Datensicherung mit Backup-Techniken unverzichtbar [Mas97, Mol97].

2.7.3   Remote-Backup

Beim Auftreten sogenannter Umgebungsfehler wie Stromausfall, Feuer, Wasser, Erdbeben oder auch Sabotage können lokale Spiegelungs- bzw. RAID-Techniken einem Datenverlust nicht vorbeugen. Die Wiederherstellung der Datenbank in einem solchen Fehlerfall wird auch als *Katastrophen-Recovery* (*disaster recovery*) bezeichnet.

Der traditionelle Ansatz hierfür ist die Aufbewahrung von Sicherungskopien der Datenbank an einem geographisch weit entfernten Ort. Im Fall einer Katastrophe wird die Datenbank dann auf einem anderen System, eventuell auch an einem anderen Ort, ausgehend von aufbewahrten Sicherungskopien wiederhergestellt. Die Zeitspanne, bis eine Wiederaufnahme des Datenbankbetriebs möglich ist, ist hierbei natürlich relativ groß. Außerdem sind meist viele Transaktionen bzw. die von ihnen durchgeführten Änderungen verloren. Deshalb sind bei sehr hohen Verfügbarkeitsanforderungen andere Ansätze für die Behandlung dieses Fehlerszenarios notwendig, die unter dem Stichwort *Remote-Backup* zusammengefaßt werden.

Die Grundidee des Remote-Backup ist die Nutzung eines Systempaares statt eines Einzelsystems. Alle Daten und Programme sind auf beiden Systemen vorhanden. Das System, auf welchem die Änderungen primär vollzogen werden, heißt folgerichtig *Primärsystem*, das zweite System, auf welches im Fall eines Fehlers umgeschaltet wird, *Backup-System*. Letzteres wird oft auch als *hot standby system* bezeichnet und sollte sich sinnvollerweise an einem geographisch weit entfernten Ort befinden. Die Konzepte sind aber auch auf direkt nebeneinander stehende Systeme übertragbar. Dem Benutzer tritt das Systempaar wie ein einzelnes System gegenüber, insbesondere haben Clients sowohl Verbindungen zum Primär- als auch zum Backup-System, um im Fehlerfall ein möglichst schnelles und transparentes Umschalten zu ermöglichen.

Die Weitergabe der auf dem Primärsystem durchgeführten Änderungen an das Backup-System erfolgt dabei meist log-basiert. Die Konfigurationen eines solchen Systempaares unterscheiden sich in der Durchführung des Commit einer Transaktion. Dabei werden im wesentlichen *1-safe*, *2-safe* und *very safe* Algorithmen unterschieden [GR93].

Bei *1-safe* Algorithmen wird das Commit einer Transaktion am Primärsystem unabhängig vom Zustand des Backup-Systems durchgeführt. Das Log wird asynchron an das Backup-System weitergegeben und die Information dort angewandt. Vorteil dieser Vorgehensweise ist, daß die Transaktionsverarbeitung bzw. -beendigung am Primärsystem nicht verzögert wird. Tritt jetzt ein Fehler am Primärsystem auf und wird auf das Backup-System umgeschaltet, so sind allerdings möglicherweise noch nicht alle Transaktionen an diesem nachgefahren bzw. noch nicht vom jetzt nicht mehr verfügbaren Primärsystem an das Backup-System propagiert worden. Es können also Transaktionen verloren gehen.

Dies versuchen *2-safe* Algorithmen zu vermeiden, indem sie vor der Beendigung einer Transaktion eine Bestätigung des Backup-Systems einfordern. Diese kann entweder nach Erhalt der entsprechenden Log-Information oder nach dem Anwenden der Log-Information am Backup-System gegeben werden. Falls das Backup-System nicht erreichbar ist, wird die Transaktion am Primärsystem trotzdem beendet. Damit wird sichergestellt, daß keine Transaktionen verloren gehen, solange das Backup-System immer verfügbar ist. Falls das Backup-System vor oder zum Zeitpunkt des Fehlers am Primärsystem nicht verfügbar ist, können aber auch in diesem Szenario Transaktionen verloren gehen. Die Vorgehensweise von *2-safe* Algorithmen hat den Nachteil, daß die Beendigung von Transaktionen verzögert wird. In [PGM94] wurde ein ausführlicher Vergleich verschiedener *1-safe* und *2-safe* Algorithmen vorgestellt. Dabei wurde deutlich, daß die verfügbare Netzwerktechnologie der ausschlaggebende Entscheidungsfaktor zwischen beiden Ansätzen ist. Falls ein ausreichend schnelles Netzwerk zur Verfügung steht, sollte dem *2-safe* Ansatz der Vorrang eingeräumt werden, um Transaktionsverluste zu vermeiden.

Der Unterschied zwischen *2-safe* und *very safe* Algorithmen besteht darin, daß bei letzteren die Transaktion nicht beendet wird, falls das Backup-System nicht verfügbar ist. Sobald eines der beiden Systeme nicht verfügbar ist, können also keine Transaktionen erfolgreich beendet werden. Auch wenn dies ein sehr sicherer Ansatz ist, da hier nie Transaktionen verloren gehen können, wird die Einschränkung der Verfügbarkeit als zu stark empfunden, so daß diese Algorithmen kommerziell nicht eingesetzt werden [GR93].

Die hier vorgestellten Remote-Backup-Ansätze sind für Anwendungen mit extrem hohen Verfügbarkeitsanforderungen, wie sie beispielsweise im Banken- und Versicherungsbereich zu finden sind, sinnvoll einsetzbar, um einen großen Teil der Hardware- und Umgebungsfehler zu kompensieren. Für viele Anwendungen sind sie allerdings zu teuer, da eine Duplizierung der gesamten Hard- und Software notwendig ist. Unabhängig davon bleibt das Problem, daß durch Benutzerfehler unbrauchbar gewordene Information auch in diesem Szenario an das Backup-System repliziert wird. Deshalb müssen auch beim Einsatz solcher Systeme regelmäßig Sicherungskopien der Datenbank erstellt werden. Außerdem muß die protokollierte Log-Information gesichert werden, um die Datenbank im Fehlerfall in einen früheren Zustand wiederherstellen zu können.

2.8 Zusammenspiel mit anderen Sicherungssystemen

In diesem Abschnitt soll das Zusammenspiel zwischen Sicherungs- und Wiederherstellungsverfahren auf Betriebssystemebene und auf Datenbanksystemebene dargestellt werden. Dazu werden zunächst die Mechanismen, welche vom Betriebssystem oder anderer zusätzlicher Software, wie Speichermanagementsystemen, bereitgestellt werden, erläutert und analysiert, ob und in welchem Maße diese auch für die Sicherung bzw. Wiederherstellung von Datenbanken verwendet werden können. Danach wird die Frage diskutiert, wie die Sicherungsstrategien für das Gesamtsystem und die Datenbank koordiniert werden können und sollten.

2.8.1 Betriebssystemdienste

In gängigen Rechnersystemen existieren zumeist zwei verschiedene Arten, wie Daten auf den physischen Speichermedien verwaltet werden können. Entweder werden sie in Dateien direkt vom Betriebssystem in hierarchischen Strukturen (i. allg. Verzeichnisse genannt) gespeichert oder sie werden direkt von den Anwendungen auf dedizierten Teilen der physischen Speichermedien (Raw Devices, Abschnitt 2.1) verwaltet.

Betriebssysteme bieten meist entsprechende Dienste an, mit denen einzelne Dateien, Verzeichnisse oder komplette Dateisysteme gesichert werden können. Weiterhin bieten inzwischen viele Betriebssysteme die Möglichkeit, inkrementelle Sicherungen dergestalt durchzuführen, daß nur die seit einem bestimmten Datum, der letzten Sicherung oder einem anderen spezifizierbaren Zeitpunkt veränderten Dateien gesichert werden. Soweit uns bekannt ist, sind für diese inkrementellen Sicherungen dabei Dateien die kleinsten möglichen Sicherungsobjekte. Wenn die Daten direkt von den Anwendungen verwaltet werden, gibt es keine für das Betriebssystem erkennbare Struktur. Deshalb ist hier, wenn überhaupt, nur eine vollständige Sicherung dieser Bereiche mit Betriebssystemmitteln möglich.

Bei der Diskussion der Sicherung von Datenbanksystemen muß zwischen dem Datenbankmanagementsystem und den von diesem verwalteten Datenbanken unterschieden werden. Die zum DBMS gehörenden Daten, hierzu gehören u. a. die DBMS-Software selbst und Konfigurationsdateien, müssen mit Betriebssystemmitteln gesichert werden. Hier ist eine Nutzung von DBMS-Diensten nicht sinnvoll, da sonst im Fehlerfall erst das DBMS wiederhergestellt werden müßte, um das DBMS wiederherzustellen, was so natürlich nicht funktioniert.

Wenn wir im folgenden von *Daten einer Datenbank* sprechen, so meinen wir damit nicht nur die Nutzerdaten, sondern auch alle Informationen über die logische und physische Struktur (Metadaten) dieser Datenbank. Die Daten einer Datenbank werden entweder in Dateien oder direkt vom DBMS auf den physischen Speichermedien verwaltet. Wir konzentrieren uns im folgenden auf die Diskussion des ersten Falls, die angeführten Argumente können analog auf den zweiten übertragen werden.

Gegen die Sicherung der Daten einer Datenbank mit Betriebssystemmitteln spricht eine Vielzahl von Gründen. Zum einen müßte man genau wissen, welche Dateien Informationen über eine bestimmte Datenbank enthalten. Problematisch ist dies insbesondere für die bereits angesprochene Strukturinformation, welche oftmals unabhängig von den Nutzerdaten gespeichert wird. Das Risiko, bei der Nutzung von Betriebssystemdiensten nicht alle Daten der Datenbank zu sichern bzw. wiederherzustellen, ist sehr hoch. Bei der Benutzung von Diensten des DBMS hingegen wird von diesem sichergestellt, daß alle relevanten Daten erfaßt werden.

Das nächste Problem sind Sicherungen im laufenden Betrieb. Hier werden die Daten vom Betriebssystem unabhängig vom Transaktionszustand gesichert, d. h., das Sicherungsabbild kann transaktionsinkonsistente Daten enthalten. Das DBMS müßte dann bei der Wiederherstellung mit Hilfe von Log-Information einen transaktionskonsistenten Zustand erzeugen. Dazu muß es in der Lage sein zu erkennen, ob ein Log-Eintrag eine bereits materialisierte Aktion repräsentiert, ob er also angewandt werden muß oder nicht. In dieser allgemeinsten Form ist das nur für bestimmte Log-Protokollierungstechniken möglich (siehe Kapitel 4) und wird bislang auch nur von wenigen DBMS unterstützt (siehe Kapitel 5.2). Außerdem bleibt das administrationstechnische Problem zu bestimmen, ab welchem Log-Eintrag die Information angewandt werden muß. Diese Information müßte dem Datenbankadministrator bekannt sein, damit er die entsprechenden Log-Dateien bei der Wiederherstellung bereitstellen kann. Wird hingegen ein Online-Backup durch das DBMS durchgeführt, dann ermittelt dieses die entsprechende Information, protokolliert sie im Sicherungsabbild (Kapitel 5.2) und kann dann die benötigten Log-Dateien bei der Wiederherstellung anfordern. Auch hier ist die Fehleranfälligkeit und der Administrationsaufwand bei der Benutzung von DBMS-Funktionen deutlich geringer.

Eine Nutzung von Betriebssystemdiensten kann also, wenn überhaupt, nur dann in Erwägung gezogen werden, wenn alle Prozesse auf der Datenbank beendet wurden und der Datenbankpuffer ausgeschrieben wurde, die Datenbank also geschlossen wurde (*shutdown*). Wenn die Daten der Datenbank danach mit Betriebssystemmitteln gesichert werden, ist eine spätere Wiederherstellung nur dann realisierbar, wenn gleichzeitig die vom DBMS verwalteten Konfigurationsinformationen dieser Datenbank mitgesichert werden. Das DBMS führt Informationen über die Menge aller Datenbanken, ihre Historie und ihre physische Verteilung, wobei deren Verwaltung normalerweise ein DBMS-Interna ist und damit eine vollständige Sicherung dieser Daten kaum möglich ist. Stehen diese Informationen nach dem Wiedereinspielen der Datenbankdateien mit Betriebssystemmitteln dem DBMS nicht zur Verfügung, wird dieses mit hoher Wahrscheinlichkeit die Arbeit auf der Datenbank nicht wieder aufnehmen können, da es einen aus Sicht des DBMS nicht korrekten Zustand auf dieser vorfindet.

Die inkrementellen Sicherungsmechanismen von Betriebssystemen sind auch, neben den anderen aufgeführten Problemen, aufgrund ihres groben Granulats (Dateien) nicht für die Sicherung von Datenbanken geeignet. In Abschnitt 2.3.2 wurde bereits erwähnt, daß von den diese Sicherungsform unterstützenden DBMS i. allg. Seiten, also ein viel feineres Granulat, als Sicherungsobjekte verwendet werden (siehe auch Kapitel 5.3).

Zusammenfassend ist zu sagen, daß die *direkte* Nutzung von Betriebssystemdiensten nicht oder nur in sehr eingeschränktem Maße für die Sicherung von Daten einer Datenbank geeignet ist. Sinnvoll hingegen ist eine *indirekte* Nutzung dergestalt, daß beispielsweise die mit

DBMS-Diensten erzeugten Sicherungsabbilder der Datenbank bzw. von Teilen der Datenbank auf Magnetplatten zwischengespeichert und mit Betriebssystemmitteln im Rahmen der Sicherungsstrategie für das gesamte Rechnersystem auf zentral verwaltete Sicherungsmedien kopiert bzw. verschoben werden. Auf die Möglichkeiten und Schwierigkeiten bei der Koordination der Sicherungsstrategien für das Gesamtsystem einerseits und die Datenbanken andererseits wird in Abschnitt 2.8.3 noch näher eingegangen.

2.8.2   Speichermanagementsysteme

Speichermanagementsysteme (SMS) dienen zur Sicherung, Wiederherstellung und teilweise auch zur Archivierung, also Auslagerung, von Daten. Einige Systeme bieten darüber hinaus Funktionen zum hierarchischen Speichermanagement an. Die Stärke der SMS liegt im Einsatz in großen, heterogenen Umgebungen, da sie durch ihre Client/Server-Struktur und die Verfügbarkeit von Clients für die unterschiedlichsten Plattformen eine zentrale Sicherungsstrategie ermöglichen. Außerdem ermöglichen sie die effiziente und zentrale Nutzung der für die Sicherungsmedien typischerweise verwendeten Tertiärspeicher. Bekannte SMS sind beispielsweise *IBM Adstar Distributed Storage Manager (ADSM)* [CRH95] und *Legato NetWorker*.

Als Sicherungsdienste werden von SMS normalerweise vollständige oder inkrementelle Sicherungen der konfigurierten Dateistrukturen ermöglicht. Darüber hinaus ermöglichen solche Systeme das Erstellen von Sicherungsplänen und das automatische Starten und Überwachen von Sicherungsprozessen. Außerdem verwalten sie die Information darüber, wann welche Daten gesichert wurden. Diese Information ist im Fehlerfall von enormer Bedeutung für die schnelle und korrekte Wiederherstellung.

Speichermanagementsysteme können analog zu der im vorigen Abschnitt dargestellten Vorgehensweise zum einen *indirekt* genutzt werden, indem die vom DBMS erzeugten Sicherungsabbilder, also wiederum nicht die eigentlichen Datenbankdateien, vom SMS auf die entsprechenden Tertiärspeichermedien gebracht werden.

Zum anderen wird zur Sicherung von Datenbanken teilweise eine *direkte* Kopplung ermöglicht. Dabei initiiert das SMS entweder einen Aufruf entsprechender DBMS-Funktionen oder benutzt die vom DBMS bereitgestellten Schnittstellen. Diese Vorgehensweise ist natürlich DBMS-spezifisch, so daß hier von einem SMS meist nur bestimmte DBMS unterstützt werden. In jedem Fall wird hier, im Gegensatz zur direkten Nutzung von Betriebssystemdiensten, eine Sicherung mit vom DBMS bereitgestellter Funktionalität durchgeführt.

Bei der Wiederherstellung sind wiederum beide Varianten denkbar. Wird über das SMS die Wiederherstellung einer Datenbank initiiert, so werden entweder die benötigten Sicherungsabbilder und Log-Daten zurückgespielt und die Recovery-Funktion des DBMS ausgelöst oder das SMS führt die Wiederherstellung direkt über die entsprechenden Schnittstellen des DBMS durch.

2.8.3   Koordination der Sicherungsstrategien

Ein oftmals unterschätzter Faktor ist eine wirksame Sicherungs- und Wiederherstellungsstrategie. Im Fall einer Katastrophe verlieren viele Firmen Daten, Produktivität und Geld nicht deshalb, weil sie keine Sicherungskopien haben, sondern weil ihr Vorgehen in einem solchen Fall nicht effektiv und auf Ebene des gesamten Unternehmens geplant ist [Cam96].

Bei der Koordinierung der Sicherung der Daten des Betriebssystems, des Datenbanksystems und den Daten anderer Anwendungen sollten einige Dinge berücksichtigt werden. So ist es zum einen notwendig, daß das DBMS regelmäßig mit Mitteln des Betriebssystems oder durch ein SMS gesichert wird. Dies gilt insbesondere für die sich verändernden Teile, also beispielsweise Konfigurationsdaten.

Daß es nicht sinnvoll ist, die Dateien, in denen die Daten der Datenbank verwaltet werden, mit Betriebssystemdiensten oder mit einem SMS wie normale Dateien anderer Anwendungen zu sichern, wurde ausführlich dargestellt. Eine solche Vorgehensweise sollte sogar bewußt vermieden werden, da sie nur unnötig Sicherungs- und auch Wiederherstellungszeit kostet. So ist es im Fehlerfall nicht sinnvoll, erst die Datenbankdateien wie alle anderen Dateien wiedereinzuspielen, um dann doch noch eine vom DBMS kontrollierte Wiederherstellung mit den entsprechenden Sicherungsabbildern durchführen zu müssen.[7]

Die Daten der Datenbank sollten entweder durch DBMS-Funktionalität oder durch die beschriebene direkte Kopplung mit Hilfe eines SMS gesichert werden. Erfolgt eine indirekte Kopplung, also eine Sicherung der vom DBMS erzeugten Sicherungsabbilder durch das Betriebssystem oder das SMS, so muß darauf geachtet werden, daß die zeitliche Reihenfolge sinnvoll gewählt wird, also zuerst die Sicherungsabbilder der Datenbank erzeugt werden, bevor eine Sicherung der entsprechenden Teile des Dateisystems durch einen Betriebssystemdienst oder ein SMS erfolgt.

---

[7]Allerdings muß darauf geachtet werden, daß die Informationen über die physischen Strukturen der Speichermedien, auf denen sich die Datenbankdateien befinden, beispielsweise Partitionen oder sogenannte logische Volumes (siehe Kapitel 3.6), mit gesichert werden. Solche Informationen werden aber von vielen Betriebssystemen bei einem Backup der Systemdateien ohnehin gespeichert.

Kapitel 3

Konzepte und Werkzeuge für quantitative Untersuchungen

Wie bereits in Kapitel 1.2 erläutert, bilden quantitative Leistungsbetrachtungen verschiedener Backup- und Recovery-Verfahren einen Schwerpunkt dieses Buches. Um quantitative Vergleiche, Bewertungen und Performance-Abschätzungen vornehmen zu können, wurden verschiedene Modelle und Werkzeuge entwickelt, welche in diesem Kapitel vorgestellt werden. Insbesondere wird erläutert, wie sie für die in den Kapiteln 4 und 5 dargestellten Untersuchungen eingesetzt wurden bzw. in weiterführenden Arbeiten eingesetzt werden können. Zunächst wird ein Überblick über die generelle Vorgehensweise und die verwendeten bzw. entwickelten Werkzeuge gegeben. Danach werden diese genauer vorgestellt. Dabei wird als erstes die Architektur des DBMS-Prototyps erläutert. Anschließend wird die Funktionalität der zur Analyse und Konvertierung von DB2-Log-Einträgen entwickelten Werkzeuge dargestellt. Die Möglichkeiten und insbesondere die Schnittstelle des Backup- und Recovery-Benchmark sind Inhalt des nachfolgenden Abschnitts. Nach der Erläuterung der einzelnen Werkzeuge wird dargestellt, welche Untersuchungsszenarien mit diesen realisiert werden können. Abschließend wird die für die durchgeführten Untersuchungen verwendete Meßumgebung skizziert.

3.1 Überblick

In diesem Abschnitt wird ein Überblick über die verschiedenen Werkzeuge gegeben. Diese sind in *Abbildung 3.1* dargestellt, und der zwischen ihnen mögliche Datenfluß ist veranschaulicht. Dazu wurde der Typ der jeweiligen Ein- bzw. Ausgabedaten spezifiziert.

Zum Vergleich und zur Bewertung der Backup- und Recovery-Verfahren wurden für verschiedene Sicherungs- und Wiederherstellungstechniken analytische Kostenmodelle entwickelt und diese als MATLAB[1]-Funktionen implementiert. Auf die Modelle soll hier zunächst nicht näher eingegangen werden, sie werden in Kapitel 4 bzw. 5 im Kontext der jeweiligen Backup- und Recovery-Algorithmen detailliert erläutert.

---

[1] MATLAB ist eine Softwaresystem für wissenschaftliche und technische Berechnungen mit integrierter Visualisierungsfunktionalität [Sig98].

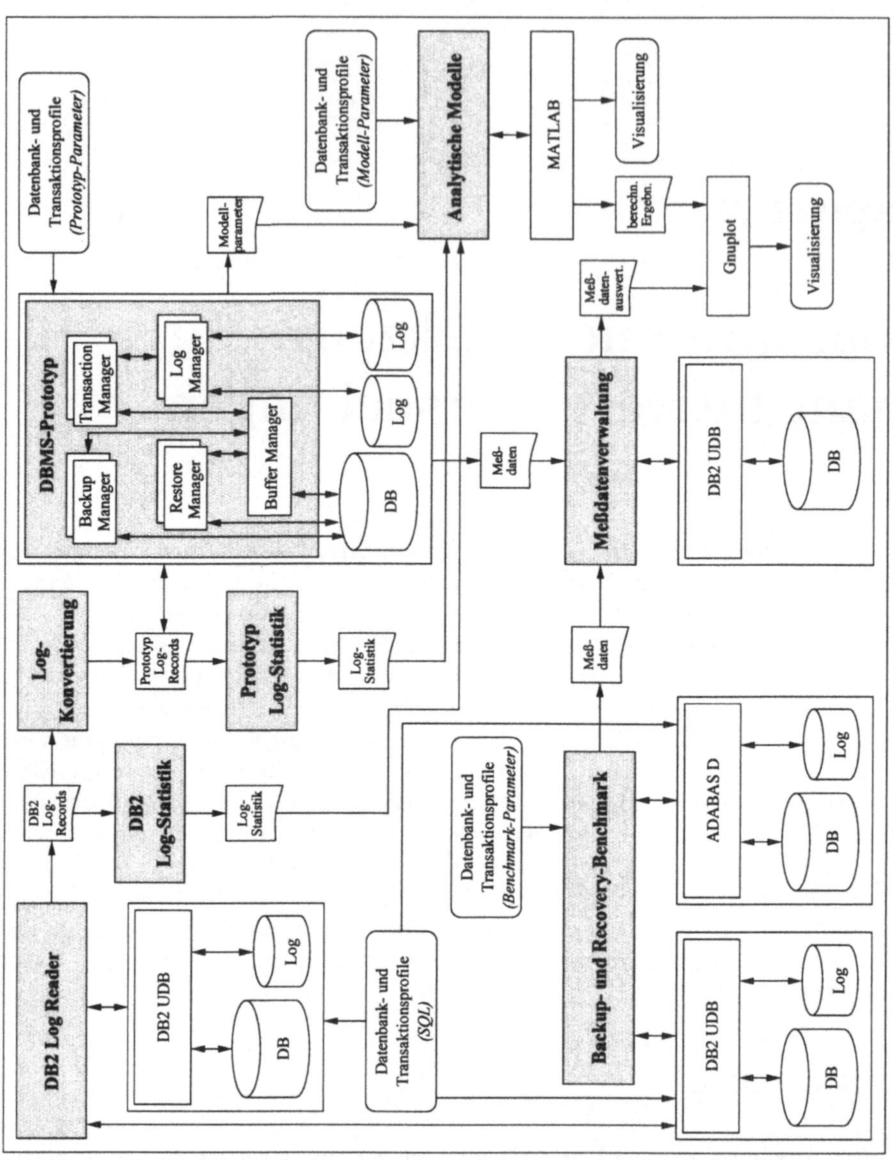

Abbildung 3.1: Überblick über die verwendeten Werkzeuge und ihr Zusammenspiel

Um die entwickelten Modelle zu validieren, wurden verschiedene Verfahren in einem DBMS-Prototyp implementiert. Die Nutzung existierender DBMS hierfür war nicht möglich, da diese normalerweise keinen Austausch der entsprechenden DBMS-Schichten erlauben bzw. die entsprechenden Schnittstellen nicht offengelegt sind. Die Architektur des Prototyps wurde so gewählt, daß die einzelnen Schichten bzw. Komponenten (Manager) austauschbar sind. Dadurch konnten in diesem Prototyp unterschiedliche Backup-Verfahren sowie verschiedene Log-Protokollierungstechniken und Recovery-Algorithmen implementiert und untersucht werden. Somit ist insbesondere der Nachweis der Effizienz neuer, im Prototyp realisierter Algorithmen möglich. Ein Beispiel hierfür sind die in Kapitel 5.3 vorgestellten Verfahren zur inkrementellen Sicherung von Datenbanken. Die Architektur und die implementierten Manager des Prototyps werden in Abschnitt 3.2 noch genauer erläutert.

Ein großes Problem bei quantitativen Untersuchungen in Datenbanksystemen stellt die Auswahl repräsentativer Transaktionslasten dar. Damit die Untersuchungen nicht nur mit generischen, künstlichen Transaktionslasten, sondern auch mit realitätsnahen Anwendungsprofilen durchgeführt werden können, wurde eine Möglichkeit geschaffen, entsprechende Informationen aus einem realen Datenbanksystem zu gewinnen. Dazu wurden für das Datenbanksystem *DB2 Universal Database (DB2 UDB)* der IBM entsprechende Werkzeuge entwickelt. Diese ermöglichen die Analyse von DB2-Log-Information. Dabei werden zum einen statistische Angaben über Anzahl, Größe und Verteilung der Log-Einträge ermittelt. Damit können die Profile beliebiger DB2-Anwendungen durch Auswertung ihrer Log-Daten analysiert werden. Die ermittelten statistischen Angaben können als Eingabeparameter für die analytischen Modelle dienen. Zum anderen wurde eine Konvertierungsmöglichkeit der DB2-Log-Einträge in eines der vom DBMS-Prototyp unterstützten Log-Formate bereitgestellt. Somit können die entsprechenden Transaktionslasten sowohl in DB2 als auch im Prototyp untersucht werden. Die Funktionalität der aufgeführten Werkzeuge wird in Abschnitt 3.3 dargestellt.

Um die mit den Modellen und dem Prototyp erhaltenen Ergebnisse neuer Verfahren mit denen in real existierenden Datenbanksystemen und diese Datenbanksysteme untereinander vergleichen zu können, wurde außerdem ein datenbanksystemunabhängiger Backup- und Recovery-Benchmark entworfen und implementiert. Dieser ermöglicht den Aufbau einer Datenbank und die Ausführung von Anwendungsprofilen, welche dem TPC Benchmark C entsprechen. Außerdem wurden weitere Transaktionsprofile zur Untersuchung spezieller Verteilungen definiert. Die Architektur und die Schnittstelle des Benchmark werden in Abschnitt 3.4 vorgestellt.

Ergänzend wurden in Abbildung 3.1 auch die Meßdatenverwaltung, auf welche in Abschnitt 3.6.3 eingegangen wird, sowie die verwendeten Auswertungswerkzeuge mit aufgeführt. Nach der Erläuterung der einzelnen Werkzeuge in den nächsten Abschnitten wird in Abschnitt 3.5 ihr Zusammenspiel anhand möglicher Untersuchungsszenarien verdeutlicht.

3.2 DBMS-Prototyp

In diesem Abschnitt werden die Architektur des DBMS-Prototyps und die verschiedenen implementierten Komponenten vorgestellt.

3.2.1 Architektur

Zur Beschreibung des internen Aufbaus eines DBMS werden oftmals mehrstufige Schichtenmodelle verwendet. Dabei werden die Funktionen des DBMS einzelnen Schichten zugeordnet und deren Zusammenspiel durch die Schnittstellen festgelegt. Die Schnittstellen können durch typische Objekte und Operatoren charakterisiert werden. Ein solcher Aufbau

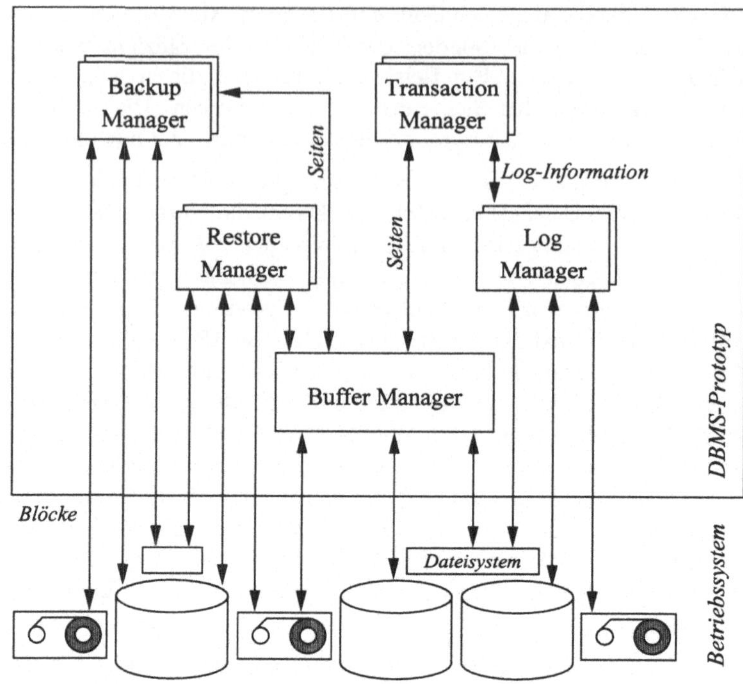

Abbildung 3.2: Architektur des DBMS-Prototyps

hat den Vorteil, daß Funktionalität gekapselt und damit Anpaßbarkeit und Erweiterbarkeit des DBMS gewährleistet werden kann. In [Här87] bzw. [HR99] werden fünf Schichten für logische Datenstrukturen, logische Zugriffsstrukturen, Speicherungsstrukturen, Seitenzuordnungsstrukturen und Speicherzuordnungsstrukturen unterschieden.

Wir werden im folgenden erläutern, wie diese Funktionalität im Rahmen des DBMS-Prototyps realisiert wurde, wobei sich die Implementierung auf die Umsetzung der für die Untersuchungen im Rahmen dieser Arbeit benötigten Komponenten beschränkt. Die Implementierung erfolgte in Gestalt sogenannter Manager. Um verschiedene Algorithmen untersuchen zu können, wurden für die meisten Komponenten mehrere Implementierungen in Form mehrerer Manager mit jeweils identischen Schnittstellen realisiert. Diese Architektur erlaubt einen einfachen Austausch der Manager und damit der verwendeten Algorithmen. *Abbildung 3.2* veranschaulicht die Architektur des DBMS-Prototyps. Dabei ist der Typ der zwischen den einzelnen Komponenten ausgetauschten Datenobjekte mit angegeben.

Die Speicherzuordnungsstrukturen, also die Abbildungen von Dateien und Blöcken auf die Gerätecharakteristika der Hardware wie Zylinder, Spuren, Slots etc., werden meist nicht vom DBMS realisiert, sondern es werden Betriebssystemdienste hierfür genutzt. Dieses Vorgehen haben wir auch bei der Architektur des DBMS-Prototyps gewählt.

Die Seitenzuordnungsstrukturen wurden in Form eines *Buffer Manager* realisiert, welcher in Abschnitt 3.2.2 beschrieben wird. In der die Speicherungsstrukturen realisierenden Schicht sind normalerweise die Satzverwaltung, die Zugriffspfadverwaltung und die Log-

und Recovery-Komponenten enthalten. Aufgrund der Anforderungen im Rahmen unserer Untersuchungen wurde nur ein Teil dieser Funktionalität in Gestalt mehrerer *Log* und *Transaction Manager* implementiert. Diese werden in den Abschnitten 3.2.3 bzw. 3.2.4 erläutert. Die Schichten für logische Zugriffsstrukturen und logische Datenstrukturen wurden nicht implementiert, da ihre Funktionalität für die Untersuchungen im Rahmen dieser Arbeit nicht benötigt wurde.

In den meisten Schichtenmodellen werden die Komponenten für Backup und Restore nicht explizit berücksichtigt, da sie beim normalen Datenbankbetrieb nicht im Vordergrund stehen. Da sie bei einer effizienten Implementierung sowohl mit dem Buffer Manager als auch direkt mit den Betriebssystemdiensten kommunizieren, stehen sie auch etwas neben der üblichen Schichtenhierarchie. Wir haben im Rahmen des Prototyps mehrere *Backup* und *Restore Manager* implementiert, die in den Abschnitten 3.2.5 bzw. 3.2.6 erläutert werden.

Im Prototyp kann die physische Speicherung der Datenbanken, der Logs und der Sicherungsabbilder sowohl in Dateisystemen als auch direkt auf Raw Devices erfolgen, was sich für die Performance-Untersuchungen als besonders wichtig erwies. Weiterhin wurden die Backup und Restore Manager sowie der Buffer Manager so realisiert, daß sie die Speicherung und das Lesen von Daten auf Tertiärspeicher in Gestalt von Magnetbändern direkt unterstützen. Die für die Nutzung der verschiedenen Speichermedien benötigte Funktionalität war ein entscheidender Grund für die Auswahl der Programmiersprache C als Implementierungssprache für den DBMS-Prototyp, da hier entsprechende Funktionen und Bibliotheken zur Verfügung stehen.

Bei der in den nächsten Abschnitten folgenden Beschreibung der einzelnen Manager setzen wir Grundkenntnisse über Konzepte und Techniken der Implementierung von Datenbanksystemen, wie sie beispielsweise in [Här78], [HR99] oder [SH99] zu finden sind, voraus und werden uns auf die Erläuterung der spezifischen Eigenschaften unseres Prototyps beschränken.

3.2.2   Buffer Manager

Die Aufgabe des Buffer Manager ist das Bereitstellen und Verwalten von Datenbankseiten. Dabei kommuniziert der Buffer Manager mit dem Betriebssystem auf Ebene von (Betriebssystem-)Blöcken. Dies gilt sowohl für den Zugriff auf Dateisysteme als auch auf Raw Devices und ebenso für den Zugriff auf Magnetbänder. Für andere Manager des DBMS stellt der Buffer Manager „nach oben" eine Seitenschnittstelle zur Verfügung.

Wir haben dabei den Begriff und das Aufgabenspektrum des Buffer Manager relativ eng gefaßt und auf die für die Bearbeitung von Datenbankseiten notwendige Funktionalität reduziert. Wenn andere Manager (beispielsweise der Log Manager) andere Strukturen im Hauptspeicher puffern, dann geschieht dies nicht unter Kontrolle des Buffer Manager, sondern unter Kontrolle des jeweiligen Manager. Außerdem können der Backup und der Restore Manager teilweise am Buffer Manager vorbei Datenbankseiten verarbeiten. Unter welchen Bedingungen dies möglich ist, wird in den entsprechenden Abschnitten noch erläutert. Für eine Beschreibung der Implementierungsdetails des Buffer Manager sei auf [Max99] verwiesen.

3.2.3 Log Manager

Der Log Manager hat während des laufenden Datenbankbetriebs die Aufgabe, Log-Einträge in das Log zu schreiben und diese Information persistent zu machen. Normalerweise erhält der Log Manager Log-Information sowohl vom Transaction Manager als auch von anderen Resource Managern [GR93]. Letztere sind hier nicht realisiert, statt dessen wurde ein Programm implementiert, mit dem Log-Information für verschiedene Log-Protokollierungstechniken und unterschiedliche Transaktionsprofile generiert werden kann.

Dem Programm zum Erzeugen der Logs können eine Vielzahl von Parametern übergeben werden. Dies sind beispielsweise allgemeine Angaben über das Transaktionsprofil wie die Anzahl der parallelen Transaktionen, die Anteile abgebrochener Transaktionen, der veränderte Bereich der Datenbank und die Art der Verteilung der Änderungsoperationen über die Datenbank. Dabei werden eine Gleichverteilung, eine partielle Clusterung und eine 80/20-Verteilung unterstützt. Diese drei Verteilungsarten sollen die häufigsten Änderungscharakteristika in Datenbanksystemen repräsentieren und wurden auch bei den in Kapitel 5.3 beschriebenen Untersuchungen inkrementeller Sicherungsverfahren verwendet. Dort werden diese Verteilungen genauer erläutert.

Neben diesen grundlegenden Angaben können eine Reihe weiterer Parameter spezifiziert werden, welche eine genauere Beschreibung des Transaktionsprofils erlauben. Es können Klassen von Transaktionen festgelegt werden, für welche jeweils die Anzahl der Log-Einträge und ihre Größe sowie der prozentuale Anteil der Transaktionsklasse spezifiziert werden kann. Damit können spezielle Transaktionsklassen, beispielsweise lange Transaktionen (Kapitel 4.1), untersucht werden. Weiterhin können die Anteile der Operationsarten (Insert, Delete, Update) festgelegt werden. Insgesamt ergeben sich fast 40 mögliche Parameter, so daß ihre Angabe nicht per Kommandozeile, sondern über eine entsprechende Parameterdatei realisiert wird. Für weitere Details der möglichen Parameter und ihrer Ausprägungen sei auf [Max99] verwiesen.

Eine zweite Möglichkeit zur Generierung von Log-Information besteht in der Nutzung des für *DB2 UDB* geschaffenen Konvertierungswerkzeugs (Abschnitt 3.3.4), mit dessen Hilfe DB2-Logs in ein vom Log Manager unterstütztes Format umgewandelt werden können. Auf diesem Wege können Transaktionsprofile realer (DB2-)Anwendungen im Prototyp untersucht werden.

Während des Reapply liest der Log Manager auf Anforderung des Transaction Manager das Log und stellt dem Transaction Manager die angeforderte Log-Information zur Verfügung. Dabei muß das Log normalerweise vom Sekundärspeicher bzw. – falls es bereits archiviert wurde (siehe Kapitel 4) – unter Umständen vom Tertiärspeicher eingelesen werden. An der Schnittstelle des Log Manager zum Transaction Manager werden nur Informationen über den Inhalt der Log-Einträge ausgetauscht, während die interne Verwaltung dieser Log-Einträge, also beispielsweise ihre eindeutige Identifizierung und die Verwaltung der Beziehungen zwischen den Log-Einträgen, Aufgabe des Log Manager und die entsprechende Funktionalität in diesem gekapselt ist.

Es wurden Log Manager für physische Seitenprotokollierung und für *physiological* Logging (siehe Kapitel 4.1.3 bzw. 4.1.5) implementiert. Die unterstützten Log-Formate werden in Kapitel 4.1.6 spezifiziert. Außerdem wurden Programme zur Visualisierung und statistischen Auswertung der Log-Einträge des Prototyps implementiert. Diese werden in

Abschnitt 3.3 mit erläutert, da ihr Funktionsumfang ähnlich dem der dort vorgestellten DB2-Werkzeuge ist.

3.2.4   Transaction Manager

Der Transaction Manager eines DBMS ist normalerweise für alle Aufgaben der Transaktionsverarbeitung inklusive der Fehlerbehandlung zuständig. In unserem Prototyp reduziert sich seine Aufgabe auf das Reapply, so daß auch die Bezeichnung Reapply Manager gerechtfertigt gewesen wäre. Wir haben uns allerdings für die üblichere Bezeichnung Transaction Manager entschieden, zumal die Architektur so gewählt wurde, daß die Funktionalität dieser Komponente in nachfolgenden Arbeiten problemlos erweitert und vervollständigt werden kann.

Während des Reapply fordert der Transaction Manager abhängig vom gewählten Reapply-Algorithmus Log-Information vom Log Manager an und führt die entsprechenden Redo- bzw. Undo-Aktionen (Kapitel 4) aus. Dazu fordert er beim Buffer Manager die benötigten Datenbankseiten an und verändert diese gemäß dem vorgegebenen Verfahren. Die Verwaltung und das Einbringen der veränderten Datenbankseiten in die Datenbank ist dann Aufgabe des Buffer Manager. Die verschiedenen implementierten Transaction Manager repräsentieren unterschiedliche Reapply-Algorithmen, welche in Kapitel 4.2 beschrieben werden.

3.2.5   Backup Manager

Der Backup Manager ermittelt die zu sichernden Seiten, liest sie aus der Datenbank und schreibt sie auf die Sicherungsmedien. Abhängig vom Backup-Verfahren bzw. dem Backup-Algorithmus fordert der Backup Manager die Seiten entweder beim Buffer Manager an oder liest sie direkt von den Datenbankmedien in seinen eigenen Backup-Puffer.[2] Wenn der Backup Manager mit dem Buffer Manager kommuniziert, erfolgt dies auf Ebene von Datenbankseiten, während er mit dem Betriebssystem natürlich auf Blockebene kommuniziert. Ein Vorteil beim direkten Lesen aus der Datenbank besteht darin, daß bei einer Online-Sicherung (Kapitel 5.2) nicht die für den normalen Transaktionsbetrieb nötigen Seiten aus dem Datenbankpuffer verdrängt werden [MN93]. Außerdem entfällt der beim Lesen durch den Buffer Manager entstehende Mehraufwand für den Aufbau der entsprechenden Pufferverwaltungsstrukturen. Ein solches direktes Lesen ist nur dann sinnvoll und möglich, wenn keine Information aus den Datenbankseiten benötigt wird, diese also quasi als *black box* gelesen und geschrieben werden. Ein Beispiel hierfür sind verschiedene Algorithmen zur inkrementellen Sicherung von Datenbanken, bei denen die Information über Veränderungen der Seiten entweder in der Seite oder separat verwaltet wird. Im ersten Fall müssen die Seiten in den Datenbankpuffer gelesen werden, im zweiten Fall nicht. Wir werden dies in Kapitel 5.3 noch genauer diskutieren.

Es wurden verschiedene Algorithmen zum Komplett-Backup, inkrementellen Backup und parallelen Backup implementiert. Eine Beschreibung dieser Algorithmen und der mit Hilfe

---

[2]Ein solcher Ansatz zur Trennung der Puffer unter Verwaltung des jeweiligen Manager findet sich beispielsweise auch in *DB2 Universal Database* [JS97] und in *Oracle* [BJK+97].

des Prototyps durchgeführten Leistungsuntersuchungen finden sich in den Kapiteln 5.1, 5.3 bzw. 5.4. Dementsprechend besteht der Backup Manager aus verschiedenen Modulen für die jeweiligen Backup-Arten, für die wiederum jeweils mehrere Implementierungen, also Realisierungen verschiedener Algorithmen, existieren. Wenn wir von verschiedenen Backup Managern sprechen bzw. dies graphisch durch mehrere Manager veranschaulichen, sind also die verschiedenen Module mit ihren mehrfachen, austauschbaren Ausprägungen gemeint.

3.2.6 Restore Manager

Der Restore Manager ist bei der Wiederherstellung einer Datenbank für das Lesen der Sicherungsabbilder und das Einbringen der Seiten in die Datenbank zuständig. Analog zum Backup Manager ist hier wiederum entweder der Weg über den Buffer Manager oder der direkte Weg möglich. Die Schnittstellen des Restore Manager sind dementsprechend wieder Datenbankseiten bezüglich des Buffer Manager bzw. Blöcke gegenüber dem Betriebssystem.

Implementiert wurden verschiedene Verfahren für komplettes und paralleles Restore. Für eine detaillierte Beschreibung der Verfahren und Untersuchungen sei auf die Kapitel 5.1 bzw. 5.4 verwiesen. Die Unterteilung in mehrere Module für die einzelnen Restore-Arten mit jeweils verschiedenen Implementierungen ist analog zum Backup Manager.

3.3 Analyse und Konvertierung von DB2-Logs

Im diesem Abschnitt soll auf die Werkzeuge zur Untersuchung und Verarbeitung der Log-Daten von DB2-Datenbankanwendungen näher eingegangen werden. Diese ermöglichen es, die von den durchgeführten Datenbankoperationen erzeugten Log-Einträge zu visualisieren, statistisch auszuwerten und in ein vom Log Manager des Prototyps unterstütztes Format zu konvertieren [SG98a].

3.3.1 Architektur

Das Zusammenspiel der verschiedenen Werkzeuge ist in *Abbildung 3.3* dargestellt. Das Programm **db2log** liest die DB2-Log-Einträge, gibt ihren Inhalt aus und exportiert einen Teil für die weitere Verarbeitung. Zur statistischen Auswertung der exportierten Einträge dient das Programm **db2logstat**. Es stellt das Ausgangsmaterial für die analytischen Modelle bereit. Mit Hilfe des Programms **db2toproto** können die DB2-Log-Einträge in das Log-Format für *physiological* Logging des Prototyps (Kapitel 4.1.6) konvertiert werden. Die Log-Einträge des Prototyps können mit **protologstat** ausgewertet und mit **protolog** visualisiert werden. Auch wenn die letzten beiden Programme eigentlich zum DBMS-Prototyp gehören, werden sie an dieser Stelle erläutert, da ihre Funktionalität und Bedienung analog zu den entsprechenden Programmen für DB2 (**db2logstat** und **db2log**) ist.

3.3.2 Lesen von Log-Einträgen

Für das Lesen von Log-Daten stellt DB2 ein (leider nur unvollständig dokumentiertes) *Asynchronous Read Log API* [IBM97b] zur Verfügung. Unter Nutzung dieser Schnittstelle

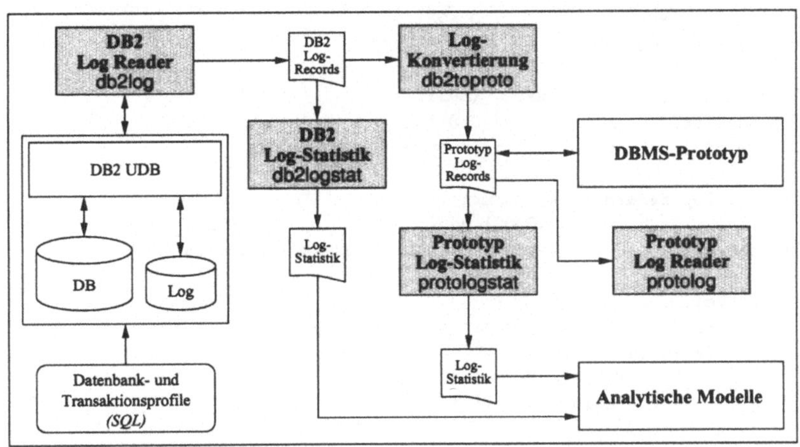

Abbildung 3.3: Analyse und Konvertierung von DB2-Logs

wurde das Programm **db2log** implementiert, welches den Inhalt der Log-Einträge einer angegebenen Datenbank auswertet und ihn, der Struktur der Einträge folgend, auf dem Bildschirm ausgibt. Damit ist es dem Benutzer möglich, die für seine Datenbankanwendungen
bzw. -anfragen von DB2 geschriebenen Log-Einträge anzusehen und daraus Rückschlüsse
über die interne Abarbeitung zu ziehen. Er kann sich einzelne Log-Einträge, eine Folge von
aufeinanderfolgenden Einträgen oder alle Einträge einer bestimmten Transaktion ausgeben
lassen und über die Export-Funktion wesentliche Inhalte exportieren, um sie unabhängig
von DB2 und der jeweiligen Datenbank weiter zu untersuchen. Wenn immer möglich, gibt
das Programm zusätzlich zur numerischen eine interpretierte (Text-)Ausgabe der gelesenen
Werte. Ein Beispiel zeigt *Abbildung 3.4* in Form der Ausgabe für den Log-Eintrag einer
Insert-Operation.

Aufgrund der übersichtlichen und interpretativen Ausgabe der Log-Inhalte eignet sich
db2log auch sehr gut für den Einsatz in Datenbankpraktika und -übungen, um Studenten ein vertieftes Verständnis für Log-Protokollierungstechniken anhand eines konkreten
Systems vermitteln zu können. Ferner wird derzeit eine Verwendung im Rahmen der DB2-
Schulung seitens der IBM in Erwägung gezogen. Für eine ausführliche Beschreibung der
Funktionalität, Bedienung und der Implementierungsdetails von **db2log** sowie der in den
folgenden Abschnitten beschriebenen Programme sei auf [Gol98] verwiesen. Außerdem
stellen wir Interessierten diese Programme gerne kostenlos zur Verfügung. Sie sind über
http://www.informatik.uni-jena.de/dbis/db2log/ erhältlich. Dort finden sich auch
weitere Informationen und Dokumentationen zu diesem Projekt.

3.3.3 Statistische Auswertungen

Mit Hilfe des Programms db2logstat lassen sich die Art der Log-Einträge und die Menge
der geschriebenen Log-Daten sowie Informationen zu Schreiboperationen von Transaktionen und Datenbankanwendungen untersuchen. Die statistischen Bezugsgrößen sind dabei einzelne Transaktionen und Transaktionsmengen. Berechnet werden die Anzahl und

```
Log record LSN            : 0.125.4210
Next log record LSN       : 0.125.4289

Prev. log record in trans. : (null)
Transaction               : 0.0.79
Length of log record      : 79 bytes

Type of log record : [N] Normal
Flag               : [0x0000] none
Written by         : [CompID = 1] Data Management System (DMS)

DMS Header
        Function : [118] Insert record on page
        Table identifiers
                Tablespace : [2] USERSPACE1
                Table      : [2]

(Rollback) Insert, Delete, Update change only, Rollback Update log record
        RID : 4
                Relative page       : 0
                Offset in page (slot) : 4
        Record length : 41 bytes
        Free space    : 2833 bytes
        Record offset : 2843 bytes
        Record header
                Record type   : [0] updatable, record can be viewed
                Record length : 41 bytes
        Record data
                Record type                 : [1] Formatted user data
                Bytes in fixed length data : 21

(Record data)
```

Abbildung 3.4: Ausgabe des Log-Eintrags einer `Insert`-Operation mit `db2log`

die durchschnittliche Größe der Log-Einträge einer Transaktion. Für Transaktionsmengen werden zusätzlich die durchschnittliche Anzahl und Gesamtlänge der Einträge pro Transaktion ermittelt. Die Auswertung der Schreibzugriffe auf Datenbankseiten erfolgt über die Log-Einträge der Operationen `Insert`, `Delete` und `Update`, wobei für einzelne Transaktionen die Gesamtzahl der Schreibzugriffe, die Anzahl dabei veränderter Seiten und die durchschnittliche Zahl der Schreibzugriffe auf eine Seite ermittelt werden. Für Transaktionsmengen werden die Summe der Schreibzugriffe und die durchschnittliche Zahl der Schreibzugriffe (auf eine Seite) pro Transaktion bestimmt. *Abbildung 3.5* zeigt einen Ausschnitt aus der von `db2logstat` generierten Auswertung von 10000 Transaktionen des TPC Benchmark C [TPC98]. Die Transaktionen wurden mit Hilfe des in Abschnitt 3.4 vorgestellten Backup- und Recovery-Benchmark in DB2 ausgeführt [Erf99]. Dabei ist zu beachten, daß ein Teil der Transaktionen des TPC Benchmark C nur lesende Transaktionen sind und diese folglich nicht in der Transaktionsstatistik auftauchen (Kapitel 4.4). Dementsprechend ist die Anzahl der ausgewerteten Transaktionen kleiner als 10000. Neben der abgebildeten Auswertung für erfolgreich beendete Transaktionen werden analog auch Statistiken über die abgebrochenen und über alle Transaktionen erstellt.

```
Statistics over 237040 read log records ( worktime 2.98 seconds ) :
==================================================================

for 9130 encountered transactions
      with start log record             : 9130 (100.0%)
      without start log record          : 0 (  0.0%)
      without end log record            : 0 (  0.0%)
      without start and end log record  : 0 (  0.0%)

9130 complete transactions
      committed transactions : 9088 ( 99.5%)
            without pending list : 9088 (100.0%)
            with pending list    : 0 (  0.0%)
      aborted transactions   : 42 (  0.5%)

Detailed statistics for 9088 complete and committed transactions
==================================================================
by category          | number of LRs   | total bytes     | avg. bytes/LR | LRB bytes         | av.LRB bytes/LR| LRs/trans | bytes/trans | LRB bytes/trans
---------------------------------------------------------------------------------------------------------------------------------------------------------
Data Manager (DMS)   | 166221 ( 71.0%) | 40125348 ( 83.8%) |   241.398 | 36800928 ( 85.2%) |   221.398 |   18.290 |  4415.201 |   4049.398
Data Manager (DOM)   |      0 (  0.0%) |        0 (  0.0%) |       -   |        0 (  0.0%) |       -   |    0.000 |     0.000 |      0.000
Index Manager        |  58409 ( 24.9%) |  7512436 ( 15.7%) |   128.618 |  6344256 ( 14.7%) |   108.618 |    6.427 |   826.632 |    698.092
Long Field Manager   |      0 (  0.0%) |        0 (  0.0%) |       -   |        0 (  0.0%) |       -   |    0.000 |     0.000 |      0.000
LOB Manager          |      0 (  0.0%) |        0 (  0.0%) |       -   |        0 (  0.0%) |       -   |    0.000 |     0.000 |      0.000
Storage Manager      |      0 (  0.0%) |        0 (  0.0%) |       -   |        0 (  0.0%) |       -   |    0.000 |     0.000 |      0.000
Transaction Manager  |   9504 (  4.1%) |   228928 (  0.5%) |    24.088 |    36352 (  0.1%) |     3.825 |    1.046 |    25.190 |      4.000
Utility Manager      |      0 (  0.0%) |        0 (  0.0%) |       -   |        0 (  0.0%) |       -   |    0.000 |     0.000 |      0.000
---------------------------------------------------------------------------------------------------------------------------------------------------------
Total                | 234134          | 47866712          |   204.442 | 43181536          |   184.431 |   25.763 |  5267.024 |   4751.489
=========================================================================================================================================================
by type              | number of LRs   | total bytes     | avg. bytes/LR | LRB bytes         | av.LRB bytes/LR| LRs/trans | bytes/trans | LRB bytes/trans
---------------------------------------------------------------------------------------------------------------------------------------------------------
Insert LR            |  56022 ( 34.0%) |  5419487 ( 13.5%) |    96.739 |  4299047 ( 11.7%) |    76.739 |    6.164 |   596.334 |    473.047
Rollback Insert LR   |      0 (  0.0%) |        0 (  0.0%) |       -   |        0 (  0.0%) |       -   |    0.000 |     0.000 |      0.000
Delete LR            |   4283 (  2.6%) |   239422 (  0.6%) |    55.901 |   153762 (  0.4%) |    35.901 |    0.471 |    26.345 |     16.919
Rollback Delete LR   |      0 (  0.0%) |        0 (  0.0%) |       -   |        0 (  0.0%) |       -   |    0.000 |     0.000 |      0.000
Update LR            | 104674 ( 63.4%) | 34426695 ( 85.9%) |   328.894 | 32333215 ( 87.9%) |   308.894 |   11.518 |  3788.149 |   3557.792
Rollback Update LR   |      0 (  0.0%) |        0 (  0.0%) |       -   |        0 (  0.0%) |       -   |    0.000 |     0.000 |      0.000
---------------------------------------------------------------------------------------------------------------------------------------------------------
Total                | 164979          | 40085604          |   242.974 | 36786024          |   222.974 |   18.153 |  4410.828 |   4047.758
=========================================================================================================================================================

Number of page writes   : 164979
Avg. number of page writes per transaction : 18.15
Avg. writes/page per transaction           : 1.49
==================================================================

Detailed statistics for 42 complete and aborted transactions
==================================================================
...

Detailed statistics for all 9130 complete transactions
==================================================================
...
```

Abbildung 3.5: Auswertung von Transaktionen mit **db2logstat** (Ausschnitt)

Die von **db2logstat** generierten Angaben können als Eingabeparameter für die analytischen Modelle verwendet werden (siehe Abbildung 3.3). Durch die Verwendung von Eingabedaten aus der Auswertung realer Transaktionsprofile und Datenbankanwendungen können zum einen die Modelluntersuchungen mit realitätsnahen Werten durchgeführt und zum anderen die analytischen Modelle durch Vergleich der mit ihnen erhaltenen Ergebnisse mit gemessenen Werten validiert werden.

3.3.4 Konvertierung

Wie bereits erwähnt, war die Motivation für die Implementierung der verschiedenen Werkzeuge für DB2 die Schaffung einer Möglichkeit zur Untersuchung von Recovery-Verfahren mit dem DBMS-Prototyp anhand möglichst realitätsnaher Log-Daten. Um DB2-Log-Daten im Prototyp nutzen zu können, wurde ein entsprechendes Konvertierungsprogramm mit dem Namen **db2toproto** implementiert. Dieses nutzt die Export-Funktion von **db2log** und konvertiert eine Teilmenge der DB2-Log-Einträge in das auf dem *physiological* Logging basierende, vom Prototyp unterstützte Log-Format. Dieses Log-Format wird in Kapitel 4.1.6, das von DB2 in Kapitel 4.1.7 beschrieben. Zur Konvertierung wurde eine entsprechende Abbildung definiert. Es werden nur Log-Einträge, die sich auf Nutzertabellen beziehen berücksichtigt, Systemkatalogtabellen hingegen nicht.

Die statistische Auswertung von Prototyp-Logs erfolgt, analog zum Programm **db2logstat** für DB2-Log-Einträge, mit dem Programm **protologstat**. Die einheitliche Berechnung und Darstellung der Werte in den beiden Statistikprogrammen erlaubt einen direkten Vergleich zwischen Prototyp- und DB2-Transaktionen. Somit können die Untersuchungen von Recovery-Verfahren mit Hilfe des Prototyps auf der Basis realitätsnaher Log-Daten durchgeführt werden. Für die Visualisierung der Log-Einträge des Prototyps steht das Programm **protolog** zur Verfügung, dessen Funktionalität ähnlich dem von **db2log** ist.

3.4 Backup- und Recovery-Benchmark

Wie bereits in Abschnitt 3.1 erläutert, sollen die mit Hilfe der Modelle bzw. des Prototyps erhaltenen Ergebnisse mit in real existierenden Datenbanksystemen implementierten Verfahren verglichen werden können. Außerdem hat sich im Verlauf der Evaluierung verschiedener Datenbanksysteme herausgestellt, daß es ohne entsprechende Werkzeuge schwierig ist, deren Backup- und Recovery-Funktionalität nicht nur qualitativ, sondern auch quantitativ zu vergleichen. Motiviert durch diese beiden Problemstellungen wurde ein datenbanksystemunabhängiger Backup- und Recovery-Benchmark entworfen und implementiert, mit dem diese Untersuchungen durchgeführt werden können.

Notwendig waren hierzu der Entwurf bzw. die Auswahl eines geeigneten Datenbankschemas und entsprechender Datenbankoperationen auf ihm. Zielstellung war es dabei einerseits, realitätsnahe Operationsprofile auszuwählen und andererseits, Möglichkeiten anzubieten, die Datenbank gezielt so verändern zu können, daß die Effekte bestimmter Sicherungstechniken gut untersucht werden können. Um möglichst realitätsnah und trotzdem relativ allgemeingültig sein zu können, haben wir uns für das Datenbankschema des TPC Benchmark C (TPC-C) [TPC98] als dem derzeit wohl etabliertesten Datenbank-Benchmark für Online Transaction Processing (OLTP) in relationalen Datenbanksystemen entschieden.

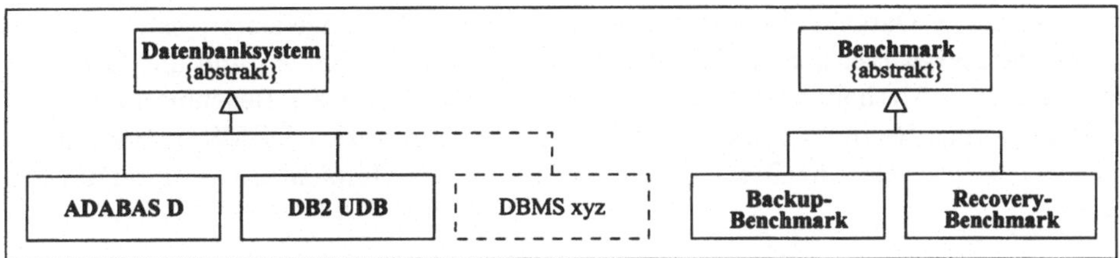

Abbildung 3.6: Klassendiagramm des Backup- und Recovery-Benchmark (Ausschnitt)

Als Operationsprofile wurden zum einen das Transaktionsprofil des TPC-C und zum anderen zusätzliche, selbstdefinierte Profile auf dem Schema der TPC-C Datenbank definiert, welche in Abschnitt 3.4.2 erläutert werden.

Bei der Evaluierung verschiedener Datenbanksysteme wurde deutlich, daß sich die Syntax und Semantik der Backup- und Recovery-Kommandos in den verschiedenen Datenbanksystemen erheblich unterscheidet. Dies ist ein generelles Problem der Datenbankadministrationsfunktionalität. Während sich für die Datendefinition und -manipulation in relationalen Datenbanksystemen die SQL-Norm [ISO92] etabliert hat, existiert für die Administration der Daten nichts Vergleichbares. Diese Tatsache erschwert die Benutzung und Administration unterschiedlicher Datenbanksysteme erheblich. Im Rahmen der Benchmark-Entwicklung wurde deshalb eine generische Schnittstelle entworfen, die es ermöglicht, den Benchmark mit einer einheitlichen Sprache für die verschiedensten (relationalen) Datenbanksysteme einzusetzen. Die Beschreibung dieser Schnittstelle erfolgt in Abschnitt 3.4.3. In den beiden folgenden Abschnitten wird zunächst die Architektur des Benchmark und anschließend die von ihm gebotene Funktionalität erläutert. Verschiedene Anwendungen des Benchmark finden sich in Kapitel 5.

3.4.1   Architektur

Eine wichtige Zielstellung beim Entwurf war es, die Anbindung des Benchmark an verschiedene Datenbanksysteme mit möglichst geringem Aufwand und so generisch wie möglich zu realisieren. Aufgrund dieser Anforderung war die Wahl eines objektorientierten Ansatzes naheliegend, bei dem ein Teil der Funktionalität in abstrakten Basisklassen implementiert werden kann und durch die Nutzung virtueller Methoden eine generische Programmierung des Benchmark möglich ist. *Abbildung 3.6* enthält zur Veranschaulichung einen Ausschnitt aus dem Klassendiagramm des Benchmark in der Notation der Unified Modeling Language (UML) [Oes98]. Die Klassen in der **Benchmark**-Hierarchie enthalten die Funktionalität zum Ausführen von Messungen. Die dazu nötigen datenbanksystemspezifischen Vorbereitungen bzw. Abbildungen sind in den Klassen der **Datenbanksystem**-Hierarchie enthalten. Außerdem existieren noch Klassen zur Kontrolle und Kommunikation zwischen diesen beiden Klassenhierarchien und zur Interaktion mit dem Benutzer.

Derzeit sind in der **Datenbanksystem**-Hierarchie die Klassen für die Datenbanksysteme *ADABAS D* und *DB2 UDB* implementiert. Die Implementierung erfolgte dabei in der Programmiersprache C++ [ISO98] bzw. gemäß der SQL92-Norm [ISO92], um Portabilität und Erweiterbarkeit zu gewährleisten. Um den Benchmark zu erweitern, muß für jedes zusätzliche Datenbanksystem, wie in Abbildung 3.6 angedeutet, eine neue Klasse von der abstrakten Basisklasse **Datenbanksystem** abgeleitet werden, und die datenbanksystemspezifischen Methoden, wie beispielsweise die Abbildung der Benchmark-Sprache auf die Backup- und Recovery-Syntax des neu zu unterstützenden DBMS, müssen in dieser implementiert werden. Für Details des Entwurfs und der Implementierung sei auf [Erf99] verwiesen.

3.4.2 Funktionalität

Der Benchmark bietet die Möglichkeit, Backup- und Recovery-Aktionen über seine datenbanksystemunabhängige Schnittstelle aus- und Zeitmessungen durchzuführen. Diese Schnittstelle wird in Abschnitt 3.4.3 erläutert. Die Aktionen können auf beliebigen Datenbanken ausgeführt werden. Um vergleichbare Datenbanken und Anwendungsprofile in verschiedenen Datenbanksystemen zu erzeugen, bietet der Benchmark darüber hinaus auch die Möglichkeit, Datenbanken verschiedener Größe gemäß dem Schema des TPC-C [TPC98] zu erzeugen und darauf Anwendungsprofile auszuführen.

Der TPC-C modelliert eine Bestellverwaltung in einem Großhandelsunternehmen. Es existieren regional verteilte Lager mit zugeordneten Vertriebsgebieten, denen wiederum Kunden zugeordnet sind. Für diese Kunden werden Bestellungen von Artikeln ausgeführt. Dabei wird für jedes Lager der aktuelle Artikelbestand verwaltet. Während die Größe der Artikeltabelle, also die Anzahl der überhaupt existierenden Artikel, konstant ist, skalieren die anderen Tabellen gemäß den Vorgaben des TPC-C in Abhängigkeit von der Anzahl der Lager. Entsprechend kann beim Anlegen und initialen Füllen der Datenbank im Rahmen des Benchmark die Anzahl der Lager als Parameter angegeben und damit die Größe der Datenbank beeinflußt werden.

Der TPC-C definiert ein Transaktionsprofil mit fünf Transaktionstypen – dem Bestellen von Artikeln, dem Bezahlen einer Bestellung, dem Abfragen des Status der letzten Bestellung, dem Verarbeiten von zehn Bestellungen im Batch-Modus und dem Bestimmen der Anzahl von verkauften Artikeln, deren Bestand unter einem bestimmten Grenzwert liegt. In der Benchmark-Spezifikation werden Prozentober- bzw. -untergrenzen für jeden Transaktionstyp vorgegeben. Mit diesem Transaktionsprofil wird ein komplexes und als relativ realitätsnah akzeptiertes Anwendungsprofil simuliert. Aus diesem Grund haben wir dieses Transaktionsprofil im Rahmen unseres Benchmark implementiert, wobei der Benutzer bei der Auswahl dieses Profils die Anzahl der insgesamt auszuführenden Transaktionen spezifizieren kann.

Neben der Simulation eines realitätsnahen Anwendungsszenarios war es auch Ziel bei der Entwicklung des Backup- und Recovery-Benchmark, spezielle Transaktionstypen so zu definieren, daß Auswirkungen bestimmter Sicherungs- bzw. Wiederherstellungstechniken anhand spezifischer Anwendungsszenarien detaillierter untersucht werden können. Aus diesem Grund werden derzeit zwei weitere Transaktionsprofile vom Benchmark unterstützt. Beim ersten speziellen Transaktionsprofil wird nur ein Transaktionstyp des TPC-C, das Bestellen von Artikeln, ausgeführt. Neben Aktualisierungen in der Bestands- und der Gebietstabelle und Einfügeoperationen in den Bestelltabellen werden dabei eine Vielzahl von INSERT-Operationen in der Bestellposititionstabelle durchgeführt. Dieses Transaktionsprofil entspricht dem Szenario des Einfügens von sogenannten Massendaten. Die Anzahl der

Transaktionen ist auch hier wieder benutzerdefiniert. Da die durch dieses Transaktionsprofil
veränderten Daten in der Datenbank nahe beieinander liegen, ist dieses Szenario beispielsweise für die Untersuchung inkrementeller Sicherungstechniken interessant. Es simuliert
relativ gut die in Kapitel 5.3 beschriebene partielle Clusterung. Als zweites zusätzliches
Transaktionsprofil wurde ein Transaktionstyp definiert, der Einträge in der Preisspalte der
Artikeltabelle erhöht. Mit diesem Transaktionsprofil kann die in Kapitel 5.3 betrachtete
vollständige Clusterung der Datenbankveränderungen simuliert werden, da alle Änderungen in einem zusammenhängenden Bereich der Datenbank ausgeführt werden.

3.4.3   Schnittstelle

Da die Datenbankadministrationskommandos im Gegensatz zu denen der Datendefinition
und -manipulation nicht normiert sind, wurde eine datenbanksystemunabhängige Backup-
und Recovery-Schnittstelle entworfen. Um den Benchmark für ein beliebiges (relationales)
DBMS einsetzen zu können, muß eine geeignete Abbildung der Benchmark-Schnittstelle
auf die konkreten Gegebenheiten des DBMS in der jeweiligen abgeleiteten DBMS-Klasse
(Abbildung 3.6) definiert werden.

Vor dem Entwurf der Schnittstelle wurden Backup- und Recovery-Kommandos der wichtigsten kommerziellen DBMS analysiert [Erf99]. Als eine Schwachstelle wurde dabei die
teils nicht saubere Trennung zwischen Backup und Sicherung von Log-Daten einerseits
und Restore, Reapply und Recovery andererseits identifiziert. Ein zweites Problem ist die
Integration betriebssystem- bzw. gerätespezifischer Eigenschaften in die Definition der Datenbankadministrationskommandos, wie sie beispielsweise sehr ausgeprägt im *Sybase SQL
Server* zu finden sind. Dieses Vorgehen erhöht die Gefahr der Überfrachtung und daraus
resultierender Unübersichtlichkeit. Benötigt werden solche Parameter im wesentlichen für
die Sicherungsmedien. Hier sind Ansätze zu bevorzugen, bei denen logische Sicherungsmedien definiert werden, welche danach über einen entsprechenden Namen angesprochen
werden können. Bei der Definition der logischen Medien können betriebssystem- und ge-
rätespezifische Parameter angegeben werden. Insbesondere müssen diese Parameter nur
einmal spezifiziert werden und nicht bei jeder Ausführung eines Sicherungs- oder Wiederherstellungskommandos neu angegeben werden. Ein solcher Ansatz zur Definition logischer
Sicherungsmedien findet sich beispielsweise in *ADABAS D*.

Ziel der Definition der Schnittstelle ist folglich der Entwurf möglichst einfacher, klar ver-
ständlicher Anweisungen mit einer sauberen Trennung von Backup-, Restore- und Reapply-
Kommandos. Außerdem soll durch die Art der Definition die Orthogonalität der einzelnen
Sicherungs- bzw. Wiederherstellungstechniken deutlich zum Ausdruck kommen. Aus den
dargestellten Gründen wurde auf die Möglichkeit der Angabe betriebssystem- oder geräte-
spezischer Parameter für die Sicherungsmedien verzichtet.

Im folgenden werden Sicherungs- und Wiederherstellungskommandos der Schnittstelle definiert. Dafür wird eine Version der *Backus-Naur-Form (BNF)* benutzt, welche sich an die
in der SQL92-Norm [ISO92] verwendete anlehnt. Die Namen von Syntaxelementen werden dabei in '<>' eingeschlossen, und Schlüsselwörter sind groß geschrieben. Das definierte
Element wird in der Produktionsregel durch '::=' von der Definition separiert. Eckige
Klammern '[]' spezifizieren optionale Elemente, geschweifte Klammern '{}' gruppieren
Syntaxelemente, und Alternativen werden durch '|' getrennt. Um Listen zu definieren,

wird die Abkürzung im Form von drei Punkten '...' gewählt. Diese besagt, daß das vor-
herstehende Element bzw. die durch geschweifte Klammern eingeschlossene Elementgruppe
beliebig oft wiederholt werden kann.

Backup-Kommando

Das Backup-Kommando und die benötigten Datentypen sind wie folgt definiert:

```
<backup statement> ::=
   BACKUP
   [ ONLINE | OFFLINE ]
   [ [ AT LEVEL <backup level> ] CHANGES OF ]
   [ { TABLE | TABLESPACE | FILE } <name> [ { <comma> <name> }... ] ]
   DB <database name>
   [ <image target clause> [ { <comma> <image target clause> }... ] ]

<image target clause> ::=
   TO <device name> [ USING <file name> [ { <comma> <file name> }... ] ]

<backup level> ::= <unsigned integer>

<name> ::= <string>

<database name> ::= <string>

<device name> ::= <string>

<file name> ::= <string>

<unsigned integer> ::= <digit>...

<digit> ::= 0 | 1 | 2 | 3 | 4 | 5 | 6 | 7 | 8 | 9

<comma> ::= ,
```

Neben dem das Kommando identifizierenden Schlüsselwort BACKUP ist somit nur die Angabe
des Namens der Datenbank zwingend erforderlich. Dieser wird, wie in der Definition ersichtlich, als <string> angegeben, wobei <string> eine Zeichenkette ist, die aus allen gemäß
dem Standard der verwendeten Implementierungssprache C++ [ISO98] zulässigen Zeichen
außer dem Leerzeichen bestehen kann. Weitere Einschränkungen werden vom Benchmark
nicht definiert, da die Gültigkeit der Zeichenkette als Bezeichner für den Datenbanknamen
erst vom jeweiligen DBMS überprüft wird. Eine Überprüfung der Gültigkeit bereits durch
den Parser der Benchmark-Sprache wäre möglich gewesen, hätte aber die generische Programmierung des Benchmark erschwert und die Erweiterbarkeit unnötig verkompliziert.
Das eben Gesagte gilt analog für alle anderen Bezeichner vom Typ <string>.

Die Spezifikation des Zustands der Datenbank während der Sicherung ist optional. Hier
wurde eine Default-Semantik definiert. Man hätte auch eine Angabe dieses Wertes erzwingen können, Ziel der Definition war es aber gerade, einfache und damit auch kurze Kommandos mit möglichst wenig Angaben zu definieren. Bezüglich des Datenbankzustands wurde
der Wert `ONLINE` als Default-Wert festgelegt, um keine Unterbrechung des Datenbankbetriebs durch die Ausführung einer Sicherung zu erzwingen. Falls ein partielles Backup
durchgeführt werden soll, wird das Granulat durch die Angabe jeweils einer oder mehrere Tabellen, Table Spaces oder Dateien spezifiziert, wobei `<name>` deren Namen enthält.
Eine Mischung der Granulate ist, wie in der Definition zu sehen, allerdings nicht zulässig.
Durch die Angabe von `CHANGES OF` wird ein inkrementelles Backup initiiert. In diesem
Fall kann optional ein Level des inkrementellen Backup unter Verwendung des Schlüssel-
wortes `AT LEVEL` angegeben werden. Dadurch wird ein inkrementelles Multilevel-Backup
(Kapitel 5.3) ausgeführt.

Falls das untersuchte DBMS Default-Einstellungen für Sicherungsmedien verwendet bzw.
unterstützt, müssen natürlich auch im Benchmark keine Angaben über Sicherungsmedien
erfolgen. Wenn Sicherungsmedien explizit angegeben werden sollen, so geschieht dies mit
Hilfe von einem oder mehreren `<device name>`. Sicherungsmedien können dabei Verzeich-
nisse, Raw Devices aber auch im DBMS definierte logische Medien sein. Sollen zusätzlich
zur Angabe des Gerätenamens noch Dateien spezifiziert werden, erfolgt dies mit Hilfe von
`<file name>`. Dies ist dann notwendig, wenn beim Backup die Dateien, in welche die
Sicherungsabbilder geschrieben werden, genauer spezifiziert werden sollen bzw. müssen.
So ist diese Angabe beispielsweise bei *ADABAS D* und *Sybase SQL Server* optional, bei
DB2 UDB hingegen ist sie nicht möglich, da das DBMS eigene, identifizierende Namen
für die Sicherungskopien vergibt. Bei der parallelen Sicherung wird der Parallelitätsgrad
in Abhängigkeit von der Anzahl der angegebenen `<image target clause>` und damit der
Anzahl der angegebenen `<device name>` bestimmt.

Aufgrund der in Kapitel 2.3 erläuterten Orthogonalität der verschiedenen Sicherungstechniken wurde das Backup-Kommando so definiert, daß alle Techniken miteinander kombiniert werden können. Allerdings ist die Verwendung natürlich nur dann sinnvoll, wenn das
verwendete DBMS die entsprechende Kombination unterstützt. Dies gilt analog für die im
folgenden definierten Wiederherstellungskommandos.

Restore-Kommando

Der Aufbau des Restore-Kommandos ist dem des Kommandos für das Backup sehr ähnlich.
Es ist wie folgt definiert:

```
<restore statement> ::=
   RESTORE
   [ ONLINE | OFFLINE ]
   [ { TABLE | TABLESPACE | FILE } <name> [ { <comma> <name> }... ] ]
   DB <database name>
   [ <image source clause> [ { <comma> <image source clause> }... ] ]

<image source clause> ::=
   FROM <device name> [ USING <file name> [ { <comma> <file name> }... ] ]
```

Die Granulatangaben beziehen sich auf den wiederherzustellenden Teil der Datenbank. Die Default-Semantik für den Zustand der Datenbank wurde hier mit `OFFLINE` festgelegt. Grund hierfür ist, daß eine Online-Wiederherstellung in allen uns bekannten Systemen, wenn überhaupt, nur für Teilwiederherstellungen möglich ist (Kapitel 2.4), `ONLINE` als Default-Semantik also nicht für alle Wiederherstellungsarten sinnvoll wäre. Mit welchen Sicherungsabbildern das Restore ausgeführt werden soll, kann optional mit Hilfe der `<image source clause>` spezifiziert werden.

Reapply-Kommando

Für das Anwenden von Log-Daten wurde das Reapply-Kommando definiert:

```
<reapply statement> ::=
   REAPPLY LOG
   [ ONLINE | OFFLINE ]
   [ { TABLE | TABLESPACE | FILE } <name> [ { <comma> <name> }... ] ]
   DB <database name>
   [ <log source clause> [ { <comma> <log source clause> }... ] ]
   [ TO { NOW | <time> } ]

<log source clause> ::=
   FROM <device name> [ USING <file name> [ { <comma> <file name> }... ] ]

<time> ::= <string>
```

Die optionale `<log source clause>` dient zur Angabe der Namen der Log-Dateien, falls dies notwendig ist. Eine solche Angabe ist beispielsweise in *ADABAS D* notwendig. Dies ist allerdings eine sehr administrationsunfreundliche und fehlerträchtige Vorgehensweise – die automatische Bestimmung der anzuwendenden Log-Dateien durch das DBMS (so zum Beispiel in *DB2 UDB* und *Oracle8* realisiert) ist eindeutig vorzuziehen. Optional kann der Zeitpunkt spezifiziert werden, bis zu dem die Log-Daten angewandt werden sollen. Damit kann eine Point-In-Time-Recovery realisiert werden. Die Zeitangabe ist in `<time>` enthalten, wobei auch dieses Format von der Spezifikation des jeweiligen DBMS abhängig ist. Als Default-Wiederherstellungszeitpunkt wurde `NOW` definiert, d. h., die Datenbank wird, wenn nicht anders spezifiziert, in den letztgültigen transaktionskonsistenten Zustand wiederhergestellt. Als Default-Semantik für den Zustand der Datenbank wurde, aus den gleichen Gründen wie bei der Restore-Anweisung, `OFFLINE` festgelegt.

Recovery-Kommando

Um bei der Wiederherstellung den kompletten Recovery-Vorgang mit einem einzigen Kommando initiieren zu können, wurde ein Recovery-Kommando als Zusammenfassung der Restore- und Reapply-Statements definiert:

```
<recovery statement> ::=
  RECOVER
  [ ONLINE | OFFLINE ]
  [ { TABLE | TABLESPACE | FILE } <name> [ { <comma> <name> }... ] ]
  DB <database name>
  [ IMAGE <image source clause> [ { <comma> <image source clause> }... ] ]
  [ LOG <log source clause> [ { <comma> <log source clause> }... ] ]
  [ TO { NOW | <time> } ]
```

Dabei wird also der spezifizierte Teil der Datenbank unter Berücksichtigung der angege-
benen Parameter mit Hilfe von Sicherungsabbildern und Log-Daten wiederhergestellt. Zur
Unterscheidung der (optionalen) Angaben für die Lage der Sicherungsabbilder bzw. der
Log-Dateien wurden zusätzlich die Schlüsselworte IMAGE und LOG eingeführt. Als Default-
Semantik für den Datenbankzustand wurde, analog zu den beiden vorhergehenden Wie-
derherstellungskommandos, OFFLINE festgelegt.

3.5   Untersuchungsszenarien

Mit Hilfe der vorgestellten Werkzeuge können verschiedene Untersuchungsszenarien realisiert werden, von denen die wichtigsten im folgenden skizziert werden sollen. Ein erstes
Szenario ist der Vergleich der mit Hilfe der analytischen Modelle berechneten Ergebnisse
mit aus dem Prototyp erhaltenen Meßergebnissen, um die analytischen Modelle zu validieren. Die Eingabedaten sind in diesem Fall Prototyp-Parameter, welche für entsprechende
Messungen verwendet werden. Die Ausgaben des Prototyps bzw. die mit Hilfe des Log-
Statistik-Werkzeugs erhaltenen Daten gehen dann als Eingabeparameter in die analyti-
schen Modelle ein. Dieses Szenario ist in *Abbildung 3.7* mit der Nummer 1 gekennzeichnet.
Anwendungsbeispiele für dieses Szenario finden sich u. a. in Kapitel 5.3.

Allerdings sind bei dieser Vorgehensweise die für die Messungen mit dem Prototyp verwendeten Parameter künstlicher Natur. Um realitätsnähere Daten zu verwenden, gibt es
verschiedene Möglichkeiten. Zum einen können Log-Daten realer Datenbankanwendungen
mit Hilfe der für DB2 geschaffenen Werkzeuge ausgewertet und in Eingabeparameter sowohl für den Prototyp als auch für die analytischen Modelle umgewandelt werden. Außerdem können auf DB2-Datenbanken Backup- und Recovery-Operationen entweder direkt
oder mit Hilfe des Benchmark ausgeführt und die Meßergebnisse mit denen des Prototyps
und der Modelle verglichen werden. Dabei können entweder das Datenbankschema und
die Transaktionsprofile des Benchmark oder reale Anwenderdatenbanken benutzt werden.
Alle in diesem Abschnitt beschriebenen Möglichkeiten, Meßergebnisse für DB2, den Prototyp und berechnete Ergebnisse mit Hilfe der Modelle zu erhalten, sind in Abbildung 3.7
zum Szenario mit der Nummer 2 zusammengefaßt, wobei es hier, wie beschrieben, verschiedene Startpunkte und Vorgehensweisen gibt. Eine Beispiel für dieses Szenario sind die
Untersuchungen in Kapitel 5.1.

Orthogonal zu den bisher beschriebenen Varianten können die Backup- und Recovery-
Algorithmen verschiedener DBMS (derzeit *ADABAS D* und *DB2 UDB*) mit Hilfe des
Benchmark quantitativ verglichen werden. Dabei ist wiederum sowohl die Nutzung des

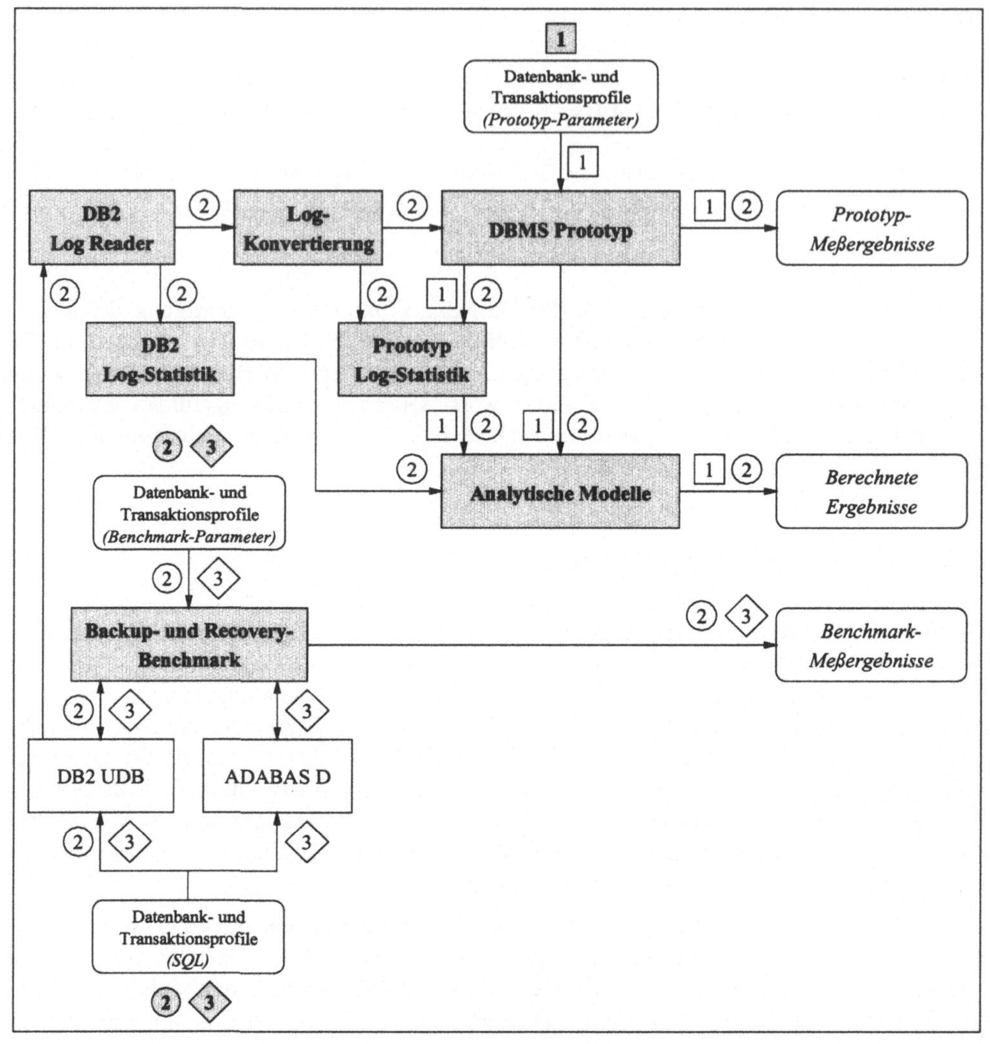

Abbildung 3.7: Untersuchungsszenarien

Datenbankschemas und der Transaktionsprofile des Benchmark als auch anderer Datenbankschemata und Transaktionsprofile möglich (Szenario 3 in Abbildung 3.7). Solche Untersuchungen finden sich ebenfalls in Kapitel 5.1.

3.6   Meßumgebung

Alle in den Kapiteln 4 und 5 dargestellten Benchmark- und Prototyp-Untersuchungen wurden in einer einheitlichen Meßumgebung auf einer IBM RS/6000 3CT mit 256 MB Hauptspeicher durchgeführt. Als Betriebssystem wurde AIX 4.2 benutzt. Um reproduzier-

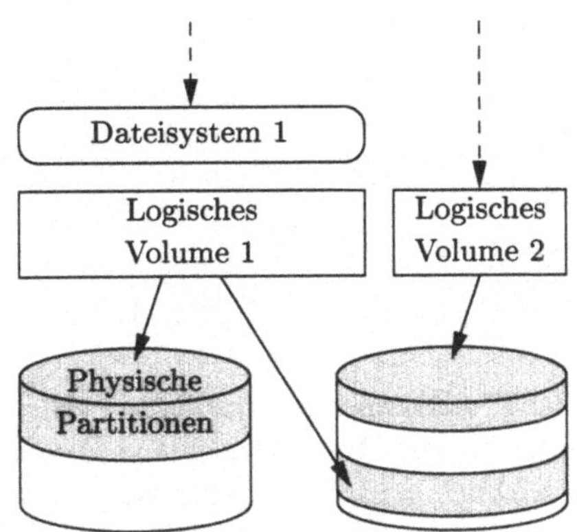

Abbildung 3.8: Sekundärspeicherverwaltung unter AIX

bare Ergebnisse zu erhalten, wurden die Messungen im Einbenutzerbetrieb ausgeführt. Interessant für die Einordnung und Bewertung der Messungen sind vor allem die verwendeten Externspeicher und deren Konfiguration. Diese wird im folgenden dargestellt, wobei dafür einige AIX-spezifische Begriffe und Konzepte eingeführt werden müssen.

3.6.1 Speicherverwaltung

Als Sekundärspeicher standen insgesamt vier Magnetplatten verschiedenen Typs zur Verfügung. Magnetplatten werden in AIX als physische Volumes bezeichnet. Jedes physische Volume ist in physische Partitionen unterteilt. Die physischen Partitionen eines oder verschiedener physischer Volumes können zu logischen Volumes zusammengefaßt werden [Sie97]. Auf diese logischen Volumes kann entweder direkt als Raw Device zugegriffen oder ein Dateisystem auf dem logischen Volume definiert werden, über welches dann der Zugriff erfolgt. *Abbildung 3.8* veranschaulicht diese Konzepte. Bei der Definition der logischen Volumes können dabei die zu verwendenden physischen Partitionen angegeben werden. Damit kann die Lage der logischen Volumes genau bestimmt werden, und inbesondere kann sichergestellt werden, daß zusammenhängende Speicherbereiche ausgewählt werden.

Beim direkten Zugriff auf das logische Volume erfolgt dieser unter Umgehung der Datenverwaltung des Betriebssystems. Damit ist der Nutzer bzw. das entsprechende Programm vollständig selbst für die Verwaltung der Daten auf diesem logischen Volume zuständig. Es stehen keinerlei Strukturierungsmöglichkeiten zur Verfügung. Dies bedeutet natürlich einen größeren Aufwand für die Programmierung, hat aber auch den Vorteil, daß die Verteilung der Daten wirklich exakt selbst bestimmt werden kann, was sich für viele Untersuchungen als günstig erwies. Neben den größeren Einflußmöglichkeiten bei der Nutzung von Raw Devices gibt es bei der Nutzung des Dateisystems ein weiteres Problem. Beim Schreiben in eine Datei wird das sofortige Durchschreiben auf den Externspeicher nicht sichergestellt, da das Betriebssystem eine eigene Zwischenpufferung durchführt. Ein Durchschreiben muß also, wenn nötig, durch entsprechenden Betriebssystemkommandos vom Nutzer bzw. dem Programm explizit erzwungen werden. Geschieht dies nicht, kommt es zu einer Verfälschung der

Tabelle 3.1: Technische Daten der Sekundärspeichermedien

Bezeichnung	Lesetransferrate RD Dateisystem	Schreibtransferrate RD Dateisystem	Seek-Zeit	Rotations-geschwind.	Nutzung
IBM DCHS	9,76 9,26 MB/s	9,36 5,95 MB/s	8,5 ms	7200 rpm	Datenbank
IBM DFHS	7,18 7,19 MB/s	7,18 4,81 MB/s	8,4 ms	7200 rpm	Log
IBM 0663	4,28 4,35 MB/s	3,76 3,07 MB/s	9,4 ms	4316 rpm	Backup
IBM DFHS	7,11 7,15 MB/s	7,11 4,89 MB/s	8,4 ms	7200 rpm	Backup

Untersuchungsergebnisse [Sch97]. Desweiteren empfehlen viele Datenbanksystemhersteller die Installation der Datenbanken auf Raw Devices aus Performance-Gründen. Wie groß diese Performance-Vorteile wirklich sind, hängt vom verwendeten Betriebssystem ab. Auf spezifische Beobachtungen zu diesem Aspekt bei dem von uns benutzten Betriebssystem AIX wird im nächsten Abschnitt, bei der Erläuterung der verwendeten Meßumgebung, eingegangen. Für viele Untersuchungen in dieser Arbeit wurden aufgrund der beschriebenen direkteren Einflußmöglichkeiten Raw Devices genutzt.

3.6.2 Verwendete Meßumgebung

Auf jeder der eingesetzten Magnetplatten wurde jeweils ein logisches Volume für den direkten Zugriff auf das Raw Device und eines für den Zugriff über ein Dateisystem definiert. Dabei wurde sichergestellt, daß jedes logische Volume nur physische Partitionen einer Magnetplatte enthält und dies insbesondere benachbarte physische Partitionen sind, um eine zusammenhängende physische Speicherung zu gewährleisten. Wenn nicht anders angegeben, waren Datenbank, Log bzw. Sicherungsabbilder entsprechend *Tabelle 3.1* auf die Magnetplatten, d. h. auf die definierten logischen Volumes, verteilt. Das zweite angegebene Backup-Medium wurde nur bei den Untersuchungen zum parallelen Backup bzw. Restore mit verwendet, sonst kam immer das erste zum Einsatz. Tabelle 3.1 enthält außerdem die technischen Daten der verwendeten Magnetplatten. Die Angaben über Seek-Zeiten und Rotationsgeschwindigkeiten wurden den Datenblättern entnommen, während die Lese- und Schreibtransferraten experimentell ermittelt wurden, da die wirklich erreichbaren Zeiten teilweise stark von den in den Datenblättern angegebenen abweichen. In Tabelle 3.1 gibt dabei jeweils die erste Zahl den Wert für den Zugriff auf das Raw Device (RD), die zweite den für das Dateisystem an. Die Lese- und Schreibtransferraten wurden auf den für die Messungen verwendeten Teilen der Platten, also auf den entsprechenden logischen Volumes, ermittelt.

Es fällt auf, daß es teilweise erhebliche Unterschiede in den Schreibtransferraten beim Zugriff über das Raw Device bzw. das Dateisystem auf der gleichen Magnetplatte gibt. Das Dateisystem des verwendeten Betriebssystems AIX ist ein sogenanntes *journaled file system (JFS)*. Dabei werden die Metadaten des Dateisystems separat protokolliert und damit Inkonsistenzen bzw. Zerstörungen des Dateisystems im Falle eines Stromausfalls o. ä. verhindert [Sie97]. Es ist zu vermuten, daß der hierfür benötigte Mehraufwand eine Ursache für die deutlich schlechteren Schreibraten des Dateisystems ist.

Desweiteren wurde für die Untersuchungen ein Bandlaufwerk eingesetzt, dessen technische Daten in *Tabelle 3.2* angegeben sind. Auch hier wurden die Lese- und Schreibtransferraten wieder experimentell ermittelt [Sch97]. Die Transferraten hängen dabei allerdings

Tabelle 3.2: Technische Daten des Bandlaufwerks

Bezeichnung	Lesetransferrate	Schreibtransferrate	Load-Zeit	Nutzung
HP C1533A	0,46 MB/s	0,46 MB/s	14 s	Backup

erheblich davon ab, ob und wie stark die zu schreibenden Daten durch die im Bandlaufwerk integrierte Komprimierung verdichtet werden können. Untersuchungen hierzu finden sich in Kapitel 5.1. In der Tabelle sind die Transferraten für den unkomprimierten Fall angegeben.

3.6.3 Verwaltung und Auswertung der Meßdaten

Aufgrund der Vielzahl der Meßdaten, die überdies noch aus verschiedenen Systemen (Prototyp, Benchmark) stammen, war die Entwicklung einer Meßdatenverwaltung notwendig [Bau99]. Dabei werden die Daten in einer DB2-Datenbank abgelegt. Die entwickelte Verwaltungssoftware stellt neben Funktionalität zum Einlesen der Meßwerte aus den Ergebnisdateien der entsprechenden Werkzeuge auch umfangreiche und komfortable Auswertungsmöglichkeiten zur Verfügung. Die verschiedenen Meßwerte bzw. die daraus ermittelten Werte (Zeiten, Durchsatzraten etc.) können in Abhängigkeit von den Eingabeparametern ausgegeben und analysiert werden. Insbesondere werden durch das Auswertungsprogramm verschiedene statistische Größen ermittelt, um die Güte der Meßergebnisse zu bestimmen. Hierbei werden ein- und zweidimensionale Abfragen unterschieden. Bei eindimensionalen Abfragen werden alle zu einem spezifizierbaren Eingabeparametersatz gehörigen Meßwerte ermittelt und deren Mittelwert, Standardabweichung, Variationskoeffizient und Variationsbreite sowie die Anzahl der Meßwerte ermittelt und ausgegeben. Diese Abfrageform ermöglicht die genaue Analyse einzelner Messungen. Bei zweidimensionalen Abfragen werden die Meßwerte in Abhängigkeit eines ausgezeichneten Eingabeparameters (z. B. Datenbankgröße oder Anteil veränderter Seiten) dargestellt, wobei auch hier wieder die Werte weiterer Eingabeparameter spezifizierbar sind. Diese Abfrageform ist besonders für die Darstellung von Abhängigkeiten, also der typischen Auswertungsform in x-y-Diagrammen, konzipiert. Dabei wird der Mittelwert der Meßwerte berechnet und als y-Wert angegeben. Zusätzlich können wieder Standardabweichung, Variationskoeffizient und Variationsbreite jedes y-Werts berechnet und ausgegeben werden. Das Auswertungsprogramm bietet darüber hinaus die Möglichkeit, die erhaltenen Ergebnisse zu exportieren, um so beispielsweise eine Weiterverarbeitung durch entsprechende Visualisierungswerkzeuge zu ermöglichen (Abbildung 3.1).

Ein Beispiel für eine Auswertung mit diesem Programm findet sich in *Abbildung 3.9*. Dabei ist die Auswertung von Messungen für das Komplett-Restore (Kapitel 5.1) dargestellt, wobei hier die Restore-Zeiten in Abhängigkeit von der Größe des Sicherungsabbildes ausgewertet werden. Zusätzlich sind weitere Parameter, wie die verwendeten Datenbank- und Sicherungsmedien, Puffergröße und -anzahl, sowie der verwendete Algorithmus spezifiziert.

Aufgrund der strukturellen und funktionalen Ähnlichkeiten der Eingabeparameter und Meßgrößen für die verschiedenen Backup- und Recovery-Techniken war die Verwendung eines objektorientierten Programmieransatzes naheliegend. Als Implementierungssprache

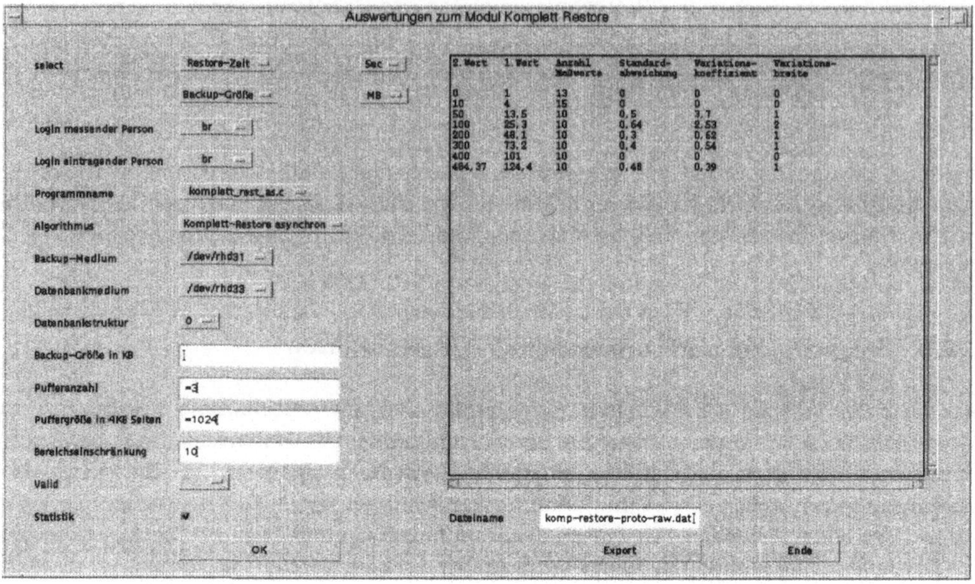

Abbildung 3.9: Beispiel für die Auswertung von Meßdaten

wurde Java gewählt. Der Zugriff auf die Datenbank erfolgt hierbei über die JDBC-Schnitt-stelle von DB2.

Kapitel 4

Logging und Reapply

In diesem Kapitel wird auf Techniken zur Log-Protokollierung (Logging) und zum Anwenden der Log-Information im Fehlerfall (Reapply) eingegangen. Es werden verschiedene Möglichkeiten der Protokollierung von Log-Information diskutiert. Dabei wird neben den in Forschungsarbeiten vorgeschlagenen Ansätzen auch auf die Realisierung im DBMS-Prototyp und im kommerziellen DBMS *DB2 UDB* eingegangen. Anschließend werden verschiedene Reapply-Algorithmen vorgestellt und bewertet sowie verschiedene Recovery-Verfahren diskutiert. Aus der Analyse des Leistungsverhaltens werden Möglichkeiten zur Verbesserung der Performance des Reapply abgeleitet und das Log-Clustering-Verfahren LogSplit vorgestellt.

4.1 Log-Protokollierung in Datenbanksystemen

In diesem Abschnitt sollen die verschiedenen Möglichkeiten der Protokollierung von Log-Information sowie deren Vor- und Nachteile dargestellt werden. Dabei werden zunächst prinzipielle Fragen der Log-Führung diskutiert, anschließend wird auf verschiedene Log-Protokollierungstechniken eingegangen.

4.1.1 Grundlagen

Bevor die Frage diskutiert wird, *wie* Log-Information geschrieben werden kann, soll zunächst dargestellt werden, *welche* Log-Information überhaupt protokolliert werden muß. Dazu wird analysiert, welche Aktionen bei der Behandlung der in Kapitel 2.2 eingeführten Fehlerarten auszuführen sind, und daraus werden verschiedene Möglichkeiten der gemeinsamen bzw. getrennten Log-Führung zur Protokollierung der benötigten Information abgeleitet.

Die im Fehlerfall nötigen Aktionen sind in hohem Maße von der gewählten Seitenersetzungs- bzw. Ausschreibstrategie des Datenbankpuffers abhängig. Es gibt verschiedene Seitenersetzungsalgorithmen für Datenbankpuffer ([EH84, OOW93] u. a.), wobei ein für die Fehlerbehandlung entscheidendes Kriterium ist, ob bereits vor dem Ende einer Transaktion von dieser veränderte Datenbankseiten aus dem Datenbankpuffer verdrängt und damit in

die Datenbank eingebracht werden dürfen.[1] Zur Klassifikation werden hierfür die Begriffe
Steal und *No-Steal* verwendet [HR83]. Dabei bedeutet Steal, daß veränderte Seiten bereits
vor dem Ende einer Transaktion aus dem Puffer verdrängt werden dürfen, während dies
bei No-Steal nicht erlaubt ist. Die Konsequenz aus der No-Steal-Strategie ist, daß keine
Änderungen noch nicht erfolgreich beendeter Transaktionen in der Datenbank materialisiert werden. Damit ist niemals ein Rücksetzen (*Undo*) dieser Änderungen im Fehlerfall
notwendig.[2] Hingegen müssen bei Verwendung der Steal-Strategie im Fehlerfall die bereits
materialisierten Veränderungen nicht erfolgreich beendeter Transaktionen zurückgesetzt
werden, um die Atomaritätseigenschaft der Transaktion (Kapitel 2.2) zu gewährleisten.

Eine zweite für die Fehlerbehandlung sehr relevante Frage ist, ob alle durch eine Transaktion ausgeführten Veränderungen zum Zeitpunkt der erfolgreichen Beendigung der Transaktion in der Datenbank materialisiert sind oder nicht. Hierfür wird die Terminologie *Force*
und *No-Force* verwendet [HR83]. Dabei bedeutet Force, daß am Ende einer Transaktion
das Ausschreiben, also Materialisieren aller Veränderungen in der Datenbank, sichergestellt
wird, während dies bei No-Force nicht erzwungen wird. Folglich muß geeignete Information
im Log protokolliert werden, um im Fehlerfall die noch nicht materialisierten Aktionen der
Transaktionen wiederholen zu können (*Redo*).

Im Falle eines Transaktionsfehlers, also des vom System oder vom Benutzer initiierten Abbruchs einer Transaktion, müssen die von dieser Transaktion ausgeführten Veränderungen
zurückgesetzt werden, falls sie in der Datenbank materialisiert wurden. Die Entscheidung,
ob ein Undo notwendig ist oder nicht, hängt also von der Seitenersetzungsstrategie ab. Die
Ausschreibstrategie ist im Falle eines Transaktionsfehlers nicht relevant, da keine Wieder-
holung von Aktionen einer Transaktion notwendig ist. Folglich ergeben sich die in *Tabelle 4.1* dargestellten Implikationen für die Protokollierung von Redo- und Undo-Information
abhängig von der verwendeten Seitenersetzungs- bzw. Ausschreibstrategie.

Tabelle 4.1: Redo und Undo für Transaktionsfehler

	Steal		No-Steal	
Force	No-Redo	Undo	No-Redo	No-Undo
No-Force	No-Redo	Undo	No-Redo	No-Undo

Falls ein Systemfehler aufgetreten ist, müssen beim Wiederanlauf die Aktionen erfolgreich
beendeter Transaktionen wiederholt werden, soweit sie nicht bereits in der Datenbank materialisiert sind. Folglich ist ein Redo nur für die No-Force-Strategie notwendig. Außerdem
müssen bei Verwendung der Steal-Strategie die bereits eingebrachten Änderungen von zum
Fehlerzeitpunkt noch offenen Transaktionen zurückgesetzt werden. Diese Aussagen werden
in *Tabelle 4.2* zusammengefaßt.

Ein Externspeicherfehler ist dadurch charakterisiert, daß Daten auf mindestens einem Externspeicher zerstört bzw. unbrauchbar sind. Folglich müssen beim Wiederanlauf auch ur-

---

[1]Bei der weiteren Diskussion gehen wir immer von einer direkten Seiteneinbringstrategie, also dem
sogenannten *update in place* aus. Auf die heute kaum noch relevanten indirekten Einbringstrategien, wie
beispielsweise das Schattenspeicherverfahren [Lor77], wird kurz in Abschnitt 4.1.4 eingegangen.

[2]Diese Aussage gilt in voller Allgemeinheit nur dann, wenn von einer atomaren Einbringstrategie ausgegangen wird, da bei einer nichtatomaren Einbringstrategie bei einem Fehler während des Einbringens
trotzdem ein Undo notwendig sein kann. Eine atomare Einbringstrategie ist allerdings nur sehr aufwendig
zu realisieren [Reu81, GR93].

Tabelle 4.2: Redo und Undo für Systemfehler

	Steal		No-Steal	
Force	No-Redo	Undo	No-Redo	No-Undo
No-Force	Redo	Undo	Redo	No-Undo

sprünglich bereits materialisierte Veränderungen in der Datenbank, soweit sie sich auf dem vom Externspeicherfehler betroffenen Medium befinden, wiederholt werden, um die Eigenschaft der Dauerhaftigkeit (Kapitel 2.2) sicherzustellen. Im Falle eines Externspeicherfehlers ist also immer ein Redo und damit die Protokollierung von Redo-Information notwendig, unabhängig von der gewählten Ausschreibstrategie.

Etwas komplizierter ist die Diskussion der Frage, wann Undo-Information benötigt wird. Da die Daten auf dem Externspeicher ja nicht mehr vorhanden sind, könnte man schlußfolgern, daß überhaupt keine Undo-Information benötigt wird, da nicht vorhandene Veränderungen auch nicht zurückgesetzt werden müssen. Falls die Seitenersetzungsstrategie Steal angewandt wird, ist allerdings die Frage zu klären, wie beim Reapply mit abgebrochenen Transaktionen bzw. mit Log-Information von zum Fehlerzeitpunkt noch offenen Transaktionen umgegangen wird. Je nach Log-Protokollierungstechnik und Reapply-Algorithmus gibt es hier verschiedene Vorgehensweisen, bei denen Undo-Information benötigt wird oder nicht. Wir werden dies noch ausführlich in Abschnitt 4.2 diskutieren, wobei sich zeigen wird, daß die Ausnutzung von Undo-Information zu einfacheren und robusteren Algorithmen führt. Falls die Seitenersetzungsstrategie No-Steal gewählt wurde, sollten sich keine Einträge abgebrochener bzw. offener Transaktionen im Log befinden. Wenn man aber die Realisierung von Point-In-Time-Recovery betrachtet (Abschnitt 4.3.1), dann werden dabei alle bis zu einem bestimmten Zeitpunkt erfolgreich beendeten Transaktionen wiederholt und die Einträge von Transaktionen die zu diesem Zeitpunkt noch aktiv waren werden nicht angewandt oder zunächst angewandt und danach wieder zurückgesetzt, wobei für den zweiten Fall wiederum Undo-Information benötigt wird. Zusammenfassend kann gesagt werden, daß die Frage, ob Undo-Information für die Recovery nach einem Externspeicherfehler benötigt wird, abhängig von der Log-Protokollierungstechnik und dem Reapply-Algorithmus ist [BHG87] und die Seitenersetzungsstrategie hierfür nicht allein ausschlaggebend ist. Deshalb ist in *Tabelle 4.3* sowohl No-Undo als auch Undo eingetragen.

Tabelle 4.3: Redo und Undo für Externspeicherfehler

	Steal		No-Steal	
Force	Redo	No-Undo/Undo	Redo	No-Undo/Undo
No-Force	Redo	No-Undo/Undo	Redo	No-Undo/Undo

Nach der Analyse der für die verschiedenen Fehlerarten in Abhängigkeit von der Seitenersetzungs- und Ausschreibstrategie benötigten Log-Information soll jetzt die Frage diskutiert werden, ob diese in einem gemeinsamen Log oder in verschiedenen Logs protokolliert werden sollte. Man könnte jetzt für alle Kombinationsmöglichkeiten der Seitenersetzungs- und Ausschreibstrategie die sich daraus ergebenden Varianten betrachten. Wir werden aber statt dessen zunächst diskutieren, welche Seitenersetzungs- bzw. Ausschreibstrategien überhaupt realistisch sind, um dann die weiteren Betrachtungen auf diese zu beschränken.

Problematisch an der Seitenersetzungsstrategie No-Steal ist zum einen, daß sie einen sehr großen („beliebig großen") Datenbankpuffer erzwingt, um alle von noch aktiven Transaktionen veränderten Seiten im Puffer zu halten. Dies ist insbesondere für lang laufende Transaktionen (Abschnitt 4.1.2) kaum realisierbar. Zum anderen impliziert No-Steal Sperren auf Seitenebene [GR93], was aus Gründen der Performance heute ebenfalls nicht mehr akzeptabel ist. Folglich werden wir uns bei den weiteren Betrachtungen auf die Seitenersetzungsstrategie Steal konzentrieren.[3]

Die Nutzung der Ausschreibstrategie Force erzwingt das Ausschreiben der modifizierten Seiten zum Commit-Zeitpunkt. Insbesondere gilt die Transaktion erst dann als abgeschlossen, wenn alle Seiten ausgeschrieben sind. Durch dieses Vorgehen wird das Commit einer Transaktion verzögert und eine hohe Zahl von I/O-Operationen generiert. Da ohnehin Redo-Information für die Externspeicherfehlerbehandlung spätestens zum Transaktionsende in das Log geschrieben werden muß, kann auch hier kein Vorteil von Force gegenüber No-Force erzielt werden. Insgesamt ist festzustellen, daß die Ausschreibstrategie Force wesentlich mehr Schreiboperationen im Vergleich zu No-Force produziert [Hva96] und sich dadurch die Antwortzeit der Transaktionen deutlich erhöht [Reu84]. Aus diesem Grund betrachten wir im folgenden, auch der heutigen Situation in DBMS-Produkten entsprechend, nur noch die No-Force-Strategie.

Die Beschränkung der weiteren Diskussion auf die Strategien Steal und No-Force ist im übrigen nicht etwa eine Vereinfachung, sondern stellt im Gegenteil den aus Recovery-Gesichtspunkten kompliziertesten Fall dar. Aus den Tabellen 4.1–4.3 sieht man, daß im Falle von Steal und No-Force für System- und Externspeicherfehler Redo-Information benötigt wird. Für Transaktions- und Systemfehler und gegebenenfalls auch für Externspeicherfehler wird außerdem Undo-Information benötigt. *Tabelle 4.4* faßt dies zusammen.

Tabelle 4.4: Redo und Undo für Steal und No-Force

	Redo	Undo
Transaktionsfehler		✗
Systemfehler	✗	✗
Externspeicherfehler	✗	(✗)

Für dieses Szenario sollen nun die verschiedenen Möglichkeiten der getrennten bzw. gemeinsamen Log-Führung diskutiert werden. Hierbei gibt es verschiedene Ansatzpunkte für eine Aufteilung: nach den Fehlerarten oder nach der Art der Log-Information. Die in früheren Arbeiten wie beispielsweise [Reu81] vorgeschlagene Trennung in ein temporäres Log für Transaktions- und Systemfehler und ein sogenanntes Archiv-Log für Externspeicherfehler führt unter den gemachten Annahmen zu Redundanz mindestens bei der Redo-Information, gegebenenfalls aber auch bei der Undo-Information. Da das Schreiben von Log-Information ohnehin ein potentieller Performance-Engpaß ist, ist eine solche Vorgehensweise hier wenig sinnvoll und hat sich in kommerziellen Datenbanksystemen auch nicht durchsetzen können. Die gleiche Argumentation trifft auch für alle anderen Kombinationen zu, bei denen die Logs in Abhängigkeit von der Fehlerart aufgeteilt werden, da sich bei jeder dieser Kombinationen Redundanzen ergeben.

---

[3]Damit kann im folgenden o. B. d. A. von einer nichtatomaren Einbringstrategie ausgegangen werden.

Wenn für die Externspeicherfehlerbehandlung keine Undo-Information im Log benötigt wird (siehe Abschnitt 4.2 für eine detailliertere Diskussion), dann ist eine interessante Variante die Aufteilung orthogonal zu den Fehlerarten in ein temporäres Log für Undo- und ein Log für Redo-Information. Dabei enthält das Undo-Log nur die Undo-Information noch aktiver Transaktionen [DST87], und ist, im Gegensatz zum Redo-Log, auch nicht sequentiell organisiert. Für die Behandlung von Transaktionsfehlern wird dann nur das Undo-Log, für Systemfehler das Redo- und das Undo-Log und für Externspeicherfehler nur das Redo-Log verwendet. Eine solche Vorgehensweise findet sich beispielsweise in Oracle [Vel95].

Es ist natürlich auch möglich, ein gemeinsames Log für Redo- und Undo-Information und damit für alle drei Fehlerarten zu führen. Dies wird in verschiedenen Arbeiten ([BHG87, MHL$^+$92] u. a.) vorgeschlagen und ist beispielsweise so auch in DB2 realisiert [IBM97a]. Wir werden in den Abschnitten 4.2 und 4.3 sehen, daß das Schreiben eines gemeinsamen Log die größte Flexibilität bezüglich des Reapply bietet und gehen deshalb im folgenden von diesem allgemeinen Fall aus. Auf Möglichkeiten, nicht mehr benötigte Log-Information zu entfernen, wird in Abschnitt 4.5 noch eingegangen.

4.1.2   Archivierung von Log-Information

Konzeptuell kann man sich ein Log als eine immer größer werdende sequentielle Datei vorstellen. Bedingt durch hohe Durchsatzraten und entsprechende Datenvolumina fallen allerdings heutzutage große Mengen an Log-Information an. Systeme à la SAP R/3 können beispielsweise leicht hunderte Megabyte Log-Information täglich produzieren. Deshalb ist es notwendig, nicht mehr benötigte Log-Information rechtzeitig auszulagern, da sonst der zur Verfügung stehende Plattenplatz nicht mehr ausreicht. Systemstillstände durch einen Überlauf des Log-Bereichs sind eine häufige Ursache für Systemfehler in Datenbanksystemen [GR93]. Die Archivierung der aktuell nicht mehr benötigten Teile des Log erfolgt dabei meist auf kostengünstigere Tertiärspeicher. Wichtig ist hierbei die Frage, welche Log-Einträge archiviert werden können und welche noch verfügbar sein müssen. Die übliche Vorgehensweise ist dabei, nur die Log-Information zu archivieren, welche nicht mehr für die Behandlung von Transaktions- bzw. Systemfehlern benötigt wird. Im Falle eines solchen Fehlers würde es im Vergleich zur Gesamtwiederherstellungszeit sehr lange dauern, diese Information erst wieder vom Tertiärspeicher verfügbar zu machen. Bei einem gemeinsam geführten Log für alle Fehlerarten kann man beispielsweise eine *transaction low-water mark* [GR93] verwenden, welche das Minimum aller Log-Einträge noch aktiver Transaktionen identifiziert. Alle Log-Einträge die vor dieser Marke liegen, können archiviert werden, da sie nicht mehr für die Behandlung eines Transaktions- oder Systemfehlers benötigt werden. Bei einer getrennten Realisierung in Form eines Undo- und eines Redo-Log wird diese Marke analog im Redo-Log gesetzt. Das Undo-Log enthält in diesem Fall per Definition ohnehin nur die Undo-Information noch aktiver Transaktionen und ist damit nicht von der Archivierung betroffen.

Um die Archivierung der Log-Information zu vereinfachen, verwenden die meisten Datenbanksysteme statt einer Datei mehrere physische Dateien fester Länge zur Implementierung des Log [MHL$^+$92]. Diese Dateien werden im folgenden als *Log-Dateien* bezeichnet. Die Log-Dateien können zyklisch oder linear organisiert sein. Bei einer zyklischen Organisation werden die Log-Dateien nach der Archivierung ihres Inhalts wiederverwendet, während bei einer linearen Organisation immer neue Dateien allokiert werden. Eine solche zyklische Organisation findet sich beispielsweise in Oracle, während DB2 eine lineare Organisation verwendet. Die Speicherung des Log in Form mehrerer Log-Dateien bedeutet für die Archivierung, daß alle Log-Dateien vor derjenigen Log-Datei, welche den *transaction low-water mark* Log-Eintrag enthält, archiviert werden können.

Lange Transaktionen

Ein großes Problem bei der Archivierung von Log-Information sind Transaktionen mit längeren Laufzeiten, im folgenden auch als *lange Transaktionen* bezeichnet. Typische Transaktionen im OLTP-Bereich haben eine Laufzeit von nur einigen Sekunden bis wenigen Minuten. Längere Transaktionslaufzeiten werden in diesem Umfeld oftmals als Anzeichen eines fehlerhaften Zustands, beispielsweise aufgrund von Kommunikationsproblemen oder fehlender Terminierung, interpretiert. Inzwischen gibt es allerdings eine Vielzahl von Datenbankanwendungsgebieten, in denen Transaktionen mehrere Stunden oder gar Tage laufen können. Beispiele hierfür sind Workflow-Management-Systeme, Entwurfsunterstützungssysteme oder auch der Einsatz von Datenbanksystemen für Mobile Computing. Ein weiteres Beispiel sind Transaktionen in verteilten Datenbanken, bei denen beispielsweise durch zeitweilige Nichtverfügbarkeit eines Teilnehmers der Commit-Prozeß der gesamten verteilten Transaktion verzögert werden kann, ohne daß dies als fehlerhafter Zustand zu interpretieren wäre.

Eine einzige lange Transaktion kann die Archivierung aller Log-Einträge nach dem ersten Log-Eintrag dieser Transaktion, der ab einem bestimmten Zeitpunkt die *transaction low-water mark* darstellen wird, verhindern. Damit kommt es früher oder später zum oben schon beschriebenen Zustand, daß der für das Log zur Verfügung stehende Plattenplatz nicht mehr ausreicht und es in dessen Folge zu einem Systemstillstand kommt, falls das DBMS keine geeigneten Maßnahmen für diese Situation vorsieht. Die Standardlösung in den meisten DBMS ist der Abbruch solcher langer Transaktionen, sei es durch Einstellen eines bestimmten *timeout*-Schwellwertes oder durch Abbruch der die Archivierung blockierenden Transaktion. Diese Lösung ist durch die oben beschriebene Annahme eines fehlerhaften Zustands motiviert und mag im klassischen OLTP-Umfeld akzeptabel sein, in den aufgeführten neueren Datenbankanwendungsgebieten ist sie es nicht. In praktischen Untersuchungen wurde eine solche unbefriedigende Verhaltensweise von uns beispielsweise bei den Systemen ADABAS D und Sybase beobachtet [Hen96, Sku97]. Das ebenfalls nicht befriedigende Vorgehen von DB2 wird in Abschnitt 4.1.7 beschrieben. Zwar existieren eine Vielzahl wissenschaftlicher Arbeiten, welche sich mit neuen Transaktionsmodellen und den zugehörigen Recovery-Konzepten beschäftigen ([GMS87], [HR87], [Mec97], [RSS97] u. a.), deren Ergebnisse haben aber bislang kaum Eingang in kommerzielle Datenbanksysteme gefunden.

Eine erste Lösungsmöglichkeit im Rahmen des bekannten ACID-Transaktionsmodells den Abbruch von langen Transaktionen zu verhindern, besteht im Einbeziehen des Tertiärspeichers in die Behandlung von Transaktions- bzw. Systemfehlern, d. h., es werden bei Bedarf auch Teile des Log archiviert, welche vor der *transaction low-water mark* liegen. Der Vorteil dieser Lösung besteht darin, daß hier theoretisch nie Transaktionen aufgrund mangelnden

Speicherplatzes abgebrochen werden müssen, es sei denn, der Archivierungsprozeß ist zu langsam im Verhältnis zum Schreiben neuer Log-Einträge. Nachteilig an dieser Lösung ist natürlich, daß der Zeitaufwand für die Behandlung eines möglicherweise auftretenden Transaktions- oder Systemfehlers enorm steigt, da die entsprechenden Log-Dateien erst wieder vom Tertiärspeicher verfügbar gemacht werden müssen. Deshalb erscheint dieser Lösungsansatz wenig praktikabel.

Eine andere Möglichkeit besteht darin, die potentiell noch benötigten Log-Einträge langer Transaktionen temporär in ein separates Log (*copy aside log*) zu kopieren, sobald ein bestimmter Schwellwert der Ausnutzung des Platzes für die Log-Dateien erreicht ist. Damit kann nach dem Kopieren die *transaction low-water mark* entsprechend verändert und die Archivierung der Log-Dateien fortgesetzt werden. Die kopierten Log-Einträge können, sobald sie nicht mehr benötigt werden, einfach verworfen werden. Eine sehr ähnliche Idee ist im Camelot Transaction Manager umgesetzt. Dabei werden die noch benötigten Log-Einträge nicht in ein separates Log, sondern an den aktuellen Anfang des Log kopiert [EMS91]. Dieser Ansatz wird folglich als *copy forward* bezeichnet. Beide Lösungsansätze verhindern die Blockierung der Archivierung und senken damit die Wahrscheinlichkeit eines Transaktionsabbruchs deutlich, auch wenn es bei einer sehr großen Anzahl bzw. einem entsprechend großen Log-Eintragsvolumen solcher langer Transaktionen trotzdem im Extremfall zu Speicherplatzproblemen kommen kann.

4.1.3 Physisches Logging

In diesem und den folgenden Abschnitten soll nun näher erläutert werden, *wie* Log-Einträge aufgebaut sein können. Dazu werden die wichtigsten Log-Protokollierungstechniken erläutert und deren Vor- und Nachteile kurz aufgeführt. Eine ausführliche Diskussion dieses Aspekts würden den Rahmen dieses Buches sprengen, hier wird an den entsprechenden Stellen auf die relevante Literatur verwiesen. Danach werden die im DBMS-Prototyp realisierten Protokollierungstechniken und die entsprechenden Datenstrukturen angegeben. Abschließend wird dargestellt, wie die Log-Protokollierung in *DB2 UDB* realisiert ist, um die Gemeinsamkeiten und Unterschiede zwischen Forschungsarbeiten und Realisierung in Produkten zu verdeutlichen.

Eine erste Klassifikation der unterschiedlichen Protokollierungstechniken wurde in [HR83] gegeben. Dabei werden zwei, nicht vollständig orthogonale, Kriterien angegeben, zum einen der Typ der protokollierten Information und zum anderen die Frage, ob Zustände oder Übergänge protokolliert werden. Falls der Typ der Information Bitmuster sind, welche die veränderten Teile der Datenbank repräsentieren, spricht man von *physischem Logging*. Erfolgt dabei die Protokollierung von Zuständen, so wird als Redo-Information der neue Zustand der Seite und als Undo-Information der alte Zustand der Seite bzw. jeweils der veränderte Teil der Seite eingetragen. Bei der Protokollierung von Übergängen werden XOR-Differenzen des alten und neuen Zustands gespeichert. Damit bildet diese Differenzeninformation gleichzeitig die Redo- und die Undo-Information.

Um die korrekte Wiederherstellung der Datenbank auch beim Auftreten eines Fehlers während des Reapply zu gewährleisten, erweist es sich als notwendig, daß Redo und Undo idempotent sind. Eine Operation ist genau dann *idempotent*, wenn ihre mehrfache Hintereinanderausführung dasselbe Ergebnis wie ihre einmalige Ausführung liefert. Man sieht,

daß bei Verwendung des physischen Logging auf Zustandsebene die Idempotenz der Redo-
und Undo-Operation gewährleistet ist. Für Übergangsprotokollierung muß hingegen sichergestellt werden, daß ein Log-Eintrag nicht mehrfach auf eine Seite angewandt wird. Dies
kann mit Hilfe einer sogenannten Log Sequence Number erreicht werden, auf die wir in
Abschnitt 4.1.5 noch genauer eingehen werden.

Die physische Protokollierung von Zuständen auf Seitenebene war lange Zeit die in kommerziellen Datenbanksystemen üblichste Technik. Allerdings impliziert sie Seitensperren,
da das Sperrgranulat immer größer gleich dem Log-Granulat sein muß [Reu81] und ist
deshalb aus Performance-Gründen heute zumindest im Bereich relationaler Datenbanksysteme nicht mehr von Bedeutung. Charakteristisch für die physische Protokollierung mit
Granulaten kleiner als eine Seite ist, daß jede Veränderung einer Seite, also beispielsweise
auch sich beim Einfügen oder Verändern ergebende physische Reorganisationen innerhalb
der Seite, durch einen separaten Log-Eintrag repräsentiert werden muß, falls Sperren auf
Satzebene verwendet werden. Damit kann eine einzige DML-Operation eine Vielzahl von
Log-Einträgen generieren. Wir werden auf dieses Problem in den beiden folgenden Abschnitten noch zurückkommen.

Weiterhin ist zu beachten, daß generell bei Sperrgranulaten kleiner als Seiten, für die
Zeit der Veränderung einer Seite eine sehr kurze Schreibsperre gesetzt werden muß, die
auch als *latch* [MHL+92] bezeichnet wird. Folglich müssen für die konkurrierenden Zugriffe verschiedener Transaktionen auf eine Seite im Datenbankpuffer zusätzlich zur normalen
Seitenverwaltung entsprechende Lese- und Schreibsperren auf den Seiten verwaltet werden.
Man beachte aber, daß diese viel kürzer sind als die normalen Lese- bzw. Schreibsperren
auf Satzebene (*locks*) für den konkurrierenden Zugriff verschiedener Transaktionen auf die
gleichen Daten. Man spricht hier auch von Kurzzeitsperren vs. Langzeitsperren. Insbesondere kann ein *latch* sofort nach der Veränderung der Seite wieder freigegeben werden und
muß nicht bis zum Ende der Transaktion gehalten werden.

4.1.4 Logisches Logging

Enthält der Log-Eintrag eine *Beschreibung* der ausgeführten Aktion, spricht man von *lo-
gischem Logging*. Eine mögliche Realisierungsvariante für relationale Datenbanken besteht
in der Protokollierung des Typs der logischen Operation (Einfügen, Löschen, Verändern)
zusammen mit der Tabelle, auf der die Operation ausgeführt wurde sowie dem alten und
dem neuen Wert des Tupels. Dabei stellt der neue Wert die Redo- und der alte Wert die
Undo-Information dar, wobei der neue Wert einer Löschoperation bzw. der alte Wert einer
Einfügeoperation entfällt. Folgeaktionen einer Operation, wie Indexveränderungen, physische Reorganisationen in den Seiten, durch Trigger ausgelöste weitere Datenveränderungen
etc., werden beim logischen Logging nicht mit protokolliert.

Aus der Struktur der Log-Einträge beim logischen Logging ergibt sich, daß während des
Reapply die entsprechenden Datenbankoperationen wiederholt werden müssen. Dies dauert
im Verhältnis zur reinen Seitenveränderung beim physischen Logging sehr lange. Allerdings
ist die Größe und die Anzahl der Log-Einträge beim logischen Logging typischerweise sehr
klein. Man beachte hierzu, daß ein einziger logischer Log-Eintrag hunderten physischen
Log-Einträgen entsprechen kann. Damit ist der Aufwand für das Logging während des
normalen Datenbankbetriebs sehr gering. Aufgrund dieser interessanten Eigenschaft gab

es über viele Jahre Versuche, logisches Logging in Prototypen und Produkten zu implementieren. Dabei haben sich eine Reihe von Problemen aufgetan, wobei das wohl schwerwiegendste die nicht vorhandene Atomarität solcher logischen Aktionen ist. Aufgrund der Tatsache, daß eine logische Aktion (z. B. DML-Operation) eine Vielzahl von physischen Einzeloperationen impliziert, ist die Datenbank bei einem Fehler während der Wiederherstellung möglicherweise nicht in einem aktionskonsistenten Zustand bezüglich der ausgeführten logischen Aktion und damit ist kein korrektes Redo/Undo mehr möglich. Für eine detaillierte Diskussion dieses Problems sei beispielsweise auf [GR93] verwiesen. Um das Problem der Aktionskonsistenz zu beheben, gab es verschiedene Ansätze, von denen das Schattenspeicherverfahren [Lor77] der Erfolgversprechendste war. Allerdings hat sich auch hier gezeigt, daß sich aus diesem Verfahren eine Reihe von Nachteilen, beispielsweise Seitensperren und Performance-Probleme, ergeben [GMB+81]. Aufgrund der geschilderten Probleme und des hohen Reapply-Zeitaufwands hat sich das logische Logging nicht durchsetzen können.

4.1.5   Physiological Logging

Um die Vorteile des logischen Logging bezüglich der Größe und Anzahl der Log-Einträge mit den Vorteilen des physischen Logging bei der Fehlerbehandlung zu verbinden, hat sich ein Kompromiß aus beiden Techniken etabliert. Die Grundidee hierbei ist, Seitenveränderungen als *Minitransaktion* [GR93] zu betrachten und die Veränderungen innerhalb der Seite nur logisch zu protokollieren. Es wird also bei jeder Veränderung einer Seite durch eine Operation nur die logische Aktion bezüglich dieser Seite, beispielsweise das Einfügen eines Satzes, protokolliert, während die Folgeaktionen innerhalb dieser Seite (Reorganisation etc.) nicht mit protokolliert werden [ML89, MHL+92]. Ergeben sich hingegen Folgeaktionen bezüglich anderer Seiten, wird wiederum für jede dieser Seiten ein Log-Eintrag geschrieben. Die Protokollierung erfolgt also physisch bezüglich einer Seite und logisch innerhalb einer Seite, weshalb dies auch als *physical-to-a-page logical-within-a-page* Logging bzw. kurz *physiological Logging* bezeichnet wird [GR93]. Als Redo-Information wird dabei der neue Wert des veränderten Satzes, als Undo-Information der alte Wert protokolliert. Dabei entfällt genau wie beim logischen Logging wiederum der neue Wert einer Löschoperation bzw. der alte Wert einer Einfügeoperation.

Mit dieser Protokollierungstechnik erhält man deutlich weniger Log-Einträge als beim physischen Logging. Da allerdings die Veränderungen innerhalb der Seite nicht mit protokolliert werden, müssen diese, wie schon erwähnt, in einer Minitransaktion ausgeführt werden. Hierfür können wiederum die in Abschnitt 4.1.3 beschriebenen *latches* eingesetzt werden, welche solange gehalten werden müssen, bis die Veränderung einer Seite durch eine solche Minitransaktion abgeschlossen ist.

Beim Reapply ist es bei dieser Protokollierungstechnik wichtig, daß ein Log-Eintrag nur dann auf eine Seite angewandt wird, wenn die korrespondierende Aktion auf dieser Seite noch nicht ausgeführt wurde. Um dies gewährleisten zu können, wird i. allg. die *Log Sequence Number (LSN)* verwendet. Beim Schreiben jedes Log-Eintrags wird diesem eine eindeutige Identifikation, die LSN, zugewiesen. Dabei wird an die Folge der LSN die Forderung der strengen Monotonie gestellt, d. h., wenn ein Log-Eintrag A vor einem Log-Eintrag B geschrieben wurde, muß LSN(A) < LSN(B) gelten und umgekehrt. Bei der

Veränderung einer Seite während des normalen Datenbankbetriebs wird die LSN des zugehörigen Log-Eintrags in die Seite geschrieben. Es wird also in jeder Seite eine *pageLSN* verwaltet, welche die LSN des zur letzten Änderung der Seite korrespondierenden Log-Eintrags enthält. Damit kann beim Reapply eindeutig ermittelt werden, ob die zu einem Log-Eintrag gehörige Aktion schon in der Seite ausgeführt wurde. Das ist genau dann der Fall, wenn die pageLSN der Seite größer oder gleich der LSN des Log-Eintrags ist.

Dabei stellt sich allerdings die Frage, welchen Wert die pageLSN bei einem Undo einer Aktion annehmen soll. Wird sie nicht verändert, so kann nicht erkannt werden, ob das Undo ausgeführt wurde. Würde sie auf den Wert des zurückgesetzten Log-Eintrags gesetzt, würde die Information über zwischenzeitlich auf dieser Seite ausgeführte Operationen verlorengehen. Die gängigste Lösung für dieses Problem ist das Protokollieren des Undo mit Hilfe eines eigenen Log-Eintrags. Dieser wird i. allg. *Compensation Log Record (CLR)* genannt. Die LSN des CLR wird als neuer Wert für die pageLSN eingetragen. Beim Reapply werden CLRs genau wie alle anderen Log-Einträge angewandt, wobei natürlich auch hier die entsprechende LSN-Bedingung überprüft werden muß. Um bei einem Fehler während des Rücksetzens einer Transaktion nicht wieder Kompensationseinträge für CLRs schreiben zu müssen, kann in jedem CLR ein Verweis auf den Log-Eintrag, welcher vor dem kompensierten Log-Eintrag steht, gespeichert werden [MHL+92]. Dieser entspricht dem nächsten zu kompensierenden Log-Eintrag. Bei einem Wiederanlauf wird dann das unvollständige Rücksetzen wiederholt, aber die Kompensationsaktionen werden nicht zurückgesetzt, sondern mit Hilfe des Verweises auf den nächsten zu kompensierenden Log-Eintrag wird das Rücksetzen der Transaktion abgeschlossen. Auf diese und weitere Details der möglichen Reapply-Algorithmen wird in Abschnitt 4.2 eingegangen. Mit dem hier skizzierten Vorgehen kann die Idempotenz des Redo und Undo während des Reapply für physiological Logging gewährleistet werden. Dies gilt insbesondere auch im Falle eines Fehlers während des Reapply.

4.1.6 Logging im DBMS-Prototyp

Im DBMS-Prototyp wurden zwei der beschriebenen Protokollierungstechniken implementiert: physisches Logging auf Seitenebene und physiological Logging. Die Auswahl des physiological Logging erfolgte aufgrund der großen praktischen Relevanz, die des physischen Logging vor allem zu Vergleichszwecken. In diesem Abschnitt werden die Strukturen der Log-Einträge des Prototyps beschrieben. Dabei wird nur auf die wichtigsten Strukturen eingegangen, für eine vollständigere und detailliertere Beschreibung sei auf [Gol98] und [Max99] verwiesen.

Der Entwurf der Strukturen erfolgte in Anlehnung an die Implementierungsvorschläge in [GR93], wobei diese um einige Konzepte der Protokollierungstechnik ARIES [MHL+92] und um Implementierungsdetails, welche aus der Analyse des Logging in *DB2 UDB* (Abschnitt 4.1.7) hervorgingen, erweitert wurden. Die Strukturen werden in tabellarischer Form unter Angabe der Bezeichner, des Datentyps und einer kurzen Beschreibung angegeben. Auf einzelne Strukturelemente wird im Text genauer eingegangen. Die Datentypen sind, soweit nicht anders angegeben, C-Datentypen gemäß der entsprechenden Norm [ISO90].

Jeder Log-Eintrag besteht aus einem Kopf und einem Rumpf. Der Kopf ist dabei generisch bezüglich der verwendeten Protokollierungstechnik und enthält Verwaltungsinforma-

tion über den Log-Eintrag und Verkettungen zu vorherigen Log-Einträgen. Der Typ des
Log-Eintrags bestimmt, welche weiteren Elemente enthalten sind und welche nicht. Als
Log-Eintragstypen sind Log-Einträge für physisches und physiological Logging, Commit-
und Abort-Log-Einträge sowie ein auch in DB2 vorhandener Log-Eintragstyp für das Anlegen einer neuen Datenbankseite realisiert. Die Struktur des Kopfs eines Log-Eintrags
ist in *Tabelle 4.5* angegeben. Dabei sind `PT_LSN`, `PT_TRID` und `TIMESTAMP` im Rahmen
des Prototyps definierte Datenstrukturen für die LSN, die Transaktionsidentifikation und
den Zeitstempel. Die Belegung des Elements `Tran_PriorCompLSN` verhindert, wie in Abschnitt 4.1.5 erläutert, daß beim Auftreten eines Fehlers während des Rücksetzens einer
Transaktion Kompensationseinträge für Compensation Log Records geschrieben werden
müssen. Ob dieses Element benutzt wird, hängt von den verwendeten Algorithmen ab.

Tabelle 4.5: Struktur des Kopfs eines Log-Eintrags

Bezeichner	Datentyp	Beschreibung
`Type`	`int`	Typ des Log-Eintrags
`LSN`	`PT_LSN`	LSN des Log-Eintrags
`PrevLSN`	`PT_LSN`	LSN des vorhergehenden Log-Eintrags
`CreateTime`	`TIMESTAMP`	Erzeugungszeit des Log-Eintrags
`RMID`	`int`	Identifikation des Resource Manager, welcher den Log-Eintrag geschrieben hat
`TRID`	`PT_TRID`	Identifikation der Transaktion, welche den Log-Eintrag geschrieben hat
`Tran_PrevLSN`	`PT_LSN`	LSN des vorhergehenden Eintrags der gleichen Transaktion
`Tran_PriorCompLSN`	`PT_LSN`	LSN des Log-Eintrags vor dem kompensierten Log-Eintrag (entspricht dem nächsten noch zu kompensierenden Log-Eintrag)
`Length`	`long`	Länge des Rumpfs des Log-Eintrags

Die Commit- und Abort-Log-Einträge einer Transaktion haben keinen Rumpf, da hier
bereits alle benötigten Informationen, insbesondere der Zeitpunkt des Schreibens des Log-
Eintrags, im Kopf des Log-Eintrags enthalten sind. Ein separater Eintrag für den Beginn einer Transaktion ist nicht notwendig, da das DBMS den Beginn einer Transaktion daran erkennen kann, daß der Verweis auf den vorherigen Eintrag dieser Transaktion
(`Tran_PrevLSN`) Null ist [MHL⁺92].

4.1.6.1   Physisches Logging

Eine Datenbank wird im DBMS-Prototyp durch eine oder mehrere Dateien repräsentiert,
welche durch eine eindeutige Nummer identifiziert werden. Innerhalb der Dateien werden
wiederum die Datenbankseiten eindeutig numeriert. Damit kann jede Seite einer Prototyp-
Datenbank durch die Nummer der Datei und die (relative) Seitennummer eindeutig angesprochen werden. Unter Verwendung dieser beiden Angaben kann ein Log-Eintrag der
korrespondierenden Datenbankseite zugeordnet werden. *Tabelle 4.6* enthält die Datenstruktur für den Rumpf eines Log-Eintrags für physisches Logging. Dieser enthält neben den

die Datenbankseite identifizierenden Angaben den alten und neuen Zustand der Seite. Die Konstante `PT_Page_Size` beschreibt dabei die Größe einer Datenbankseite, wobei für die Untersuchungen i. allg. 4 KB benutzt wurden.

Tabelle 4.6: Struktur des Rumpfs eines Log-Eintrags für physisches Logging

Bezeichner	Datentyp	Beschreibung
`FNumber`	`unsigned long`	Nummer der veränderten Datei
`PNumber`	`long`	Nummer der veränderten Seite
`Old_Value`	`char[PT_Page_Size]`	alter Zustand der Seite (Undo-Information)
`New_Value`	`char[PT_Page_Size]`	neuer Zustand der Seite (Redo-Information)

4.1.6.2 Physiological Logging

Die Datenstruktur des Rumpfs eines Log-Eintrags für physiological Logging ist in *Tabelle 4.7* aufgeführt. Neben den bereits im vorigen Abschnitt erläuterten identifizierenden Angaben für die korrespondierende Datenbankseite enthält dieser Log-Eintrag noch die Identifikation des Satzes innerhalb der Seite (Slot-Nummer). Außerdem enthält der Eintrag den alten und neuen Zustand des Satzes, wobei die zusätzliche Abspeicherung der Längenangaben nur implementierungstechnische, keine algorithmischen Gründe hat.

Tabelle 4.7: Struktur des Rumpfs eines Log-Eintrags für physiological Logging

Bezeichner	Datentyp	Beschreibung
`OpCode`	`int`	ausgeführte Operation (siehe Tabelle 4.8)
`FNumber`	`unsigned long`	Nummer der veränderten Datei
`PNumber`	`long`	Nummer der veränderten Seite
`RecordID`	`long`	Slot-Nummer des Satzes innerhalb der Seite
`BI_Length`	`long`	alte Länge des Satzes
`AI_Length`	`long`	neue Länge des Satzes
`BI`	`char[BI_Length]`	alter Zustand des Satzes (Undo-Information)
`AI`	`char[AI_Length]`	neuer Zustand des Satzes (Redo-Information)

Ob der alte oder der neue Zustand oder beide protokolliert werden, hängt von der Art der korrespondierenden Operation ab. *Tabelle 4.8* enthält eine Übersicht, wann welche Zustände gespeichert werden. Dabei wird die Operation **Update on Page** ausgeführt, falls ein Satz nach einem Update in der gleichen Seite verbleibt. Ist dies aus Speicherplatzgründen nicht möglich, wird die entsprechende Update-Operation als eine **Delete**- und eine **Insert**-Operation ausgeführt und protokolliert. Diese Vorgehensweise resultiert aus dem in Abschnitt 4.1.5 erläuterten Ansatz, Operationen in Minitransaktionen bezüglich Seiten aufzuteilen und als solche auszuführen.

Die letzten drei Operationen in Tabelle 4.8 werden im Falle eines Transaktionsabbruchs ausgeführt. Die dazu korrespondierenden Log-Einträge sind Compensation Log Records und enthalten nur Redo-Information (Abschnitt 4.1.5), wobei diese natürlich für die Kompensation eines **Insert** entfällt.

Tabelle 4.8: Operationen und ihre Protokollierung

Operation	Undo-Information	Redo-Information
Insert		✗
Delete	✗	
Update on Page	✗	✗
Undo Insert		
Undo Delete		✗
Undo Update on Page		✗

4.1.7 Logging in DB2

Nach der Beschreibung verschiedener, in entsprechenden wissenschaftlichen Arbeiten vorgeschlagener Log-Protokollierungstechniken und der Darstellung der daran angelehnten Implementierung im DBMS-Prototyp, soll abschließend ein Vergleich zu einer Realisierung in einem kommerziellen DBMS gezogen werden.

Der genaue Aufbau der Log-Einträge und die implementierten Algorithmen gehören zu den von Herstellern ungern preisgegebenen Informationen, da sich hier entscheidende Wettbewerbsvorteile erzielen lassen. Um jedoch Drittanbietern die Entwicklung von Werkzeugen zu ermöglichen, müssen Schnittstellen teilweise offengelegt werden. Dementsprechend gibt es bei *DB2 UDB* eine solche Schnittstelle für das Lesen von Log-Einträgen [IBM97b], unter deren Nutzung die in Kapitel 3.3 beschriebenen Werkzeuge zum Lesen, Auswerten und Konvertieren von DB2-Log-Einträgen implementiert wurden [Gol98]. Mit diesen wurde die DB2-Log-Protokollierungstechnik analysiert. Die vollständige Darstellung der Ergebnisse würde den Rahmen dieses Buches sprengen, vielmehr sollen im folgenden prägnante Gemeinsamkeiten und Unterschiede zu den in der Literatur vorgestellten Ansätzen erläutert werden. Dabei beziehen sich die im folgenden gemachten Angaben auf die Version 5.0 von *DB2 UDB*.

4.1.7.1 Log-Protokollierungstechnik

Da ein DBMS neben Einfüge-, Lösch- und Änderungsoperationen eine Vielzahl interner Aktionen sowie verschiedenste Administrationsfunktionen ausführt, ist der Aufbau der Log-Einträge in DB2 naturgemäß komplexer als die bislang vorgestellten Varianten.

Der Kopf eines Log-Eintrags kann sich aus zwei Komponenten zusammensetzen. Am Anfang steht stets ein generischer, vom Log Manager geschriebener Kopf, und danach folgt optional ein spezifischer Kopf des jeweiligen Resource Manager. Dabei schreiben fünf der insgesamt sieben existierenden Resource Manager eigene Köpfe. Anschließend folgt der Rumpf des Log-Eintrags, wobei es auch hier wieder neben den Einträgen für DML-Operationen eine Vielzahl von weiteren, spezifischen Log-Einträgen (DDL-Operationen, Allokieren neuer Seiten, Backup, Load, Reorganisation, Propagierung von Log-Einträgen an die Replikationskomponente usw.) gibt.

Der vom Log Manager geschriebene Kopf enthält die Verwaltungs- und Verkettungsinformationen des Log-Eintrags. Dabei haben nur Commit-Einträge einen Zeitstempel. Die

Log-Einträge werden durch eine monoton wachsende Nummer, die LSN (Abschnitt 4.1.5), eindeutig identifiziert. Diese ist in DB2 als Byte-Offset bezüglich des Anfangs des Log realisiert, wobei die LSN des Log-Eintrags nicht mit in diesem gespeichert, sondern während der Verarbeitung berechnet wird. Die Log-Einträge einer Transaktion sind untereinander mit Hilfe der LSN rückwärts verkettet. Dabei wird kein separater Eintrag für den Beginn einer Transaktion geschrieben, sondern der erste Eintrag ist durch einen entsprechenden Zeiger auf Null gekennzeichnet. Eine Verkettung von Log-Einträgen außerhalb von Transaktionen erfolgt nicht, insbesondere existiert kein Verweis auf den vorhergehenden Log-Eintrag. Dies läßt Schlußfolgerungen über den verwendeten Undo-Algorithmus zu, wir werden darauf in Abschnitt 4.2 noch eingehen.

Als Log-Protokollierungstechnik ist offensichtlich eine Form des physiological Logging realisiert, wobei wesentliche Konzepte von ARIES [MHL⁺92] implementiert wurden. In Abschnitt 4.1.5 wurde erläutert, daß beim physiological Logging die veränderte Seite und der Satz innerhalb dieser Seite eindeutig identifiziert werden müssen. In DB2 wird ein bezüglich der Datenbank eindeutiger Table Space Identifikator vergeben. Innerhalb der Table Spaces werden wiederum die Tabellen eindeutig numeriert. Leider findet sich in der DB2-Dokumentation keine Erläuterung zum Aufbau des Record Identifier (RID), welcher in den Log-Einträgen zur Identifikation der Satzes verwendet wird. Durch entsprechende Experimente konnte festgestellt werden, daß sich der Record Identifier aus der relativen Seitennummer bezüglich der Tabelle und, wie üblich, der Slot-Nummer innerhalb der Seite zusammensetzt.[4] Dabei dürfen die Daten eines Satzes nicht größer als eine Seite sein. Für größere Datensätze, welche dann als Long Fields bzw. Large Objects (LOBs) definiert sein müssen, erfolgt eine separate Behandlung (für beide Typen gibt es spezielle Resource Manager).

Beim Abbruch einer Transaktion werden, wie in Abschnitt 4.1.5 beschrieben, Compensation Log Records geschrieben. Um das Wiederaufsetzen nach einem Fehler während des Abbruchs einer Transaktion zu erleichtern und keine Kompensationseinträge für CLRs schreiben zu müssen, wird ein entsprechender LSN-Verweis auf den nächsten zu kompensierenden Log-Eintrag im vom Log Manager geschriebenen Kopf gespeichert.

4.1.7.2   Archivierung von Log-Dateien

Das Log ist in *DB2 UDB* in Gestalt mehrerer Log-Dateien implementiert, deren Anzahl und Größe konfigurierbar sind, und ist linear organisiert (Abschnitt 4.1.2). Eine Log-Datei kann erst dann archiviert werden, wenn sie keine Einträge offener Transaktionen mehr enthält. Damit treten hier die in Abschnitt 4.1.2 diskutierten Probleme mit langen Transaktionen bzw. mit Transaktionen, die eine große Anzahl von Log-Einträgen schreiben, auf. Sobald nicht mehr genügend Speicherplatz für das Schreiben der Log-Einträge vorhanden ist und nicht archiviert werden kann, wird eine entsprechende Fehlermeldung an das Programm, welches die Transaktion initiiert hat, gesendet. Dort kann dann entschieden werden, ob ein (vorzeitiges) Commit der Transaktion ausgeführt werden soll und damit die bis zu diesem Zeitpunkt ausgeführten Operationen der Transaktion Bestand haben oder

---

[4]Beim Export der DB2-Log-Daten in das Format des DBMS-Prototyp (Abschnitt 3.3) werden Table Space ID und Table ID auf die im Prototyp verwendete FNumber abgebildet und der RID in seine Komponenten zerlegt und diese als PNumber bzw. RecordID übernommen (Tabelle 4.7).

ob die Transaktion abgebrochen und vom DBMS zurückgesetzt werden soll. Dabei stellt
sich die Frage, wohin die Kompensationseinträge beim Zurücksetzen geschrieben werden,
da der für das Log zur Verfügung stehende Speicherplatz ja eigentlich ausgeschöpft ist.
Hier konnte durch verschiedene Tests ermittelt werden, daß das System während des normalen Datenbankbetriebs den Platz ermittelt, der für potentielle Kompensationseinträge
noch offener Transaktionen benötigt wird. Die Fehlermeldung des nicht mehr ausreichen-
den Platzes erfolgt bereits dann, wenn der durch Log-Einträge genutzte Speicherplatz plus
der für ein Rücksetzen der offenen Transaktionen potentiell benötigte Platz die entsprechende Obergrenze erreicht hat. Damit ist sichergestellt, daß bei der Fehlerbehandlung der
Speicherplatz für das Schreiben der CLRs immer ausreicht und es nicht zu einem Systemstillstand kommt. Das Problem der langen Transaktionen wird allerdings dadurch trotzdem
nur unzureichend behandelt.

4.2 Reapply-Algorithmen

In diesem Abschnitt werden die Grundprinzipien verschiedener Klassen von Reapply-
Algorithmen dargestellt und deren Vor- und Nachteile diskutiert. Die Ausgangssituation ist
dabei im folgenden immer eine nach einem Externspeicherfehler mit Hilfe einer oder mehrerer Sicherungskopien wiederhergestellte Datenbank. Wir betrachten in diesem Abschnitt
den Fall, daß sich die Datenbank nach dem Restore in einem transaktionskonsistenten
Zustand befindet. Die Verfeinerung der Klassifikation für den nichttransaktionskonsisten-
ten Fall, wie er nach dem Restore einer online erstellten Sicherungskopie vorliegen kann,
wird in Kapitel 5.2 gegeben. Weiterhin wird bei der Darstellung zunächst von der Wiederherstellung der kompletten Datenbank in den letztgültigen transaktionskonsistenten
Zustand ausgegangen. Die Besonderheiten beim Anwenden von Log-Information nur auf
Teile der Datenbank und bei der Wiederherstellung in einen transaktionskonsistenten Zustand bezüglich eines beliebigen Zeitpunkts sowie weitere Recovery-Verfahren werden in
Abschnitt 4.3 betrachtet.

4.2.1 Reapply-Algorithmen mit Analysephase

Wie bereits in Abschnitt 4.1.1 diskutiert, müssen beim Reapply alle Änderungen erfolgreich
beendeter Transaktionen wiederholt werden. Im Prinzip ist es also weder notwendig, die
Veränderungen abgebrochener Transaktionen zu wiederholen noch müssen Log-Einträge
von zum Fehlerzeitpunkt noch offenen Transaktionen wiederholt werden. Dies führt zu einer ersten Verfahrensklasse, bei der genau dieses Prinzip realisiert wird. Es werden also nur
die Log-Einträge erfolgreich beendeter Transaktionen angewandt.[5] Um beim Lesen der Log-
Einträge zu wissen, ob die korrespondierende Transaktion erfolgreich beendet, abgebrochen
oder noch offen ist, muß zunächst ein Analyselauf durchgeführt werden. Dabei wird eine Liste der abgebrochenen und offenen Transaktionen erstellt, und deren Log-Einträge werden

---

[5]Ein solches *selektives Redo* darf bei der Verwendung von Satzsperren nicht für die Recovery nach
einem Systemfehler verwendet werden, da dies zu inkorrekten Datenbankzuständen führen kann [MHL+92].
Die dort beschriebenen Probleme betreffen allerdings nur die Recovery im Fall eines Systemfehlers, bei
der Wiederherstellung nach einem Externspeicherfehler ausgehend von einem transaktionskonsistenten
Datenbankzustand treten sie nicht auf (siehe aber auch Kapitel 5.2).

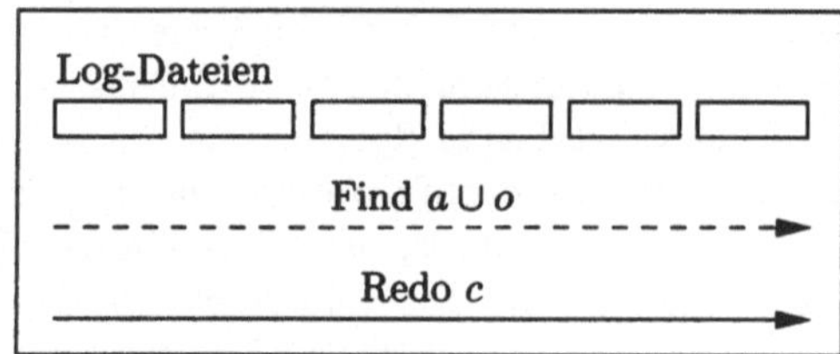

Abbildung 4.1: Reapply-Algorithmen mit Analysephase: Prinzip

in der anschließenden Redo-Phase nicht angewandt. In der konkreten Ausprägung eines Verfahrens dieser Klasse wird in der Redo-Phase die Log-Information abhängig vom Typ der protokollierten Log-Information angewandt. *Abbildung 4.1* veranschaulicht das Prinzip dieser Verfahrensklasse. Dabei werden die Symbole a, c, o für die Mengen der abgebrochenen, erfolgreich beendeten bzw. offenen Transaktionen verwendet. Der Analyselauf ist in dieser und den nachfolgenden Abbildungen durch eine unterbrochene Linie dargestellt.

Der Vorteil dieser Verfahrensklasse ist, daß die Menge der anzuwendenden Log-Information minimal ist, da ausschließlich die unbedingt notwendige Information angewandt wird. Außerdem wird für das Reapply keine Undo-Information in den Log-Einträgen benötigt. Damit würde für diese Verfahrensklasse der entsprechende Eintrag in Tabelle 4.4 auf Seite 72 entfallen.

Allerdings muß bei den Verfahren dieser Klasse stets eine Analysephase durchgeführt werden. Eine ungünstige Vorgehensweise wäre dabei, einen kompletten Analyselauf durch das gesamte Log durchzuführen, wie in Abbildung 4.1 dargestellt. Das Problem hierbei ist, daß das Log i. allg. nicht komplett in den Sekundärspeicher paßt (siehe Abschnitt 4.1.2) und bei einer strikten Hintereinanderausführung von Analysephase und Redo-Phase in der Analysephase die bereits vom Tertiärspeicher eingelesenen Log-Dateien durch neuere Log-Dateien wieder überschrieben werden und in der Redo-Phase die ersten Log-Dateien erneut vom Tertiärspeicher eingelesen werden müßten. Aus diesem Grund ist eine Realisierung derart, daß Analyse und Redo jeweils nur bezüglich einer bestimmten Menge von Log-Dateien durchgeführt werden, sinnvoll. Dieses Vorgehen ist in *Abbildung 4.2* dargestellt. Dabei beziehen sich die Mengenangaben der Transaktionen jeweils nur auf den entsprechenden, gerade betrachteten Bereich. Als Grenzen für diese Bereiche kommen Abschnitte des Log in Frage, die alle Log-Einträge der in diesem Bereich aktiven Transaktionen vollständig enthalten. Es kann allerdings sehr schwierig sein, das Log in solche Abschnitte zu unterteilen, insbesondere, wenn die Transaktionslaufzeiten relativ lang sind. Dieses Problem haben wird bereits in Abschnitt 4.1.2 im Kontext der Archivierung von Log-Information diskutiert. Auch bei der bereichsweisen Vorgehensweise beim Reapply kann es durch lange Transaktionen im ungünstigsten Fall dazu kommen, daß bereits vom Tertiärspeicher eingelesene Log-Dateien aus Speicherplatzgründen wieder überschrieben werden müssen und beim eigentlichen Anwenden der Log-Information erneut vom Tertiärspeicher eingelesen werden müssen.

Ein generelles Problem dieser Verfahrensklasse, unabhängig von der Realisierungsform, ist, daß das Ergebnis eines Redo einer Aktion gefolgt von einem Undo dieser Aktion nicht notwendigerweise das exakt gleiche Ergebnis auf der Datenbank liefert im Vergleich zum

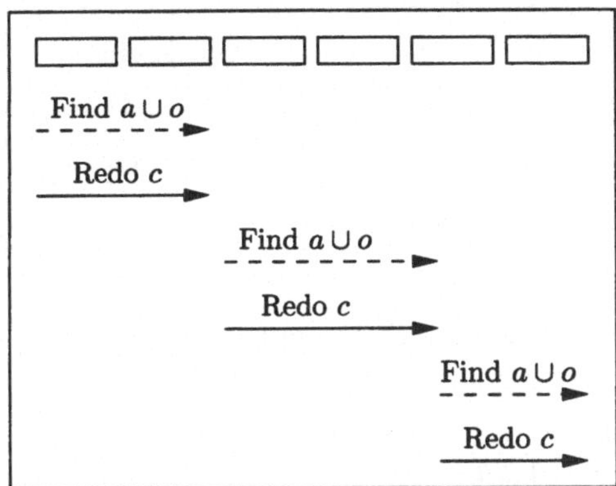

Abbildung 4.2: Reapply-Algorithmen mit Analysephase: effiziente Realisierungsvariante

Ignorieren dieser Log-Einträge. So darf z. B. bei der Verwendung von Satzsperren das Allokieren einer Seite beim Undo nicht wieder rückgängig gemacht werden, da bereits andere Transaktionen in diese Seite Daten eingefügt haben können [MHL+92]. Angenommen, in aufeinanderfolgenden Log-Einträgen wird von einer Transaktion eine neue Seite allokiert und ein Datensatz in diese neue Seite eingefügt, danach ein Datensatz von einer anderen Transaktion in diese Seite eingefügt und anschließend die erste Transaktion abgebrochen und der Datensatz wieder aus der Seite gelöscht. Werden beim Reapply alle Aktionen der ersten Transaktion ignoriert, da diese ja abgebrochen wurde, so muß der Redo-Algorithmus beim Lesen und Anwenden des Log-Eintrags der zweiten Transaktion erkennen, daß die entsprechende Seite noch allokiert werden muß. Noch kompliziertere Situationen ergeben sich beim Logging von Indexveränderungen und den entsprechenden Seitensplittaktionen [ML89]. Das Ignorieren von Log-Einträgen, d. h. das selektive Redo, verkompliziert also den Reapply-Algorithmus und macht ihn damit auch fehleranfälliger.

Da der Anteil abgebrochener Transaktionen typischerweise sehr gering ist (ca. 3 Prozent [GMB+81]), erscheint außerdem der Analyseaufwand für die Einsparung des Anwendens der Log-Einträge abgebrochener Transaktionen unverhältnismäßig groß. Deshalb wird in der zweiten vorgestellten Verfahrensklasse die Analyse nur bezüglich offener Transaktionen durchgeführt.

4.2.2   Reapply-Algorithmen mit verkürzter Analysephase

Müssen nur die offenen Transaktionen ermittelt werden, so genügt es, die Analyse ab dem letzten Checkpoint[6] durchzuführen, da beim Schreiben eines Checkpoints die offenen Transaktionen im Log verzeichnet werden. Diese werden in die Liste der offenen Transaktionen aufgenommen. Danach wird das Log bis zum Ende analysiert, und dabei werden die Transaktionen, welche nach dem letzten Checkpoint gestartet wurden und zum Fehlerzeitpunkt noch offen waren, ergänzt. Transaktionen die zum Zeitpunkt des letzten Checkpoints offen waren und danach erfolgreich beendet oder abgebrochen wurden, werden wieder aus der

---

[6]Der Typ des Checkpoints ist hier nicht von Bedeutung.

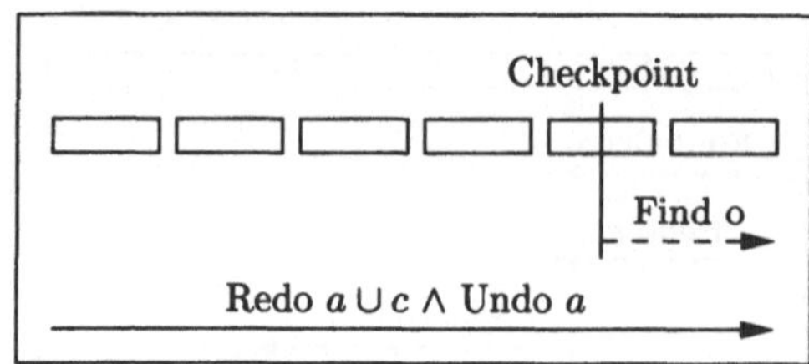

Abbildung 4.3: Reapply-Algorithmen mit verkürzter Analysephase: Prinzip

Liste entfernt. Es ist auch möglich, das Log rückwärts vom letzten Log-Eintrag bis zum letzten Checkpoint zu durchlaufen und die Liste der offenen Transaktionen aufzubauen. Welche Vorgehensweise gewählt wird, ist vom genauen Aufbau des Log und der Struktur und insbesondere der Verkettung der Log-Einträge untereinander abhängig. Da in beiden Fällen in der Analysephase nur der Bereich vom letzten Checkpoint bis zum Ende des Log gelesen werden muß, wird die Analysephase gegenüber dem oben beschriebenen Vorgehen deutlich verkürzt.

Abbildung 4.3 veranschaulicht das Prinzip dieser Verfahrensklasse. In der Redo-Phase werden sowohl die Log-Einträge erfolgreich beendeter als auch die abgebrochener Transaktionen angewandt, während die von offenen Transaktionen ignoriert werden. Die Log-Einträge abgebrochener Transaktionen werden also zunächst angewandt und später wieder zurückgesetzt (Undo). Das Rücksetzen der abgebrochenen Transaktionen geschieht mit Hilfe von CLRs (Abschnitt 4.1.5), falls diese geschrieben werden, oder unter Nutzung der in den Log-Einträgen protokollierten Undo-Information. In letzterem Fall ist also Undo-Information mindestens für die abgebrochenen Transaktionen notwendig. Außerdem kann das Log in diesem Fall nicht mehr stets sequentiell vorwärts gelesen werden, sondern muß teilweise rückwärts gelesen werden, um die Undo-Information zu erhalten. Auch hier kann es wieder zu Problemen mit langen Transaktionen kommen, weshalb eine Realisierung mit CLRs zu bevorzugen ist.

Das Problem des wiederholten Einlesens von Log-Dateien ist mit dieser Vorgehensweise gelöst. Allerdings bleibt die Verkomplizierung des Reapply-Algorithmus durch die Tatsache, daß das Ignorieren von Log-Einträgen nicht immer das exakt gleiche Ergebnis auf der Datenbank liefert wie das Redo einer Aktion gefolgt von einem Undo. Folglich werden wir eine dritte Verfahrensklasse beschreiben, bei der keine Log-Einträge ignoriert werden und bei der außerdem völlig auf eine Analysephase verzichtet werden kann.

4.2.3 Reapply-Algorithmen ohne Analysephase

Wie in *Abbildung 4.4* dargestellt, werden bei dieser Verfahrensklasse beim Redo *alle* Log-Einträge angewandt und damit alle Transaktionen unabhängig von ihrem Status wiederholt. Man hätte als Unterscheidungskriterium statt der Frage, ob eine Analysephase notwendig ist oder nicht, also auch das Kriterium, ob ein selektives oder ein vollständiges Redo durchgeführt wird, benutzen können. Bezüglich des Rücksetzens abgebrochener Transaktionen in der Redo-Phase und der dafür benötigten Undo-Information gilt das gleiche, wie für die im vorigen Abschnitt erläuterten Verfahren mit verkürzter Analysephase. Nach dem

Abbildung 4.4: Reapply-Algorithmen ohne Analysephase: Prinzip

Redo erfolgt in der Undo-Phase das Rücksetzen der noch offenen Transaktionen, wobei hierfür entsprechende Undo-Information im Log benötigt wird. Die Transaktionsliste mit den noch offenen Transaktionen kann in der Redo-Phase erstellt werden.

Eine solche Vorgehensweise des vollständigen Wiederholens aller Aktionen (*repeating history*) wird auch in [MHL$^+$92] vorgeschlagen. Dort wird zwar zuerst konzeptuell in Analyse-, Redo- und Undo-Phase unterschieden, aber auch gleichzeitig erwähnt, daß keine Notwendigkeit besteht, einen separaten Analyselauf durchzuführen, da die benötigte Transaktionsliste der offenen Transaktionen ebensogut während der Redo-Phase ermittelt werden kann. Durch das vollständige Wiederholen aller Aktionen erhält man einfache und damit robuste, d. h. wenig fehleranfällige Reapply-Algorithmen.

Ein interessantes Implementierungsdetail dieser Verfahrensklasse ist die Vorgehensweise beim Undo der offenen Transaktionen. Im folgenden werden wir drei verschiedene Möglichkeiten hierfür beschreiben.

Sequentielles Undo

Eine erste Variante ist das sequentielle Rückwärtslesen des Log. Dabei wird jeder Log-Eintrag überprüft, ob er zu einer offenen Transaktion gehört und in diesem Fall die korrespondierende Veränderung in der Datenbank mit Hilfe der Undo-Information zurückgesetzt. Wenn der erste Log-Eintrag einer offenen Transaktion erreicht ist, wird diese Transaktion aus der Transaktionsliste der offenen Transaktionen gestrichen. Der erste Log-Eintrag wird dadurch identifiziert, daß sein Verweis auf den vorhergehenden Log-Eintrag dieser Transaktion (`Tran_PrevLSN`, Abschnitt 4.1.6) ein Null-Zeiger ist. Die Undo-Phase ist dann beendet, wenn die letzte offene Transaktion aus der Transaktionsliste gestrichen wurde.

Der Vorteil dieser Lösung ist, daß das Log während der Undo-Phase nur genau einmal durchlaufen werden muß. Nachteilig ist aber, daß alle Log-Einträge im Bereich vom ersten Log-Eintrag einer offenen Transaktion bis zum Ende des Log gelesen werden müssen. Dabei werden typischerweise eine Vielzahl von Log-Einträgen von bereits beendeten Transaktionen unnötigerweise gelesen. Schon bei einer einzigen langen, noch offenen Transaktion kann dieser komplett zu lesende Bereich des Log sehr groß werden.

Transaktionsbezogenes Undo

Um keine nicht benötigten Log-Einträge zu lesen, wäre eine erste Alternative das transaktionsbezogene Rücksetzen. Die offenen Transaktionen werden aus der Transaktionsliste

ermittelt und jede Transaktion nacheinander separat zurückgesetzt. Der nächste zurückzu-
setzende Log-Eintrag einer Transaktion kann dabei mit Hilfe der `Tran_PrevLSN` ermittelt
werden, d. h., es wird entlang dieser Einträge traversiert. Dieses transaktionsbezogene Undo
erzeugt aufgrund der Isolationseigenschaft von ACID-Transaktionen (Kapitel 2.2) einen
korrekten Zustand auf der Datenbank.

Bei dieser Vorgehensweise werden nur die wirklich benötigten Log-Einträge gelesen. Allerdings muß das Log aufgrund des separaten Rücksetzens jeder einzelnen Transaktion
mehrfach durchlaufen werden. Außerdem reicht bei langen Transaktionen möglicherweise
der Speicherplatz nicht aus, um alle benötigten Log-Dateien während der gesamten Undo-
Phase verfügbar zu halten, und es ist ein erneutes Einlesen notwendig.

Maximumbildendes Undo

Um den Vorteil des einmaligen Durchlaufens des Log zu nutzen und trotzdem nur die
benötigten Log-Einträge zu lesen, kann das maximumbildende Undo verwendet werden,
wie es auch in [MHL+92] beschrieben wird. Für jede offene Transaktion wird die aktuelle
`Tran_PrevLSN` gespeichert und das Maximum über diese gebildet. Der diesem Maximum
entsprechende Log-Eintrag wird als nächster zurückgesetzt und der `Tran_PrevLSN`-Wert der
korrespondierenden Transaktion aktualisiert und das neue Maximum ermittelt. Aufgrund
der Monotonieeigenschaft der LSN wird so das Log nur genau einmal durchlaufen und es
werden nur die Log-Einträge der offenen Transaktionen gelesen.

In Abschnitt 4.1.7 haben wir beschrieben, daß in *DB2 UDB* keine Verkettung von Log-
Einträgen außerhalb von Transaktionen erfolgt, insbesondere existiert kein Verweis auf
den vorhergehenden Log-Eintrag. Daraus läßt sich vermuten, daß ein Undo-Algorithmus
ähnlich dem hier beschriebenen verwendet wird.

4.3   Recovery-Verfahren

In diesem Abschnitt wird, ausgehend von den im vorigen Abschnitt dargestellten prinzipiellen Vorgehensweisen beim Reapply, auf Besonderheiten bei den verschiedenen in Kapitel 2.4
eingeführten Recovery-Verfahren eingegangen.

4.3.1   Point-In-Time-Recovery

Bei der Darstellung der Reapply-Algorithmen im vorigen Abschnitt wurde die Wiederherstellung bis zum Zeitpunkt des Auftretens des Externspeicherfehlers beschrieben. In
Kapitel 1.3 wurde motiviert, daß aufgrund von Benutzer- oder Softwarefehlern aber auch
die Anforderung bestehen kann, die Datenbank in den Zustand, wie er vor dem Auftreten eines solchen Fehlers vorlag, wiederherzustellen. Diese Wiederherstellung einer Datenbank in einen transaktionskonsistenten Zustand bezüglich eines bestimmten, spezifizierbaren Zeitpunkts haben wir in Abschnitt 2.4 als Point-In-Time-Recovery definiert. In
diesem Abschnitt soll diskutiert werden, wie mit den verschiedenen vorgestellten Reapply-
Algorithmen eine Point-In-Time-Recovery ausgeführt werden kann.

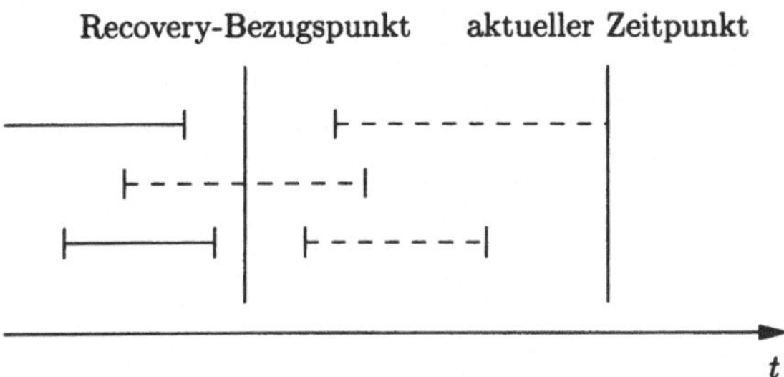

Abbildung 4.5: Point-In-Time-Recovery: Szenario

Für den Zeitpunkt bezüglich dessen die Datenbank wiederhergestellt werden soll, verwenden wir im folgenden den Begriff *Recovery-Bezugspunkt*. Bei der Point-In-Time-Recovery muß sichergestellt werden, daß alle Transaktionen, die vor dem Recovery-Bezugspunkt beendet wurden, vollständig in der Datenbank repräsentiert sind. Außerdem dürfen keine Veränderungen von Transaktionen, die zu diesem Zeitpunkt noch nicht beendet waren, in der Datenbank enthalten sein. Diese Transaktionen sind in *Abbildung 4.5* durch unterbrochene Linien dargestellt. Im Log wird der Recovery-Bezugspunkt durch den letzten Log-Eintrag repräsentiert, dessen Zeitstempel kleiner oder gleich dem Recovery-Bezugspunkt ist.

Point-In-Time-Recovery kann entweder als *forward recovery* oder als *backward recovery* implementiert werden. Bei der *forward recovery* erfolgt die Wiederherstellung ausgehend von Sicherungskopien, während die *backward recovery* ausgehend vom aktuellen Datenbankzustand ausgeführt wird.

Wir diskutieren zunächst die Möglichkeiten der *forward recovery*. Nach dem Restore der Datenbank muß ein Reapply von Log-Einträgen ausgeführt werden. Dabei können die Reapply-Algorithmen, bei denen das komplette Log analysiert wird (Abschnitt 4.2.1), unverändert verwendet werden, wobei die Analysephase und natürlich auch der Redo-Lauf jetzt nur bis zum Recovery-Bezugspunkt durchgeführt werden. Für die Algorithmen mit verkürzter Analysephase (Abschnitt 4.2.2) wird die Analyse jetzt vom letzten Checkpoint vor dem Recovery-Bezugspunkt bis zum Recovery-Bezugspunkt durchgeführt.

Bei den Algorithmen ohne Analysephase (Abschnitt 4.2.3) wird das Redo jetzt nur bis zum Recovery-Bezugspunkt ausgeführt und die Liste der offenen Transaktionen bezüglich dieses Zeitpunkts erstellt. Der Undo-Lauf startet dann ebenfalls am Recovery-Bezugspunkt. Algorithmisch muß also auch hier nichts verändert werden. Allerdings wird im Undo-Lauf zum Rücksetzen Undo-Information für alle zum Recovery-Bezugspunkt noch aktiven Transaktionen benötigt, da deren Log-Einträge bis zu diesem Zeitpunkt in der Redo-Phase angewandt wurden. Da der Recovery-Bezugspunkt beliebig spezifizierbar, also frei wählbar ist, muß für diese Verfahrensklasse Undo-Information im Log prinzipiell für alle Transaktionen protokolliert werden. In Abschnitt 4.2.3 wurden die Vorteile dieser Verfahrensklasse erläutert. Um diese nutzen zu können und trotzdem nicht auf die Möglichkeit einer Point-In-Time-Recovery zu verzichten, sollte folglich auch im Log für die Externspeicherfehlerbehandlung Undo-Information protokolliert bzw. aus den in Abschnitt 4.1.1 genannten Gründen ein gemeinsames Log mit Redo- und Undo-Information für alle drei Fehlerarten geführt

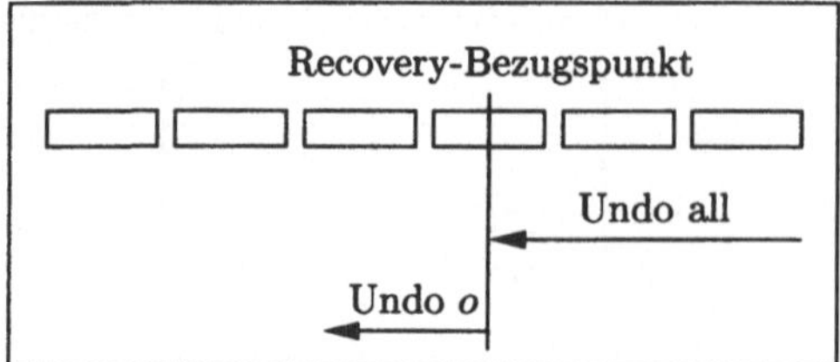

Abbildung 4.6: Point-In-Time-Recovery: *backward recovery*

werden (siehe auch Tabelle 4.4 auf Seite 72). Wir werden in Abschnitt 4.4 außerdem sehen, daß für die Performance des Reapply nicht die Menge der zu lesenden Log-Information, sondern die Zeit für das Anwenden der Log-Einträge entscheidend ist, so daß der Mehraufwand des Mitführens der Undo-Information unter Performance-Gesichtspunkten unkritisch ist.

Die Point-In-Time-Recovery wird von verschiedenen kommerziellen DBMS unterstützt (siehe Tabelle 2.2 auf Seite 36). Allerdings unterstützen nicht alle Systeme eine Recovery bezüglich eines beliebigen Zeitpunkts, teilweise wird nur eine Recovery bezüglich eines Checkpoints oder bezüglich des Endes einer Log-Datei unterstützt. Unabhängig davon realisieren aber alle Systeme die Point-In-Time-Recovery als *forward recovery*. Gerade für große Datenbanken erscheint aber die zusätzliche Möglichkeit einer *backward recovery* aus Performance-Gesichtspunkten sehr interessant. Wenn das Auftreten eines logischen Fehlers relativ schnell bemerkt wird, ist der Aufwand, zunächst eine Sicherungskopie der Datenbank oder der betroffenen Teile der Datenbank vom Tertiärspeicher wiedereinzuspielen und danach ein Reapply auszuführen, sehr groß. Bei einer Implementierung als *backward recovery* geht man hingegen vom aktuellen Datenbankzustand aus und setzt alle Veränderungen von Transaktionen zurück, deren Transaktionsende nach dem Recovery-Bezugspunkt liegt oder die noch nicht beendet sind. Dies sind wiederum die in Abbildung 4.5 durch unterbrochene Linien dargestellten Transaktionen.

Eine mögliche Realisierungsvariante ist, das Log rückwärts zu lesen und ein Undo aller Log-Einträge bis zum Recovery-Bezugspunkt auszuführen. Dabei kann eine Transaktionsliste mit dem Status der Transaktionen aufgebaut werden, so daß am Recovery-Bezugspunkt bekannt ist, welche Transaktionen zu diesem Zeitpunkt noch aktiv waren. Die vor dem Recovery-Bezugspunkt geschriebenen Log-Einträge dieser Transaktionen müssen danach ebenfalls noch zurückgesetzt werden. *Abbildung 4.6* veranschaulicht dieses Vorgehen. Dabei bezieht sich die Transaktionsmengenbezeichnung *o* in diesem Fall auf die zum Recovery-Bezugspunkt aktiven Transaktionen.

Auch bei diesem Vorgehen wird wieder Undo-Information im Log benötigt und zwar in diesem Fall für alle Transaktionen, die zum oder nach dem Recovery-Bezugspunkt aktiv waren. Damit ergibt sich ein weiteres Argument für die Protokollierung von Redo- und Undo-Information in einem gemeinsamen Log. Wir werden auf diesen Aspekt auch nochmals in Abschnitt 4.5 bei der Diskussion von Möglichkeiten zur Nachbehandlung des Log zurückkommen.

4.3.2 Partielle Recovery

In Kapitel 2.4 wurde erläutert, daß es aus Performance-Gründen sinnvoll sein kann, nur einen Teil der Datenbank wiederherzustellen. Dies ist beispielsweise dann der Fall, wenn nur ein Teil der Externspeicher von einem Fehler betroffen ist oder ein logischer Fehler, der sich auf einen abgegrenzten Bereich der Datenbank bezieht, vorliegt. Dabei wurde die partielle Recovery als die Wiederherstellung von Teilen der Datenbank definiert und erläutert, daß sowohl logische als auch physische Granulate der Recovery möglich sind. Als kleinstes Granulat sollen dabei einzelne Datenbankseiten unterstützt werden. In diesem Abschnitt wird diskutiert, ob eine solche partielle Recovery mit den in den Abschnitten 4.1 und 4.2 vorgestellten Log-Protokollierungstechniken und Reapply-Algorithmen möglich ist bzw. wie die Algorithmen modifiziert werden müssen.

Im folgenden wird der wiederherzustellende Teil der Datenbank **DB** als $\mathbf{P(DB)_{rec}}$ und die übrigen, nicht wiederherzustellenden Teile der Datenbank mit $\mathbf{P(DB)_{\neg rec}}$ bezeichnet. In dieser allgemeinen Definition sind sowohl physische als auch logische Granulate, also alle in Abbildung 2.1 auf Seite 22 aufgeführten logischen und physischen Struktureinheiten einer Datenbank, sowie zusätzlich Datenbankseiten bzw. Mengen von Datenbankseiten zugelassen. Dabei impliziert die Wahl des Granulats für $P(DB)_{rec}$ das Granulat von $P(DB)_{\neg rec}$.

$P(DB)_{\neg rec}$ befindet sich typischerweise in einem aktuellen, transaktionskonsistenten Zustand. Durch die Recovery muß $P(DB)_{rec}$ mit Hilfe von Sicherungskopien und Log-Information in den letztgültigen transaktionskonsistenten Zustand gebracht werden. Die Recovery muß also vollständig bezüglich $P(DB)_{rec}$ sein:

> Eine partielle Recovery ist *vollständig* bezüglich eines wiederherzustellenden Teils der Datenbank $P(DB)_{rec}$, wenn sich $P(DB)_{rec}$ nach Abschluß der Recovery im letztgültigen transaktionskonsistenten Zustand befindet.

Außerdem muß sichergestellt werden, daß der aktuelle Zustand von $P(DB)_{\neg rec}$ nicht verändert wird. Weiterhin darf für die Wiederherstellung von $P(DB)_{rec}$ keine Information aus $P(DB)_{\neg rec}$ verwendet werden, da sich $P(DB)_{rec}$ nach dem Restore in einem zeitlich völlig anderen Zustand als $P(DB)_{\neg rec}$ befindet und über die Gültigkeit der Daten in $P(DB)_{\neg rec}$ zu einem früheren Zeitpunkt nichts ausgesagt werden kann. Die Recovery muß also abgeschlossen bezüglich $P(DB)_{rec}$ sein:

> Eine partielle Recovery ist *abgeschlossen* bezüglich eines $P(DB)_{rec}$, wenn
>
> 1. die Wiederherstellung von $P(DB)_{rec}$ keine Veränderungen in $P(DB)_{\neg rec}$ initiiert und
>
> 2. für die Wiederherstellung von $P(DB)_{rec}$ keine Daten aus $P(DB)_{\neg rec}$ verwendet werden.

Um diesen beiden Forderungen zu genügen, muß zunächst ein Restore von $P(DB)_{rec}$ ausgeführt werden. Dazu müssen entweder Sicherungskopien des korrespondierenden Granulats eingespielt oder die entsprechenden Datenbankseiten aus Sicherungskopien mit einem größeren Granulat extrahiert werden (selektive Recovery). Damit dies möglich ist, müssen die entsprechenden Strukturinformationen bereits beim Backup mit in der Sicherungskopie abgelegt werden. Wenn eine einzelne Datenbankseite oder Mengen von Datenbankseiten wiederhergestellt werden sollen, dann muß die Sicherungskopie nach den entsprechenden Seiten durchsucht werden.

Für das Reapply stellt sich die Frage, welche Konsequenzen die beiden aufgestellten Forderungen für die Log-Information haben. Es muß bereits vor dem Anwenden eines Log-Eintrags ermittelbar sein,

- welcher Teil der Datenbank von einem Log-Eintrag verändert wird und

- aus welchem Teil der Datenbank beim Anwenden des Log-Eintrags Informationen benutzt werden.

Ist die erste Forderung erfüllt, so kann sowohl die Bedingung der Vollständigkeit als auch Punkt 1 der Abgeschlossenheitsbedingung bezüglich $P(DB)_{rec}$ überprüft werden. Die zweite Forderung bezüglich der Log-Einträge gewährleistet die Überprüfbarkeit von Punkt 2 der Abgeschlossenheitsbedingung. Es kann hier natürlich noch nicht von Erfüllbarkeit, sondern nur von Überprüfbarkeit gesprochen werden. Wir werden im folgenden die Überprüfbarkeit und Erfüllbarkeit dieser Forderungen für die in Abschnitt 4.1 eingeführten Log-Protokollierungstechniken diskutieren.

Wie in Abschnitt 4.1.4 beschrieben, kann beim logischen Logging jeder Log-Eintrag eine Vielzahl von Änderungsoperationen auf verschiedenen Datenbankseiten bzw. in verschiedenen Tabellen generieren. Insbesondere können die betroffenen Datenbankobjekte nicht aus dem Log-Eintrag im voraus ermittelt werden. Deshalb kann für Log-Einträge beim logischen Logging i. allg. nicht bestimmt werden, welchen Teil der Datenbank sie verändern, und damit sind die oben aufgestellten Forderungen für diese Protokollierungstechnik nicht überprüfbar und folglich ist i. allg. keine partielle Recovery möglich. Man kann sich allerdings Modifikationen dieser Protokollierungstechnik überlegen, welche eine partielle Recovery zumindest auf Tabellenebene ermöglichen. Aufgrund der schon erläuterten Nachteile dieser Protokollierungstechnik (Abschnitt 4.1.4) und ihrer geringen praktischen Relevanz soll dies hier aber nicht weiter diskutiert werden.

In den Abschnitten 4.1.3 und 4.1.5 wurde erläutert, daß beim physischen und physiological Logging jeder Log-Eintrag die Veränderung genau einer Seite beschreibt. Beim Anwenden eines solchen Log-Eintrags wird außerdem keine Information aus anderen Datenbankseiten benötigt. Log-Einträge beim physischen und physiological Logging sind also abgeschlossen bezüglich einer Datenbankseite. Da für $P(DB)_{rec}$ als kleinstes mögliches Granulat Datenbankseiten zugelassen wurden, sind damit die Forderungen nach Vollständigkeit und Abgeschlossenheit der Recovery bezüglich eines $P(DB)_{rec}$ für diese Protokollierungstechniken überprüfbar und erfüllbar. Algorithmisch bedeutet dies, daß die gleiche Vorgehensweise wie bei den in Abschnitt 4.2 beschriebenen Reapply-Algorithmen gewählt werden kann, aber hierbei nur die zu den Datenbankseiten von $P(DB)_{rec}$ korrespondierenden Log-Einträge angewandt werden. Bei Verwendung dieser Log-Protokollierungstechniken kann also eine partielle Recovery bis hin zum Granulat einer einzelnen Datenbankseite durchgeführt werden. Eine solche feingranulare Wiederherstellung wird, soweit uns bekannt, bislang allerdings nur von *DB2 for OS/390* unterstützt.

Durch eine solche partielle Wiederherstellung reduziert sich sowohl die Zeit für das Restore als auch die für das Reapply deutlich. Es ist aber zu bemerken, daß bei einem sehr kleinen Wiederherstellungsgranulat eine Vielzahl von Log-Einträgen unnötigerweise gelesen werden muß, nämlich alle zu $P(DB)_{\neg rec}$ korrespondierenden. Dadurch kann sich der Performance-Gewinn reduzieren. In Abschnitt 4.5 wird das Log-Clustering-Verfahren

LogSplit vorgestellt, dessen originäres Ziel die Verbesserung der Performance des Reapply ist. Gleichzeitig kann der Einsatz dieses Verfahrens aber auch bei einer partiellen Recovery das unnötige Lesen von Log-Einträgen vermeiden bzw. reduzieren. Dies wird in Abschnitt 4.5.4.1 noch genauer diskutiert.

4.3.3 Online-Recovery

In Kapitel 2.4 wurde definiert, daß eine Online-Recovery dann vorliegt, wenn während der Recovery auf nicht von der Wiederherstellung betroffene oder bereits wiederhergestellte Teile der Datenbank schreibend zugegriffen werden kann.

Falls Teile der Datenbank nicht von der Wiederherstellung betroffen sind, handelt es sich um eine partielle Recovery. Für eine solche Recovery wurde im vorigen Abschnitt erläutert, daß diese bezüglich des wiederherzustellenden Teils der Datenbank $P(DB)_{rec}$ vollständig und abgeschlossen sein muß. Dabei besagte die Abgeschlossenheitsforderung, daß die Wiederherstellung von $P(DB)_{rec}$ keine Veränderungen in $P(DB)_{\neg rec}$ initiieren und für die Wiederherstellung von $P(DB)_{rec}$ keine Daten aus $P(DB)_{\neg rec}$ verwendet werden dürfen. Damit ist klar, daß es möglich ist, während der Zeit der Wiederherstellung von $P(DB)_{rec}$ auf $P(DB)_{\neg rec}$ Transaktionen auszuführen, falls diese weder lesend noch schreiben auf $P(DB)_{rec}$ zugreifen. Der lesende Zugriff muß verboten werden, da sich die Daten in $P(DB)_{rec}$ in einem anderen zeitlichen Zustand als die in $P(DB)_{\neg rec}$ befinden. Daß ein schreibender Zugriff nicht erlaubt sein kann, ist auch offensichtlich, da die Daten in $P(DB)_{rec}$ ja noch durch den Recovery-Prozeß verändert werden.

Man könnte auf die Idee kommen, die Schreiboperationen auf $P(DB)_{rec}$ nicht sofort auszuführen, sondern nur im Log zu protokollieren und erst später, d. h. nach der Beendigung der Wiederherstellung von $P(DB)_{rec}$, mit Hilfe des Log auszuführen. Solange $P(DB)_{rec}$ noch wiederhergestellt wird, können aber keinerlei Integritätsprüfungen auf $P(DB)_{rec}$ ausgeführt werden und dadurch vom DBMS keine Garantien für eine spätere erfolgreiche Ausführung der Operationen gegeben werden. Die an den Benutzer gemeldete erfolgreiche Beendigung der Transaktion könnte also nicht wirklich garantiert werden. Soll das ACID-Prinzip von Transaktionen beibehalten werden, erscheint ein solcher Ansatz also nicht sinnvoll.

Zusammenfassend ist zu sagen, daß eine partielle Recovery als Online-Recovery ausgeführt werden kann, wobei nur solche Transaktionen ausgeführt werden dürfen, die weder lesend noch schreibend auf den von der Wiederherstellung betroffenen Teil der Datenbank zugreifen. Transaktionen, die diese Eigenschaft erfüllen, können sowohl lesend als auch schreibend auf $P(DB)_{\neg rec}$ zugreifen.

Diese Form der Online-Recovery wird von einigen kommerziellen Systemen bereits unterstützt (Tabelle 2.2 auf Seite 36). Nicht unterstützt wird sie hingegen im Fall einer kompletten Wiederherstellung. Die Idee einer Online-Recovery im Falle einer kompletten Recovery mag zunächst ein wenig überraschen. Es wäre aber vorstellbar, daß eine solche komplette Wiederherstellung so ausgeführt wird, daß wichtige, schnell wieder benötigte Teile der Datenbank zuerst wiederhergestellt und nach Beendigung ihrer Wiederherstellung sofort wieder verfügbar gemacht werden. Es besteht natürlich die Möglichkeit, dies durch eine Folge von vom Administrator initiierten partiellen Wiederherstellungen zu realisieren. Dies ist aber zum einen relativ aufwendig und außerdem fehleranfällig, da die Verantwortung der vollständigen Wiederherstellung dem Administrator übertragen wird.

Interessanter erscheint es, eine komplette Wiederherstellung zu initiieren und dem DBMS
diejenigen Tabellen oder Table Spaces als Parameter zu übergeben, welche bevorzugt, d. h.
besonders schnell, wiederhergestellt werden sollen. Intern könnte das DBMS dies dann als
eine partielle Recovery der entsprechenden Teile der Datenbank und einer anschließenden Wiederherstellung der übrigen Teile der Datenbank realisieren. Sobald ein bestimmter Teil der Datenbank (Tabelle, Table Space) wiederhergestellt ist, kann das DBMS den
Transaktionsbetrieb auf diesem Teil wieder freigeben. Aus Performance-Gesichtspunkten
sehr problematisch ist dabei aber die Tatsache, daß das Log mehrfach gelesen werden
muß; zunächst für die partielle Wiederherstellung und danach nochmals für den Rest der
Datenbank. Dies gilt natürlich ebenso für die oben beschriebene Folge der vom Administrator initiierten partiellen Wiederherstellungen. Da das Log i. allg. nicht komplett in
den Sekundärspeicher paßt (Abschnitt 4.1.2), würden bei der ersten Wiederherstellung
die bereits vom Archivierungsmedium eingelesenen Log-Dateien durch neuere Log-Dateien
wieder überschrieben und müßten für die zweite oder folgende Wiederherstellungen erneut
eingelesen werden, was bei der Verwendung von Tertiärspeichern als Archivierungsmedium
sehr ineffizient ist. Der Ansatz des bereits erwähnten Log-Clustering-Verfahrens LogSplit,
welches in Abschnitt 4.5 vorgestellt wird, bietet auch hier eine Möglichkeit zur effizien-
teren Realisierung dieser Form des Online-Recovery. Erläuterungen hierzu finden sich in
Abschnitt 4.5.4.2.

4.4   Leistungsuntersuchungen

In diesem Abschnitt werden Leistungsuntersuchungen zu Reapply-Algorithmen vorgestellt.
Es werden verschiedene Protokollierungstechniken und unterschiedliche Implementierungsmöglichkeiten des Reapply modelliert und untersucht. Ziel ist es, die für die Performance
des Reapply entscheidenden Faktoren zu identifizieren, um daraus Ansatzpunkte für Verbesserungsmöglichkeiten zu gewinnen.

4.4.1   Analytische Modelle

In [Stö97a] haben wir analytische Kostenmodelle für verschiedene Protokollierungstechniken vorgestellt, die im folgenden erläutert und teilweise erweitert werden. Zunächst werden
Formeln zur Berechnung der Größe des Log für eine bestimmte Anzahl Transaktionen angegeben. Anschließend werden Modelle für das Anwenden der Log-Information, also das
Reapply, diskutiert. Es werden dabei nicht für alle in den letzten Abschnitten erläuterten
Protokollierungstechniken und Algorithmen die entsprechenden Modelle angegeben. Wir
konzentrieren uns auf die Diskussion der wichtigsten Varianten.

Für die Log-Protokollierungstechniken wird aufgrund der großen praktischen Relevanz und
der in Abschnitt 4.1.5 erläuterten Vorteile das physiological Logging betrachtet. Zu Vergleichszwecken wird außerdem die physische Protokollierung auf Seitenebene untersucht.
Die Betrachtung dieser Technik ist auch deshalb interessant, weil ihre Verwendung ein
anderes Einbringmodell in die Datenbank ermöglicht. Aufgrund der in Abschnitt 4.2 diskutierten Vor- und Nachteile der verschiedenen Reapply-Algorithmen werden wir uns auf
die Darstellung des Modells für Algorithmen ohne Analysephase beschränken. Allerdings

ist der vorgestellte Modellierungsansatz so gewählt, daß auch eine Anpassung für die Algorithmen mit Analysephase leicht möglich ist.

Die in diesem und dem folgenden Kapitel verwendeten Variablenbezeichner werden überwiegend innerhalb des Textes eingeführt und erläutert. Um die Übersichtlichkeit zu erhöhen, werden alle verwendeten Bezeichnungen im Anhang nochmals tabellarisch aufgeführt.

4.4.1.1 Größe des Log

Normalerweise werden von einem DBMS nur Schreiboperationen protokolliert und folglich, wenn keine separaten Einträge für den Beginn einer Transaktion geschrieben werden (Abschnitte 4.1.6 und 4.1.7), für Read-Only-Transaktionen keine Einträge, also auch keine Commit-Einträge, im Log erzeugt. Deshalb werden diese Transaktionen hier nicht mit betrachtet, und wenn im folgenden von Transaktionen gesprochen wird, bezieht sich dies stets auf solche Transaktionen, die mindestens eine Schreiboperation ausgeführt haben.

Die Anzahl der in einem bestimmten Zeitraum aktiven Transaktionen wird dabei mit $\mathbf{N_T}$ bezeichnet, die Transaktionsparallelität, d. h. die durchschnittliche Anzahl der gleichzeitig aktiven Transaktionen, mit $\mathbf{P_T}$.

Als protokollierte Operationen werden im folgenden alle Änderungsoperationen auf Datenmanipulationsebene, d. h. alle Insert-, Delete- und Update-Operationen betrachtet. Datendefinitionsaktionen (Erzeugen, Verändern, Löschen einer Tabelle, eines Schemas usw.) sowie administrative Aktionen (Reorganisation der Datenbank o. ä.) werden nicht mit betrachtet. Jede erfolgreich beendete Transaktion führt im Mittel $\mathbf{o_c}$ solcher Änderungsoperationen aus, jede, durch einen Transaktionsfehler, abgebrochene Transaktion $\mathbf{o_a}$. Zum Fehlerzeitpunkt haben die noch offenen Transaktionen im Mittel $\mathbf{o_o}$ Änderungsoperationen ausgeführt. Über die Anzahl der Änderungsoperationen pro Transaktion können dabei die folgenden Annahmen gemacht werden. Eine abgebrochene Transaktion führt im Mittel nur halb so viele Operationen wie eine erfolgreich beendete Transaktion aus [Reu84], und eine noch offene Transaktion hat bis zum Fehlerzeitpunkt im Mittel nur halb so viele Operationen wie eine erfolgreich beendete Transaktion ausgeführt. Damit gilt

$$o_a = o_o = \frac{1}{2}o_c.$$

Die Anzahl der pro Änderungsoperation generierten Log-Einträge ist von der Art der Log-Protokollierung abhängig. Im Fall des physiological Logging erzeugt jede Änderungsoperation mindestens einen Log-Eintrag, eventuell aber auch mehrere (Abschnitt 4.1.5). Bei Seitenprotokollierung hingegen muß aufgrund der Sperren auf Seitenebene für jede von einer Transaktion modifizierte Seite nur der alte Zustand der Seite vor dem Beginn der Transaktion und der neue Zustand protokolliert werden. Werden also in einer Transaktion mehrere Änderungen in einer Seite (z. B. durch mehrere Insert-Operationen in die gleiche Tabelle) ausgeführt, so muß für diese nur ein Log-Eintrag geschrieben werden, es sei denn, die Seite wird vor Transaktionsende aus dem Puffer verdrängt und danach erneut gelesen, weil noch weitere Änderungen in dieser Seite ausgeführt werden. Der Wert für die Anzahl der im Mittel pro Änderungsoperation protokollierten Log-Einträge, für den die Bezeichnung $\mathbf{n_r}$ verwendet wird, ist also in diesem Fall stark vom Transaktionsprofil auf der Datenbank abhängig.

Die Wahrscheinlichkeit, daß eine Transaktion aus der betrachteten Transaktionsmenge zum Fehlerzeitpunkt erfolgreich beendet, abgebrochen oder noch offen war, wird durch $\mathbf{p_c}$, $\mathbf{p_a}$ und $\mathbf{p_o}$ beschrieben. Dabei gilt natürlich

$$p_c + p_a + p_o = 1.$$

Die Anzahl der zu einem beliebigen Zeitpunkt (und damit auch zum Fehlerzeitpunkt) offenen Transaktionen entspricht der Transaktionsparallelität P_T. Damit kann p_o als Quotient der Transaktionsparallelität und der Gesamtanzahl der Transaktionen N_T ausgedrückt werden

$$p_o = \frac{P_T}{N_T}.$$

Die durchschnittliche Größe eines Log-Eintrags einer Änderungsoperation wird mit $\mathbf{s_r}$ bezeichnet. Diese Größe ist natürlich von der Art der Log-Protokollierung abhängig (Abschnitt 4.1). Wie bereits erwähnt, gehen wir davon aus, daß kein separater Eintrag für den Beginn einer Transaktion geschrieben wird. In [Stö97a] haben wir die Einträge für das Ende einer Transaktion nicht mit modelliert, da sie im Verhältnis zu den anderen Einträgen relativ klein sind und auch aufgrund ihrer Anzahl keine entscheidende Rolle spielen. Im folgenden werden wir sie dennoch mit betrachten, da sie im Kontext des in Abschnitt 4.5 vorgestellten Log-Clustering-Verfahrens **LogSplit** von Relevanz sind. Die Länge dieses Log-Eintrags, welche abhängig vom verwendeten DBMS ist, wird mit $\mathbf{s_{r_{EOT}}}$ bezeichnet.

In den Abschnitten 4.1 und 4.2 haben wir die verschiedenen Varianten des Rücksetzens abgebrochener Transaktionen – mit bzw. ohne CLRs – diskutiert. Aufgrund der dargestellten Vorteile der Verwendung von CLRs werden wir in der weiteren Diskussion nur diesen Fall betrachten. Das vorgestellte Modell läßt sich aber auch analog auf die Varianten ohne CLRs übertragen. Ohnehin unterscheiden sich bei der typischerweise geringen Anzahl abgebrochener Transaktionen die Größen der Logs bei diesen beiden Varianten kaum.

Beim Rücksetzen einer Transaktion wird für jeden Log-Eintrag ein CLR geschrieben. Dies gilt zumindest für die hier betrachteten Änderungsaktionen. Bestimmte interne Aktionen die nicht zurückgesetzt werden, beispielsweise das Allokieren einer Seite (Abschnitt 4.2), sind im Modell ohnehin nicht berücksichtigt. Die Größe von CLRs im Vergleich zu anderen Log-Einträgen ist sehr unterschiedlich. Wenn solche Reapply-Techniken verwendet werden, bei denen CLRs nicht kompensiert werden, muß keine Undo-Information geschrieben werden (Abschnitt 4.1.5). Folglich sind die CLRs typischerweise kleiner als normale Log-Einträge (Tabelle 4.8). Andererseits gibt es Systeme, die im Fall eines Fehlers auch CLRs kompensieren. In diesem Fall müssen auch die CLRs Undo-Information enthalten und sind damit in etwa genauso groß wie normale Log-Einträge. Um diesen unterschiedlichen Vorgehensweisen gerecht zu werden, führen wir für die Größe eines CLR einen eigenen Bezeichner $\mathbf{s_{r_{CLR}}}$ ein, dessen genauer Wert in Abhängigkeit vom konkret zu modellierenden System bestimmt werden muß. Damit erhält man unter Benutzung der oben aufgestellten Beziehungen für die Anzahl der Operationen und die Wahrscheinlichkeiten für den Transaktionszustand die folgende Gleichung für die Größe des Log

$$\begin{aligned}
S_{Log} &= s_r N_T p_c o_c n_r + s_{r_{EOT}} N_T p_c + (s_r + s_{r_{CLR}}) N_T p_a o_a n_r + s_{r_{EOT}} N_T p_a + s_r N_T p_o o_o n_r \\
&= s_r N_T p_c o_c n_r + s_{r_{EOT}} N_T p_c + \frac{1}{2}(s_r + s_{r_{CLR}}) N_T p_a o_c n_r + s_{r_{EOT}} N_T p_a + \frac{1}{2} s_r N_T p_o o_c n_r \\
&= s_r N_T o_c n_r \left(1 - \frac{1}{2}p_a - \frac{1}{2}p_o\right) + \frac{1}{2} s_{r_{CLR}} N_T p_a o_c n_r + s_{r_{EOT}} N_T (1 - p_o) \\
&= s_r N_T o_c n_r \left(1 - \frac{1}{2}p_a - \frac{1}{2}\frac{P_T}{N_T}\right) + \frac{1}{2} s_{r_{CLR}} N_T p_a o_c n_r + s_{r_{EOT}} N_T \left(1 - \frac{P_T}{N_T}\right).
\end{aligned}$$

$$(4.1)$$

Falls ein System modelliert wird, bei dem ein CLR etwa so groß wie ein normaler Log-Eintrag ist, also $s_{r_{CLR}} = s_r$ gilt, läßt sich Gleichung (4.1) folgendermaßen vereinfachen

$$S_{Log} = s_r N_T o_c n_r \left(1 - \frac{1}{2}\frac{P_T}{N_T}\right) + s_{r_{EOT}} N_T \left(1 - \frac{P_T}{N_T}\right).$$

Außerdem sieht man, daß die Übertragung dieses Modellierungsansatzes auf die Variante ohne CLRs trivial ist.

4.4.1.2   Reapply

Vor dem Lesen und Anwenden der Log-Information müssen gegebenenfalls die archivierten Log-Dateien (Abschnitt 4.1.2) erst wieder verfügbar gemacht werden, d. h. vom Log-Archivierungsmedium auf das Log-Medium kopiert werden. Um diesen Prozeß beschreiben zu können, werden die Lese- und Schreibtransferraten der verschiedenen Medien benötigt. Dazu führen wir eine Reihe von Bezeichnern ein, deren Syntax der folgenden Bildungsregel genügt. Der Bezeichner *tr* (Transferrate) wird mit einem tiefgestellten und einem hochgestellten Index versehen. Der tiefgestellte Index gibt an, ob es sich um die Lese-oder die Schreibtransferrate handelt (r bzw. w), der hochgestellte spezifiziert das Medium (Datenbankmedium *db*, Log-Medium *l* oder Log-Archivierungsmedium *la*). So bezeichnet beispielsweise $\mathbf{tr}_r^l$ die Lesetransferrate des Log-Mediums. Die vollständige Auflistung dieser Bezeichner findet sich im Anhang.

Wie in Abschnitt 4.1.2 beschrieben, reicht der Platz auf dem Log-Medium normalerweise nicht aus, um alle benötigten Log-Dateien verfügbar zu machen. Folglich müssen diese „portionsweise" eingelesen und ausgewertet werden. Der auf dem Log-Medium zur Verfügung stehende Platz wird mit **LS** (Log Space) bezeichnet. Bei jedem Einlesen einer Menge von Log-Dateien muß sowohl auf dem Log- als auch auf dem Log-Archivierungsmedium eine Positionierungsoperation ausgeführt werden. Danach erfolgt ein sequentielles Lesen bzw. Schreiben. Da das Log-Medium typischerweise ein Sekundärspeicher ist, kann die Positionierungszeit beim sequentiellen Lesen oder Schreiben einer großen, zusammenhängenden Datenmenge, wie sie Log-Dateien darstellen, vernachlässigt werden. Diese Art des sequentiellen Zugriffs werden wir im Kontext des Backup bzw. Restore in Kapitel 5 noch genauer untersuchen, so daß an dieser Stelle auf eine detaillierte Begründung der Modellierung verzichtet wird. Da das Log-Archivierungsmedium meist ein Tertiärspeichermedium ist, wird dessen Positionierungszeit berücksichtigt, da diese, bedingt beispielsweise durch

Bandladezeiten, durchaus relevant sein kann. Das Problem der Modellierung von Positionierungsoperationen für verschiedene Medientypen wird in Kapitel 5.3 noch ausführlich diskutiert. Die Positionierungszeiten werden im folgenden durch den Bezeichner $\mathbf{t_{pos}}$, versehen mit einem hochgestellten Index für das Medium, angegeben.

Da nur ein Teil der Log-Dateien archiviert ist, wird der Anteil der archivierten Log-Information mit Hilfe des Parameters $\mathbf{p_A}$ beschrieben, dessen Wertebereich das Intervall $[0,1]$ ist. Damit kann der Anteil der archivierten Log-Information durch $p_A S_{Log}$ ausgedrückt werden. Die Anzahl der Positionierungen ergibt sich als Quotient aus der Gesamtgröße des archivierten Teil des Log und dem Log Space. Wir gehen davon aus, daß das Lesen und Schreiben auf den verschiedenen Medien asynchron und mit einer für das Medium günstigen Blockgröße erfolgt (siehe hierfür auch die Leistungsuntersuchungen in Kapitel 5.1). Deshalb kann für das Zurückspielen der archivierten Log-Dateien vom Log-Archivierungsmedium eine Maximumbildung der beiden Zeiten modelliert werden, und die Gesamtdauer beträgt dann

$$\max\left(\left(\left\lceil \frac{p_A S_{Log}}{LS}\right\rceil t_{pos}^{la} + \frac{p_A S_{Log}}{tr_r^{la}}\right), \frac{p_A S_{Log}}{tr_w^{l}}\right). \qquad (4.2)$$

Bei den meisten Systemen muß dieser Prozeß des Zurückspielens vom Administrator initiiert werden und erfolgt nicht automatisch durch das DBMS. Dadurch kann dieses Zurückspielen auch nur in den seltensten Fällen asynchron zum Anwenden der Log-Information erfolgen, da dem Administrator nicht bekannt ist, welche Log-Dateien noch benötigt werden und welche nicht. Dadurch ergibt sich ein zweistufiger Prozeß, bei dem immer eine bestimmte Menge Log-Dateien zurückgespielt und danach angewandt wird und erst nach Abschluß der zweiten Phase auf Anforderung des DBMS die nächsten Log-Dateien eingespielt werden. Deshalb werden diese beiden Phasen im folgenden additiv modelliert.

Um die Log-Information anwenden zu können, müssen das Log gelesen, die Information analysiert und die Log-Einträge angewandt werden. Die im Verlauf des Reapply für das komplette Einlesen der Log-Dateien vom Log-Medium in den Hauptspeicher benötigte Zeit kann mit

$$\frac{S_{Log}}{tr_r^{l}} \qquad (4.3)$$

abgeschätzt werden. Da auch dieses Lesen sequentiell erfolgt, werden auch hier keine Positionierungszeiten auf dem Log-Medium berücksichtigt.

Wie in Abschnitt 4.2.3 beschrieben, werden bei dem hier betrachteten Algorithmus in der Redo-Phase alle Log-Einträge angewandt und anschließend in der Undo-Phase die offenen Transaktionen zurückgesetzt. Damit beträgt die Anzahl der anzuwendenden Log-Einträge unter den beschriebenen Annahmen

$$N_T p_c o_c n_r + 2 N_T p_a o_a n_r + 2 N_T p_o o_o n_r = N_T o_c n_r. \qquad (4.4)$$

Dabei sind die EOT-Log-Einträge nicht berücksichtigt, da diese im Gegensatz zu den Log-Einträgen von Änderungsoperationen keine Veränderungen in Datenbankseiten implizieren.

Abschließend muß jetzt noch die Zeit beschrieben werden, welche für das Anwenden eines Log-Eintrags benötigt wird. Konnten die bisherigen Angaben unabhängig von der Log-Protokollierungstechnik bzw. durch geeignete Parametrisierung gemacht werden, so ergeben sich jetzt grundsätzliche Unterschiede.

Physisches Logging

Bei der physischen Protokollierung auf Seitenebene kann die veränderte Seite direkt in die Datenbank eingebracht werden. Damit muß pro Log-Eintrag eine Positionierungsoperation auf dem Datenbankmedium und das Schreiben dieser Seite ausgeführt werden. Die Größe einer Datenbankseite wird dabei mit $\mathbf{s_p}$ bezeichnet. Folglich ergibt sich als Zeit für das Anwenden eines einzelnen Log-Eintrags bei Seitenprotokollierung

$$t_{pos}^{db} + \frac{s_p}{tr_w^{db}}. \tag{4.5}$$

Dabei ist zu beachten, daß die Dauer der Positionierungsoperation (t_{pos}^{db}) stark abhängig vom Transaktionsprofil ist. Liegt beispielsweise eine 80/20-Verteilung vor (Kapitel 3.2), so setzt sich die durchschnittliche Positionierungszeit aus einem relativen kurzen Seek und der mittleren Latenzzeit zusammen, bei einer Gleichverteilung kann hingegen die Seek-Entfernung und damit die Seek-Dauer wesentlich größer sein (für eine genaue Diskussion verschiedener Positionierungsszenarien sei auf Kapitel 5.3 verwiesen).

Die Gesamtzeit für das Reapply besteht aus den Einzelzeiten für das Zurückspielen der Log-Information (Gleichung[7] (4.2)), das Lesen der Log-Information (Gleichung (4.3)) und der Zeit für das Anwenden eines Log-Eintrags (Gleichung (4.5)) multipliziert mit der Anzahl der Log-Einträge (Gleichung (4.4)). Damit ergibt sich

$$T_{reapply}^{phys} = \max\left(\left(\left\lceil \frac{p_A S_{Log}}{LS} \right\rceil t_{pos}^{la} + \frac{p_A S_{Log}}{tr_r^{la}}\right), \frac{p_A S_{Log}}{tr_w^{l}}\right) + \frac{S_{Log}}{tr_r^{l}}$$
$$+ N_T o_c n_r \left(t_{pos}^{db} + \frac{s_p}{tr_w^{db}}\right). \tag{4.6}$$

Physiological Logging

Bei der Verwendung eines kleineren Log-Granulats als Seiten muß beim Reapply die entsprechende Seite im Datenbankpuffer verändert werden. Dabei wird zunächst überprüft, ob sich die korrespondierende Seite bereits im Puffer befindet. Falls nicht, muß diese Seite vom Datenbankmedium in den Puffer gelesen werden. Zur Modellierung der Frage, wann eine Seite bereits im Puffer ist, wird die *Buffer Hit Ratio* betrachtet. Die Buffer Hit Ratio, im folgenden mit **H** bezeichnet, ist der Quotient aus der Menge aller Seitenzugriffe, bei denen die Seite bereits im Puffer ist (*cached data accesses*) und der Menge aller Seitenzugriffe überhaupt. Dieser Quotient hat folglich den Wertebereich $[0, 1]$ und beschreibt die Wahrscheinlichkeit, daß eine Seite bereits im Puffer ist. Die Wahrscheinlichkeit, daß eine Seite gelesen werden muß, ist demzufolge $(1 - H)$.

Vor dem Lesen der Seite in den Puffer muß gegebenenfalls eine andere Seite aus dem Puffer verdrängt, d. h. in die Datenbank eingebracht werden. Ob dies notwendig ist, hängt von den implementierten Pufferstrategien ab. Wir gehen zunächst von einer Implementierung

---

[7]Der Begriff *Gleichung* wird hier im weitesten Sinne verwendet und umfaßt jegliche Art mathematischer Ausdrücke, welche unabhängiger Teil einer größeren Formel sind. Diese enthält normalerweise, wenn auch nicht immer, ein binäres Relationssymbol.

aus, bei der Seiten erst dann verdrängt werden, wenn Platz für neue Seiten benötigt wird. Danach wird die Variante eines asynchronen Ausschreibens der Seiten modelliert.

Solange der Puffer noch nicht vollständig gefüllt ist, müssen natürlich keine Seiten ausgeschrieben werden. Da am Ende des Reapply-Prozesses aber alle noch im Puffer befindlichen Seiten ausgeschrieben werden müssen, addieren sich die während der Füllphase eingesparten Schreiboperationen und die am Ende notwendigen Schreiboperationen zu Null. Für das Lesen bzw. Verdrängen einer Seite in den bzw. aus dem Puffer muß auf dem Datenbankmedium jeweils eine Positionierungsoperation und das Lesen bzw. Schreiben einer Seite durchgeführt werden. Die Dauer der Positionierungsoperation ist wiederum, analog zum physischen Logging, stark vom Transaktionsprofil abhängig. Die (CPU-)Zeit, welche für die Veränderung der Seite im Datenbankpuffer, also im Hauptspeicher, benötigt wird, ist im Verhältnis zum Lesen bzw. Schreiben auf dem Datenbankmedium so gering, daß sie nicht berücksichtigt wird. Die Zeit für das Anwenden eines Log-Eintrags beim physiological Logging ist also

$$(1 - H) \left(2t_{pos}^{db} + \frac{s_p}{tr_r^{db}} + \frac{s_p}{tr_w^{db}} \right). \tag{4.7}$$

Damit ergibt sich aus den Gleichungen (4.2), (4.3), (4.4) und (4.7) für die Reapply-Gesamtzeit bei Verwendung des physiological Logging

$$T_{reapply}^{physio} = \max \left(\left(\left\lceil \frac{p_A S_{Log}}{LS} \right\rceil t_{pos}^{la} + \frac{p_A S_{Log}}{tr_r^{la}} \right), \frac{p_A S_{Log}}{tr_w^l} \right) + \frac{S_{Log}}{tr_r^l}$$
$$+ N_T o_c n_r (1 - H) \left(2t_{pos}^{db} + \frac{s_p}{tr_r^{db}} + \frac{s_p}{tr_w^{db}} \right). \tag{4.8}$$

Wie oben bereits erwähnt, kann das Ausschreiben der Seiten im Datenbankpuffer auch durch einen *asynchronen* Prozeß erfolgen. Im Normalbetrieb schreibt dieser Prozeß bei Erreichen eines bestimmten Prozentsatzes veränderter Seiten im Puffer diese aus. Die Seiten werden danach im Puffer als ersetzbar markiert, d. h. der Änderungsvermerk (*dirty bit*) entfernt. Wird eine dieser Seiten danach erneut verändert, wird die Änderungsmarkierung neu gesetzt. Das asynchrone Ausschreiben hat den Vorteil, daß beim Lesen einer Seite vom Datenbankmedium nicht erst eine andere, veränderte Seite ausgeschrieben werden muß. Dies gilt jedenfalls dann, wenn der Ausschreibprozeß dafür sorgt, daß immer genügend Seiten als ersetzbar markiert sind. Folglich muß für diesen Prozeß ein günstiger Schwellwert gefunden werden, damit einerseits immer genügend ersetzbare Seiten vorhanden sind und andererseits der Mehraufwand durch die zusätzlichen Schreiboperationen nicht zu groß wird. Denn jetzt werden Seiten ja bereits dann ausgeschrieben, wenn sie noch gar nicht ersetzt werden müßten. Eine Seite wird also, wenn sie mehrfach verändert wird, möglicherweise wesentlich häufiger auf das Datenbankmedium zurückgeschrieben, als bei der oben beschriebenen synchronen Vorgehensweise. Ein solches asynchrones Ausschreiben des Puffers ist beispielsweise in *ADABAS C* [Sch98] realisiert.

Während im normalen Datenbankbetrieb ein bestimmter Mix aus Lese- und Schreiboperationen auf den Seiten im Puffer stattfindet, werden während des Reapply nur Schreiboperationen auf den Seiten ausgeführt und damit auch nur zu verändernde Seiten in den Puffer gelesen. Da während des Reapply keine logischen Datenbankoperationen, sondern physische Seitenveränderungen durchgeführt werden, erfolgt außerdem die Ausführung der Änderungsoperationen wesentlich schneller als im Normalbetrieb. Ein offene Frage ist folglich, ob ein solcher asynchroner Ausschreibprozeß auch während des Reapply in der Lage ist, ständig einen genügend großen Prozentsatz ersetzbarer Seiten zu garantieren. Die Beantwortung dieser Frage ist auf jeden Fall vom Transaktionsprofil und der daraus resultierenden Verteilung der Änderungsoperationen auf den Seiten abhängig.

Im günstigsten Fall ist bei Verwendung eines solchen asynchronen Prozesses während des Reapply nie ein Ausschreiben einer veränderten Seite nötig, wenn eine neue Seite in den Datenbankpuffer eingelesen werden soll. Damit entfällt in Gleichung (4.7) für das Anwenden eines Log-Eintrags eine Positionierungsoperation und das Ausschreiben der Seite und man erhält

$$
T_{reapply}^{physio} = \max \left(\left(\left(\left\lceil \frac{p_A S_{Log}}{LS} \right\rceil t_{pos}^{la} + \frac{p_A S_{Log}}{tr_r^{la}} \right), \frac{p_A S_{Log}}{tr_w^{l}} \right) + \frac{S_{Log}}{tr_r^{l}} \right.
$$

$$
\left. + N_T o_c n_r (1 - H) \left(t_{pos}^{db} + \frac{s_p}{tr_r^{db}} \right) \right. . \quad (4.9)
$$

Viele Systeme lesen bei der Anforderung einer Datenbankseite nicht nur diese vom Datenbankmedium in den Puffer, sondern zusätzlich eine bestimmte Anzahl der nachfolgenden Datenbankseiten. Dies beruht auf der Annahme bzw. Erfahrung, daß viele Datenbankoperationen sequentiell arbeiten und folglich die Wahrscheinlichkeit, daß auch die nächsten Seiten benötigt werden, hoch ist. Dieses Vorgehen wird *Prefetching* genannt. Durch das Prefetching wird die Buffer Hit Ratio beeinflußt. Aus diesem Grund wird diese Vorgehensweise hier nicht separat modelliert, sondern ist implizit im Faktor H enthalten.

4.4.1.3 Beispiele

Im folgenden sollen die Zeiten für das Reapply anhand von Beispielen näher analysiert werden, um die für die Performance relevanten Faktoren zu identifizieren. Verschiedene Größen in den obenstehenden Modellen sind abhängig vom jeweiligen Anwendungsprofil auf der Datenbank und können deshalb nur schwierig allgemeingültig erfaßt werden. Aus diesem Grund haben wir das Anwendungsprofil des TPC-C für unsere Untersuchungen zugrundegelegt. Mit Hilfe des in Kapitel 3.4 vorgestellten Backup- und Recovery-Benchmark und der in Kapitel 3.3 beschriebenen Werkzeuge zur statistischen Analyse von DB2-Logs wurden die Größen s_r, $s_{r_{CLR}}$, o_c, n_r und p_a ermittelt. Da DB2 eine Form des physiological Logging implementiert (Abschnitt 4.1.7), konnten die entsprechenden Werte aus der Transaktionsstatistik (siehe auch Abbildung 3.5 auf Seite 55) ermittelt werden und sind in *Tabelle 4.9* aufgeführt. Für die physische Protokollierung wurden sie mit Hilfe der ebenfalls in der Transaktionsstatistik enthaltenen Angaben über die ausgeführten Operationen berechnet. Der Wert für P_T kann mit Hilfe der Log-Statistik-Werkzeuge nicht ermittelt werden [Gol98] und muß deshalb geeignet gewählt werden. Die Werte für $s_{r_{EOT}}$ und s_p sind abhängig vom DBMS und beziehen sich hier folglich auf DB2. Die gewählten Werte für LS und p_A sind ebenfalls aus Tabelle 4.9 ersichtlich.

Als Datenbankmedium bzw. Log-Medium wurden die in Tabelle 3.1 auf Seite 66 angegebenen Festplatten angenommen. Als Positionierungszeit auf dem Datenbankmedium t_{pos}^{db} wurde dabei die mittlere Zeit für eine beliebige Positionierung eingesetzt, welche sich aus der

Tabelle 4.9: Modellparameter

	physisch	physiological
s_r	7634 Byte	243 Byte
$s_{r_{CLR}}$	3920 Byte	188 Byte
$s_{r_{EOT}}$	24 Byte	
o_c	18	
n_r	0,67	1
p_a	0,005	
P_T	50	
s_p	4 KB	
LS	1 GB	
p_A	0,9	
N_T	100.000	

mittleren Seek-Zeit und der mittleren Latenzzeit, welche einer halben Plattenumdrehung entspricht, zusammensetzt. Dies ist eine relativ pessimistische Annahme, da für nahe beieinanderliegende Änderungsoperationen die Seek-Zeiten kürzer sein werden. Dieser Aspekt wird bei den Auswertungen der Messungen in Abschnitt 4.4.2 noch genauer diskutiert. Als Log-Archivierungsmedium wurde nicht das in dieser Tabelle angegebene Bandlaufwerk betrachtet, da dessen Datenübertragungsraten nicht mehr dem aktuellen Stand der Technik entsprechen. Statt dessen wurde ein Bandlaufwerk Quantum DLT4000 angenommen, welches laut Datenblatt eine Transferrate von 1,5 MB/s und eine mittlere Positionierungszeit von 45 s hat.

Abbildung 4.7 und *Abbildung 4.8* enthalten die analytisch ermittelten Einzel- und Gesamtzeiten für das Reapply von 100.000 Transaktionen des TPC-C mit den in Tabelle 4.9 angegebenen Parametern für die beiden modellierten Log-Protokollierungstechniken und den beschriebenen Algorithmus ohne Analysephase. Die Zeiten sind in Abhängigkeit von der Buffer Hit Ratio angegeben.

Da hier für das physische Logging auf Seitenebene eine Variante des direkten Einbringens unter Umgehung des Datenbankpuffers modelliert wurde, sind die entsprechenden Zeiten natürlich unabhängig von der Buffer Hit Ratio und damit konstant. Auffallend ist, daß bei Seitenprotokollierung im Gegensatz zum physiological Logging auch die Zeit für das Wiedereinspielen der Daten vom Tertiärspeicher erheblich ist. Ursache ist die große anfallenden Log-Menge. So beträgt die Größe des Log in diesem Beispiel für Seitenprotokollierung 8,6 GB, während sich für das physiological Logging nur 419 MB ergeben.

Für das physiological Logging liegt die Zeit für das Anwenden der Log-Einträge um Größenordnungen über der für das Einlesen der Daten vom Tertiärspeicher. Das asynchrone Ausschreiben des Puffers kann eine deutliche Verbesserung der Zeit für das Anwenden der Log-Einträge und damit auch der Gesamtzeit bewirken. Aus den Ergebnissen wird aber auch deutlich, daß der entscheidende Faktor die – natürlich auch im Normalbetrieb performance-bestimmende – Buffer-Hit Ratio ist. Bei der Analyse der Werte ist zu beachten, daß der Grenzwert $H = 1$ normalerweise nicht erreicht wird, da er den Gegebenheiten einer Main-Memory-Datenbank (Abschnitt 2.5) entspricht, bei welcher die gesamte Daten-

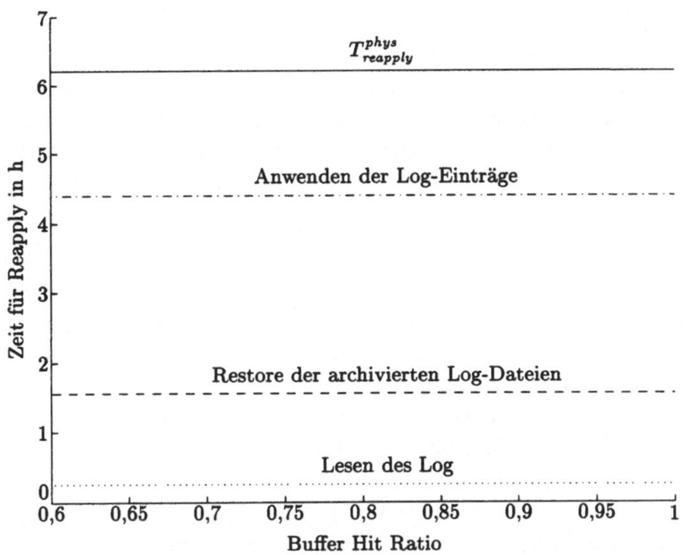

Abbildung 4.7: Reapply-Zeiten für physisches Logging auf Seitenebene

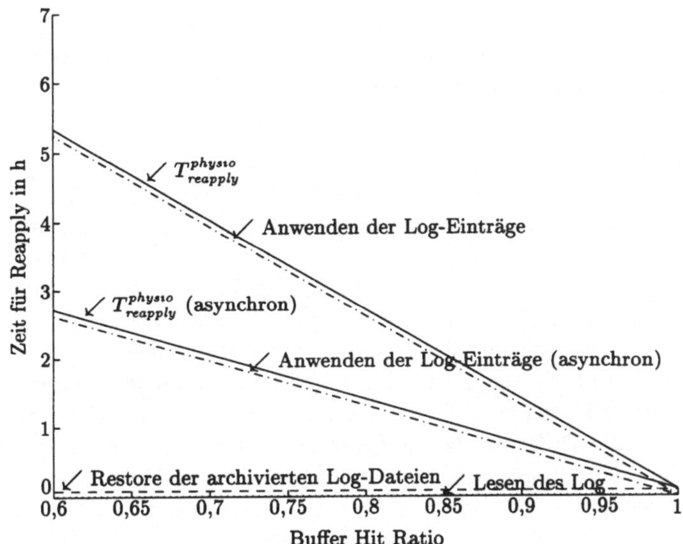

Abbildung 4.8: Reapply-Zeiten für physiological Logging

bank im Hauptspeicher gehalten wird. Die zu verändernden Seiten sind dann alle bereits im Datenbankpuffer enthalten, und die Kosten des eigentlichen Anwendens der Log-Einträge betragen in unserem Modell Null, da die Hauptspeicheraktionen nicht mit modelliert wurden.

4.4.2 Messungen

Um die Aussagen bezüglich des starken Einflusses der Buffer Hit Ratio auf die Reapply-Zeit bei Verwendung des physiological Logging zu überprüfen, wurden Reapply-Algorithmen im DBMS-Prototyp implementiert und entsprechende Untersuchungen durchgeführt [Max99]. Die dabei erhaltenen Ergebnisse werden in diesem Abschnitt dargestellt.

Für die Erzeugung der Prototyp-Logs wurden die Modellparameter aus Tabelle 4.9 als Eingabeparameter verwendet, wobei stets 120.000 Log-Einträge erzeugt wurden, was bei den verwendeten Parametern einer Transaktionsanzahl von ca. 6.700 entspricht. Wie in Kapitel 3.2.3 beschrieben, können im Prototyp verschiedene Verteilungen beim Erzeugen des Log ausgewählt werden. Für die Untersuchungen wurde die relativ realitätsnahe 80/20-Verteilung verwendet. Um verschiedene Buffer Hit Ratios beim Reapply zu erhalten, wurden die Logs auf verschieden großen Datenbanken erzeugt und beim Reapply auf diese angewandt. Als Datenbankmedium bzw. Log-Medium wurden wiederum die in Tabelle 3.1 auf Seite 66 angegebenen Festplatten verwendet. Der Zugriff auf die Datenbank erfolgte dabei direkt über das Raw Device. Das Wiedereinspielen archivierter Log-Dateien wurde bei diesen Untersuchungen nicht berücksichtigt, da es primär um die Betrachtung des Einflusses der Buffer Hit Ratio auf die Performance des Reapply ging.

Aufgrund der in Abschnitt 4.2 erläuterten Vorteile, wurde ein Reapply-Algorithmus ohne Analysephase ausgewählt. Für das Undo bei diesem Algorithmus wurden alle drei in Abschnitt 4.2.3 erläuterten Varianten implementiert und gemessen. Aufgrund der relativ kleinen Log-Größe (ca. 32 MB) und des geringen Anteils abgebrochener Transaktionen, ergaben sich in diesem Untersuchungsszenario allerdings keine signifikanten Performance-Unterschiede.

Abbildung 4.9 enthält die gemessenen Werte sowie die theoretischen Modellwerte. Zur Meßgenauigkeit ist zu sagen, daß die pro Buffer Hit Ratio gemessenen Werte eine Variationsbreite[8] von maximal 2 Sekunden aufweisen. Beim Vergleich der Meßwerte und der theoretischen Werte ist zu beachten, daß im Modell, wie in Abschnitt 4.4.1.3 erläutert, eine mittlere Positionierungszeit angenommen wird, welche inbesondere eine durchschnittliche Seek-Zeit enthält. Durch die 80/20-Verteilung liegen aber 80 Prozent der Veränderungen in nur 20 Prozent der Datenbank und damit relativ nahe beieinander. Folglich werden meist nur Seeks über kurze Entfernungen ausgeführt und damit reduziert sich die reale Positionierungszeit. Hieraus erklären sich die Unterschiede zwischen den Modellwerten und den Meßergebnissen. Da die Differenz der modellierten und der realen Positionierungszeiten bei jeder Lese- bzw. Schreiboperation auftritt, sind die Unterschiede bei niedrigen Buffer Hit Ratios größer als bei hohen Buffer Hit Ratios, da eine niedrige Buffer Hit Ratio eine größere Anzahl auf dem Datenbankmedium auszuführender Lese- bzw. Schreiboperationen bedeutet. Zusammenfassend kann festgestellt werden, daß der signifikante Einfluß der Buffer Hit Ratio auf die Performance des Reapply bei Verwendung des physiological Logging und der modellierte lineare Zusammenhang zwischen Buffer Hit Ratio und Reapply-Zeit durch die Messungen belegt werden konnte.

Die Festlegung der Puffergröße speziell für den Recovery-Fall und die dort vorherrschenden Zugriffsmuster bzw. eine geeignete Nachbehandlung der Log-Dateien zur Verbesserung der

---

[8]Die Variationsbreite ist die Differenz aus dem maximalen und dem minimalen Meßwert.

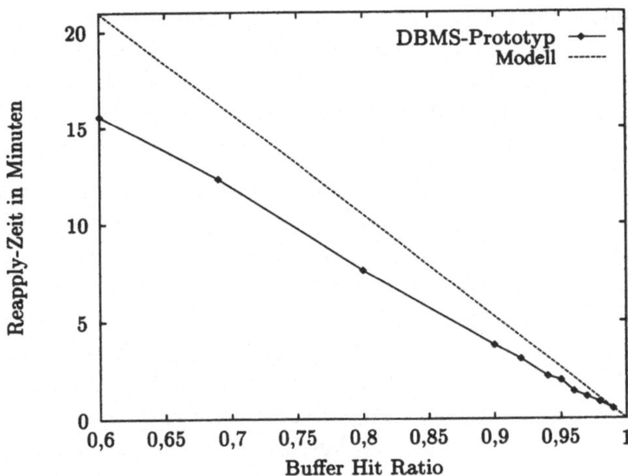

Abbildung 4.9: Reapply-Zeiten für physiological Logging: Vergleich

Buffer Hit Ratio scheint unseres Erachtens in Wissenschaft und Praxis bisher zu wenig Beachtung gefunden zu haben. Im nächsten Abschnitt werden wir ein Log-Clustering-Verfahren vorstellen, dessen Ziel die Verbesserung dieses Faktors, und damit der Reapply-Zeit, ist.

4.5   Log-Clustering-Verfahren LogSplit

Um die Performance des Reapply zu verbessern, existieren verschiedene Vorschläge zur Nachbehandlung der Log-Information. Das Entfernung irrelevanter oder redundanter Einträge wird in [GR93] allgemein als Kompression des Log bezeichnet. So könnte beispielsweise durch das Entfernen der Undo-Information erfolgreich beendeter Transaktionen die Größe des Log um bis zu 50 Prozent reduziert werden. Allerdings wird dadurch nur die Menge der zu lesenden, nicht die Menge der anzuwendenden Log-Einträge reduziert. In Abschnitt 4.4 haben wir aber gezeigt, daß gerade letztere die für die Performance des Reapply entscheidende ist. Außerdem wurde in Abschnitt 4.3.1 diskutiert, daß bei der Point-In-Time-Recovery die Undo-Information aller Transaktionen im Log enthalten sein sollte. Würde diese entfernt und soll eine Point-In-Time-Recovery für einen Zeitpunkt durchgeführt werden, welcher im bereits nachbehandelten Teil des Log liegt, so könnte die Recovery nicht mehr wie beschrieben ausgeführt werden, und es müßte ein Algorithmus ohne Analysephase benutzt werden. Deren Nachteile wurden in Abschnitt 4.2 beschrieben.

In [BHG87] wird vorgeschlagen, abgebrochene Transaktionen aus dem Log zu entfernen. Neben der Tatsache, daß dies aufgrund des typischerweise geringen Anteils abgebrochener Transaktionen keinen sehr großen Performance-Gewinn bringt, entsteht auch hier das gleiche Problem bei einer Point-In-Time-Recovery wie oben erläutert.

Die Menge der anzuwendenden Log-Einträge könnte durch das Entfernen aller, außer der letzten Änderungsoperation eines Datenbankobjekts oder durch das Zusammenfassen verschiedener Änderungsoperationen zu einer Operation reduziert werden [BHG87]. Inwieweit dies möglich ist bzw. welches Granulat der Datenbankobjekte gewählt werden kann, ist dabei stark von der verwendeten Protokollierungstechnik abhängig. Die Konsequenz aus dieser Vorgehensweise ist allerdings, daß eine Point-In-Time-Recovery mit Hilfe eines auf diese Weise nachbehandelten Log überhaupt nicht mehr durchführbar ist.

Die verschiedenen Varianten der Reduzierung der zu lesenden bzw. anzuwendenden Log-Information sind also kaum ohne eine Einschränkung der Recovery-Funktionalität möglich. Aus diesem Grund ist unser Ansatz nicht die Reduzierung der Log-Information, sondern eine Neusortierung und physische Neuanordnung der Log-Einträge dergestalt, daß beim Anwenden der Log-Einträge die Lokalität der Update-Operationen erhöht wird. Als Konsequenz daraus steigt die Buffer Hit Ratio, und folglich reduziert sich die Zeit für das Reapply (Abschnitt 4.4). Das in [Stö97b] vorgestellte und im folgenden erläuterte Log-Clustering-Verfahren LogSplit ist im übrigen vollständig orthogonal zu den beschriebenen Kompressionsverfahren, so daß, falls die beschriebenen Einschränkungen der Recovery-Funktionalität akzeptiert werden, auch eine Kombination der Verfahren möglich ist.

In den folgenden Abschnitten wird als erstes der LogSplit-Algorithmus detailliert erläutert. Danach wird das Reapply für mit LogSplit nachbehandelte Log-Dateien beschrieben und die Korrektheit des Ansatzes diskutiert. Es schließen sich Betrachtungen zu möglichen Performance-Steigerungen mit Hilfe von LogSplit an. Es wird insbesondere auch auf die Nutzung des Verfahrens für partielle Recovery, Online-Recovery und zur Parallelisierung des Reapply eingegangen.

4.5.1 LogSplit-Algorithmus

In Abschnitt 4.1 haben wir die verschiedenen Log-Protokollierungstechniken erläutert. Dabei wurde dargestellt, daß eine charakteristische Eigenschaft des physischen und des physiological Logging ist, daß sich jeder Log-Eintrag auf *genau eine* Seite bezieht. Dies bedeutet, daß beim Anwenden eines solchen Log-Eintrags genau eine Seite verändert wird. Im Gegensatz dazu können beim logischen Logging mehrere Seiten durch das Anwenden eines Log-Eintrags verändert werden. Insbesondere können diese Seiten nicht aus dem Log-Eintrag im voraus ermittelt werden. Bei der Erläuterung und Diskussion von LogSplit wird klar werden, daß die Verwendung von LogSplit aus diesem Grund für logisches Logging nicht möglich ist. Im weiteren Verlauf wird deshalb immer von der Verwendung des physischen oder des physiological Logging ausgegangen. Um den Algorithmus unabhängig von der konkreten Protokollierungstechnik beschreiben zu können, werden die folgenden allgemeinen Bezeichnungen für die verschiedenen Log-Eintragstypen verwendet:

- $[T_i, x, v]$ beschreibt die Veränderung des Objekts x durch die Transaktion T_i. Dabei enthält v die Änderungsinformation.

  Wie in Abschnitt 4.1 beschrieben, enthält ein solcher Log-Eintrag eine eindeutige Identifizierung der veränderten Seite. Die konkreten Typausprägungen von x und v sind abhängig von der Log-Protokollierungstechnik.

- $[T_i, \mathbf{EOT}]$ ist der *end of transaction* Log-Eintrag einer Transaktion.

  Dieser Log-Eintragstyp wird sowohl für erfolgreich beendete als auch für zurückgesetzte Transaktionen geschrieben.

```
LogSplit
 start at begin of log L
 while not end of L do
    curLogRecord := next log record;
    if curLogRecord is of type [T_i, x, v] then
        identify the L_j corresponding to
            the page updated by curLogRecord;
        if L_j does not exist then
            allocate L_j;
        fi;
        insert curLogRecord into L_j;
        if T_i ∉ TransList(L_j) then
            add T_i to TransList(L_j);
        fi;
    else /* i.e. curLogRecord is of type [T_i, EOT] */
        for all allocated L_j do
            if T_i ∈ TransList(L_j) then
                insert curLogRecord into L_j;
            fi;
        od;
    fi;
    update backpointer of curLogRecord;
 od;
```

Abbildung 4.10: LogSplit-Algorithmus

Die Idee des vorgeschlagenen Aufteilungs- und Clustering-Verfahrens LogSplit besteht darin, das Log während oder nach der Archivierung (Abschnitt 4.1.2) so nachzubehandeln, daß es in mehrere neue Logs aufgespalten wird. Dabei erfolgt die Verteilung der Log-Einträge nach Gesichtspunkten der physischen Verteilung der korrespondierenden Daten auf der Datenbank. Als erstes muß dabei ein geeignetes *Cluster-Granulat* gewählt werden. Als Cluster-Granulate können beliebige *disjunkte* physische Teile der Datenbank (d. h. Mengen von Datenbankseiten) ausgewählt werden. Beispielsweise kann dies die Menge aller zu einer Datendatei oder einem Table Space gehörigen Datenbankseiten sein. Für jeden dieser gemäß des Cluster-Granulats ausgewählten Teile der Datenbank wird eine neues Log erzeugt, welches mit L_j bezeichnet wird.

Beim Anwenden von LogSplit wird das ursprüngliche Log L sequentiell gelesen, und die Log-Einträge werden in die neuen Logs L_j kopiert. Wie oben bereits erwähnt, korrespondiert jeder Log-Eintrag zu genau einer Datenbankseite und damit einem bestimmten physischen Teil der Datenbank. Jeder Log-Eintrag wird in das diesem physischen Teil zugeordnete L_j geschrieben. Log-Einträge einer Transaktion können dabei folglich über mehrere neue Logs verteilt werden.

In *Abbildung 4.10* ist der LogSplit-Algorithmus im Detail angegeben. Während der Ausführung von LogSplit wird für jedes neue Log L_j eine Transaktionsliste TransList(L_j) verwaltet. Diese enthält die Transaktionsidentifikatoren aller Transaktionen T_i, welche mindestens einen Log-Record des Types $[T_i, x, v]$ in L_j geschrieben haben. Beim Schreiben der Log-Einträge in die neuen Logs müssen die Verkettungen der Log-Einträge (Abschnitte 4.1.6

und 4.1.7) aktualisiert werden. Für die Speicherung der hierfür notwendigen Adresse des aktuell letzten Log-Eintrags einer Transaktion T_i in einem Log L_j kann ebenfalls die Transaktionsliste TransList(L_j) verwendet werden. Die Transaktionsliste wird außerdem benutzt, um alle L_j zu bestimmten, in die ein $[T_i, \text{EOT}]$ einer Transaktion T_i geschrieben werden muß. Diese Einträge werden später beim Reapply, insbesondere bei einer Point-In-Time-Recovery, benötigt. Die $[T_i, \text{EOT}]$ werden nur in solche L_j geschrieben, welche auch Einträge des Typs $[T_i, x, v]$ der Transaktion T_i enthalten. Ein Schreiben in alle L_j ist nicht notwendig und würde einen unnötigen Mehraufwand an Log-Information, insbesondere bei einem sehr feinen Cluster-Granulat, bedeuten.

Wenn für ein L_j kein zu diesem L_j korrespondierender Log-Eintrag in L existiert, so besteht keine Notwendigkeit, L_j zu allokieren. Dies ist wiederum besonders für kleine Cluster-Granulate wichtig, da diese zu einer potentiell großen Anzahl neuer Logs führt. Es ist also sinnvoll, nur solche L_j zu allokieren, die wirklich benötigt werden. Aus diesem Grund geschieht dies nicht vor der Verarbeitung des Log L, sondern innerhalb von LogSplit beim Auftreten des ersten zu L_j korrespondierenden Log-Eintrags.

Zur Veranschaulichung des Algorithmus ist in *Abbildung 4.11* ein Beispiel für die Nutzung von LogSplit dargestellt. Die Datenbank DB besteht aus drei Datendateien F_1, F_2 und F_3. Die Transaktionen T_1 und T_2 verändern verschiedene Teile der Datenbank. Als Cluster-Granulat werden Datendateien gewählt. Folglich existieren nach dem Anwenden von LogSplit drei neue Log-Dateien L_1, L_2 und L_3, welche zu F_1, F_2 und F_3 korrespondieren. Da T_2 nur F_2 und F_3 verändert hat, befindet sich auch nur in L_2 und L_3 ein Log-Eintrag $[T_2, \text{EOT}]$, während der Log-Eintrag $[T_1, \text{EOT}]$ in allen drei neuen Logs enthalten ist.

Nach der Beschreibung des LogSplit-Algorithmus bleibt noch die Frage nach dem geeigneten Zeitpunkt für die Nachbehandlung eines Log mit LogSplit zu klären. Wie oben beschrieben, werden durch LogSplit Log-Einträge einer Transaktion möglicherweise über mehrere Logs verteilt. Würden die Log-Einträge bereits im normalen Betrieb verteilt in die L_j geschrieben, so würde dies eine Reihe von Problemen nach sich ziehen. Da nicht davon ausgegangen werden kann, daß für jedes L_j ein eigenes Speichermedium zur Verfügung steht, würde das Log nicht sequentiell geschrieben werden. Da das Schreiben des Log ohnehin ein performance-kritischer Faktor für den Datenbankbetrieb ist, wäre diese Vorgehensweise sehr problematisch. Desweiteren wäre eine Transaktion erst dann wirklich erfolgreich beendet, wenn der Commit-Eintrag in alle L_j, welche Log-Einträge dieser Transaktion enthalten, geschrieben wurde. Damit steigt der Aufwand für das Commit einer Transaktion deutlich. Außerdem müßte im Falle eines Transaktions- oder Systemfehlers, bei der angenommenen Protokollierung der Log-Information für alle Fehlerarten in einem gemeinsamen Log (Abschnitt 4.1.1), Log-Information aus mehreren Logs für die Fehlerbehandlung gelesen werden, was die Recovery-Algorithmen verkomplizieren und ebenfalls zu Performance-Nachteilen führen würde.

Folglich sollte zunächst ein gemeinsames Log geschrieben werden, und erst dessen für die Fehlerbehandlung nicht mehr benötigten Teile sollten nachbehandelt werden. Dieser Zeitpunkt entspricht genau dem Zeitpunkt, an dem die entsprechende Log-Information archiviert werden kann (Abschnitt 4.1.2). Da, wie ebenfalls in Abschnitt 4.1.2 erläutert, das Log normalerweise aus mehreren Log-Dateien besteht, können diese während oder nach ihrer Archivierung mit LogSplit nachbehandelt werden. Die Nachbehandlung sollte dabei aus Performance-Gründen auf einem separaten Speichermedium, besser sogar auf einem separaten Rechner, asynchron ausgeführt werden.

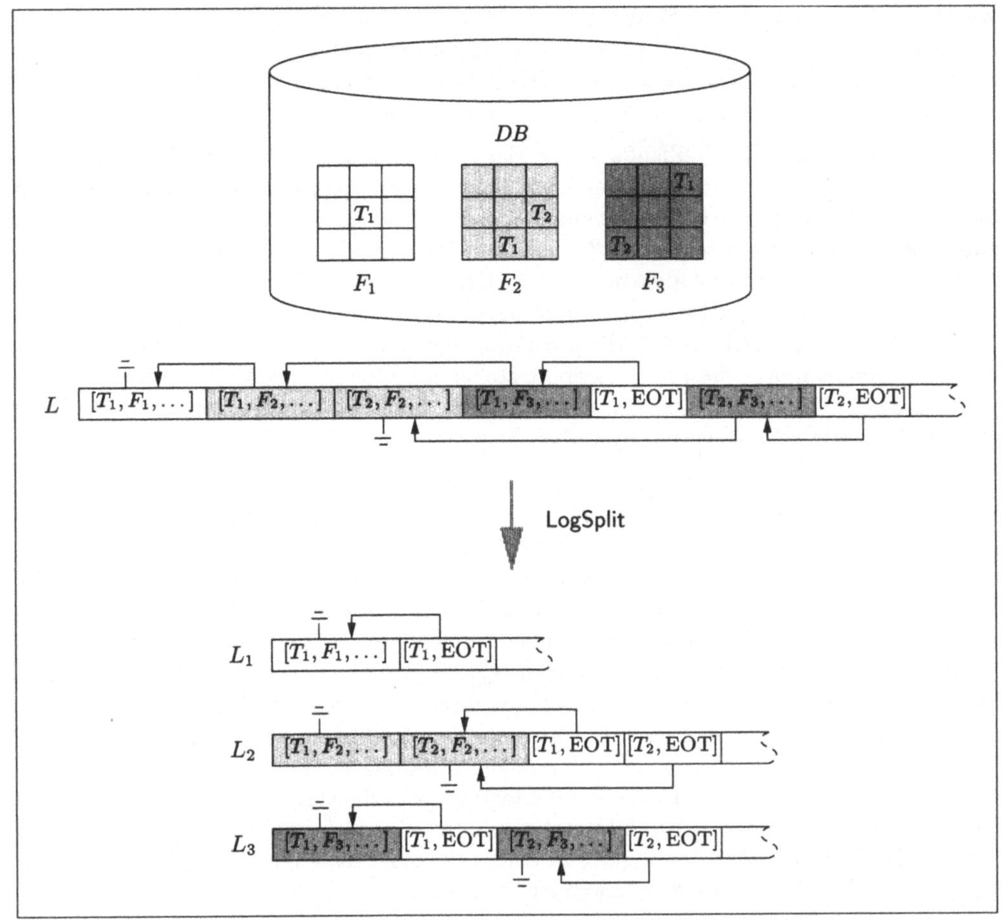

Abbildung 4.11: Beispiel für das Anwenden von LogSplit

Eine Konsequenz aus diesem Vorgehen ist, daß die Nachbehandlung eines Log in mehreren Schritten ausgeführt wird. Jeder Schritt bezieht sich auf die gerade archivierten bzw. zu archivierenden Log-Dateien. Bei einer effizienten Realisierung wird folglich auch jedes neue Log L_j aus mehreren Log-Dateien bestehen, welche jeweils während des Anwendens von LogSplit auf die archivierten Log-Dateien von L entstehen. Dieser Fakt ist wichtig für das Verständnis des im nächsten Abschnitt beschriebenen Vorgehens während des Reapply.

4.5.2 Reapply

In diesem Abschnitt wird das Vorgehen beim Reapply beschrieben, wenn hierfür die neuen Logs L_j statt des ursprünglichen Log L benutzt werden. Ziel ist es, die L_j *unabhängig* voneinander, also insbesondere nacheinander, verarbeiten zu können, da dadurch die erwünschte Verbesserung der Buffer Hit Ratio erreicht werden kann. Es muß sichergestellt werden, daß das Reapply mit Hilfe der L_j die Datenbank in den gleichen, korrekten Zustand überführt, wie er bei einem Reapply mit dem ursprünglichen Log L vorgelegen hätte. Dazu soll zunächst untersucht werden, in welcher Reihenfolge die Log-Einträge beim Reapply angewandt werden können.

Im allgemeinen muß die Reihenfolge der Einträge im Log nicht der exakten Reihenfolge der Ausführung der korrespondierenden Operationen entsprechen. Hingegen muß dies für Operationen, die in Konflikt zueinander stehen, gewährleistet werden. Dabei stehen zwei *Datenbankoperationen im Konflikt*, wenn beide auf den gleichen Daten arbeiten und mindestens eine der beiden Operationen diese Daten verändert [BHG87]. Die Ausführungsreihenfolge solcher Operationen wird von Datenbanksystemen durch geeignete Serialisierungsmechanismen bestimmt [VGH93]. Aufgabe des DBMS ist es, sicherzustellen, daß die Ausführungsreihenfolge dieser im Konflikt stehenden Operationen im Log exakt wiedergegeben wird. Wenn dies gewährleistet ist, können die Log-Einträge beim Reapply in der gleichen Reihenfolge wie sie im Log stehen angewandt werden [BHG87].

Bei einer Aufteilung des Log und einer unabhängigen Verarbeitung der entstehenden neuen Logs muß also die Reihenfolge der Log-Einträge, welche im Konflikt stehende Datenbankoperationen repräsentieren, erhalten bleiben. Dazu muß die Frage geklärt werden, wie diese Log-Einträge identifiziert werden können. Wie bereits erwähnt, beschreibt beim physischen und physiological Logging jeder Log-Eintrag die Veränderung genau einer Seite und benötigt dazu auch keine Informationen aus anderen Seiten. Folglich repräsentieren für diese Protokollierungstechniken Log-Einträge im Konflikt stehende Datenbankoperationen genau dann, wenn sie die gleiche Datenbankseite verändern. Im folgenden werden wir deshalb davon sprechen, daß zwei *Log-Einträge im Konflikt* stehen, wenn sie die gleiche Datenbankseite ändern. Damit kann die obige Forderung so modifiziert werden, daß bei einer Aufteilung des Log und einer unabhängigen Verarbeitung der entstehenden neuen Logs, die Reihenfolge der in Konflikt stehenden Log-Einträge erhalten bleiben muß. Dies führt zu den folgenden drei Bedingungen, die erfüllt sein müssen, um die Log-Einträge der Logs L_j *unabhängig* voneinander anwenden zu können:

Um sicherzustellen, daß jeder Log-Eintrag genau einmal auf die Datenbank angewandt wird, muß gelten:

Bedingung 1 *Jeder Log-Eintrag des Typs* $[T_i, x, v]$ *aus L ist in genau einem L_j enthalten.*

Um die Konfliktfreiheit der Log-Einträge zwischen den L_j zu sichern, wird gefordert, daß die beim Reapply durch das Anwenden der Log-Einträge von den L_j veränderten physischen Teile der Datenbank disjunkt sind:

Bedingung 2 $P(DB)_{L_j}$ *sei der physische Teil (d. h. die Menge der Datenbankseiten) einer Datenbank DB, welcher beim Reapply durch die Log-Einträge von L_j verändert wird. Dann muß*

$$\bigcap_{\forall L_j} P(DB)_{L_j} = \emptyset$$

erfüllt sein.

Um die Reihenfolge der in Konflikt stehenden Log-Einträge zu erhalten, muß deren in L gegebene Reihenfolge innerhalb der L_j erhalten bleiben:

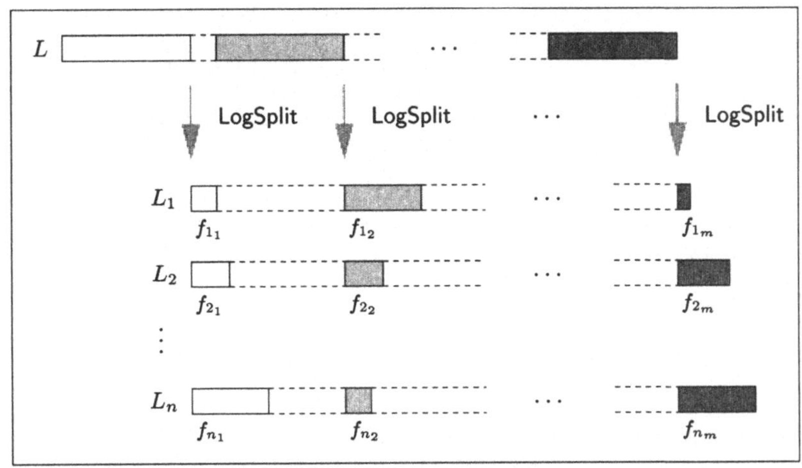

Abbildung 4.12: Logs und Log-Dateien nach dem Anwenden von LogSplit

Bedingung 3 *Seien* $[T_i, x, v]$ *und* $[T_k, y, w]$ *Log-Einträge in* L_j. $[T_i, x, v]$ *steht vor* $[T_k, y, w]$
in $L_j \iff [T_i, x, v]$ *steht vor* $[T_k, y, w]$ *in* L.

Erfüllen nun zwei Logs L_i und L_k mit $i \neq k$ diese Bedingungen, so können ihre Log-Einträge unabhängig voneinander angewandt werden. L_i kann also vor oder nach L_k bzw. es können auch beide Logs gleichzeitig verarbeitet werden.

Es bleibt zu überprüfen, ob der Algorithmus LogSplit diese Bedingungen erfüllt. Das Log L wird durch LogSplit *sequentiell* gelesen, und jeder Log-Eintrag vom Typ $[T_i, x, v]$ wird in genau ein L_j geschrieben (Abbildung 4.10). Es ist offensichtlich, daß dadurch die Bedingungen 1 und 3 erfüllt werden. Bei der Wahl des Cluster-Granulats wurde die Bedingung gestellt, daß *disjunkte* Teile der Datenbank ausgewählt werden (Abschnitt 4.5.1). Damit sind die durch die Log-Einträge eines L_j veränderten Mengen von Datenbankseiten disjunkt und somit auch Bedingung 2 erfüllt. Folglich können die L_j unabhängig voneinander, d. h. in einer beliebigen Reihenfolge verarbeitet werden.

Nach der Diskussion der Korrektheit des Ansatzes, kann nun das Vorgehen beim Reapply genauer beschrieben werden. Wie in Abschnitt 4.5.1 erwähnt, bestehen die L_j wiederum aus mehreren Log-Dateien, welche in den einzelnen Schritten der Nachbehandlung entstehen. Im folgenden bezeichne dabei $(\mathbf{f_{j_k}})$ die Folge aller zu einem L_j gehörigen Log-Dateien, wobei $\mathbf{k}$ den Nachbehandlungsschritt identifiziert, in welchem f_{j_k} allokiert wurde. Abhängig vom Cluster-Granulat existieren $\mathbf{n}$ neue Logs L_j, und diese wurden in $\mathbf{m}$ Nachbehandlungsschritten erzeugt, d. h. es gilt $j \in \{1, \ldots, n\}$ und $k \in \{1, \ldots, m\}$. *Abbildung 4.12* veranschaulicht die unter diesen Annahmen entstehenden Folgen (f_{j_k}).

Während des Reapply geschieht das Lesen und Anwenden der Log-Einträge jedes f_{j_k} auf die gleiche Art und Weise wie bei der Nutzung eines nicht nachbehandelten Log L, also mit den aus Abschnitt 4.2 bekannten Algorithmen. Zu diskutieren ist die Frage, in welcher Reihenfolge die f_{j_k} verarbeitet werden. Um die Reihenfolge der in Konflikt stehenden Log-Einträge beizubehalten, muß die Folge der Log-Dateien eines L_j erhalten bleiben, d. h. f_{j_k} muß nach f_{j_h} angewandt werden, falls $k > h$ gilt. Wir haben gezeigt, daß die L_j

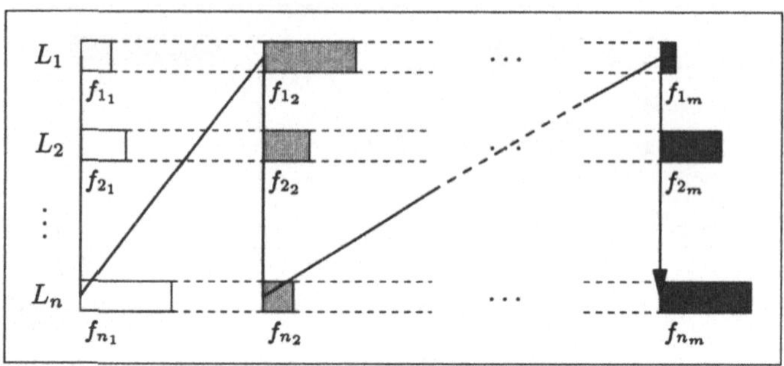

Abbildung 4.13: Reihenfolge der Log-Dateien beim Reapply – Variante 1

untereinander in beliebiger Reihenfolge verarbeitet werden können, d. h. Log-Dateien f_{j_h} und f_{i_k} mit $j \neq i$ können in beliebiger Folge angewandt werden.

Im folgenden werden zwei mögliche Varianten der Reihenfolge des Anwendens der Log-Dateien beim Reapply aufgezeigt. Eine erste Möglichkeit ist das Verarbeiten der Log-Dateien in ihrer Entstehungsreihenfolge. Im ersten Nachbehandlungsschritt sind die Log-Dateien $f_{1_1}, f_{2_1}, \ldots, f_{n_1}$ entstanden, im zweiten die Dateien $f_{2_1}, f_{2_2}, \ldots, f_{n_2}$ usw. (Abbildung 4.12). Damit ergibt sich als mögliche Reihenfolge beim Reapply:

$$f_{1_1}, f_{2_1}, \ldots, f_{n_1}, f_{1_2}, f_{2_2}, \ldots, f_{n_2}, \ldots, f_{1_m}, f_{2_m}, \ldots, f_{n_m} \qquad \text{(Variante 1)}$$

Diese Variante ist in *Abbildung 4.13* veranschaulicht. Sie erfüllt die oben aufgestellte Bedingung, daß die Folge der Log-Dateien eines L_j erhalten bleibt. Da die Log-Dateien in der Reihenfolge ihrer Entstehung und Archivierung verarbeitet werden, ist ein effizientes Wiedereinspielen möglich. Im Vergleich zum Reapply mit den Log-Dateien des ursprünglichen Log L werden von den Log-Einträgen eines f_{j_k} eine viel geringere Anzahl Datenbankseiten modifiziert und die Lokalität der Zugriffe ist deutlich höher. Damit steigt die Wahrscheinlichkeit, daß sich eine benötigte Seite bereits im Datenbankpuffer befindet. Folglich erhöht sich die Buffer Hit Ratio und damit sinkt die Zeitdauer des Reapply. Wir werden dies in Abschnitt 4.5.3 noch genauer diskutieren.

Die Buffer Hit Ratio kann noch weiter verbessert werden, wenn alle zu einem L_j gehörigen Log-Dateien direkt nacheinander verarbeitet, also alle zu einem bestimmten physischen Teil der Datenbank korrespondierenden Log-Einträge nacheinander angewandt werden. Dies führt zu einer zweiten Variante der Reihenfolge der Log-Dateien beim Reapply:

$$f_{1_1}, f_{1_2}, \ldots, f_{1_m}, f_{2_1}, f_{2_2}, \ldots, f_{2_m}, \ldots, f_{n_1}, f_{n_2}, \ldots, f_{n_m} \qquad \text{(Variante 2)}$$

Abbildung 4.14 veranschaulicht diese Variante. Auch hier bleibt natürlich die Ordnung der Log-Dateien eines L_j erhalten. Um ein solches Reapply effizient ausführen zu können, sollten alle zu einem L_j gehörigen Log-Dateien physisch zusammen gespeichert werden. Wenn bei der Archivierung beispielsweise ein Bandroboter genutzt wird, so ist es sinnvoll, alle Log-Dateien eines L_j auf einem Band zu speichern, um teure Lade- und Entladezeiten beim Wiedereinspielen der Log-Dateien zu vermeiden.

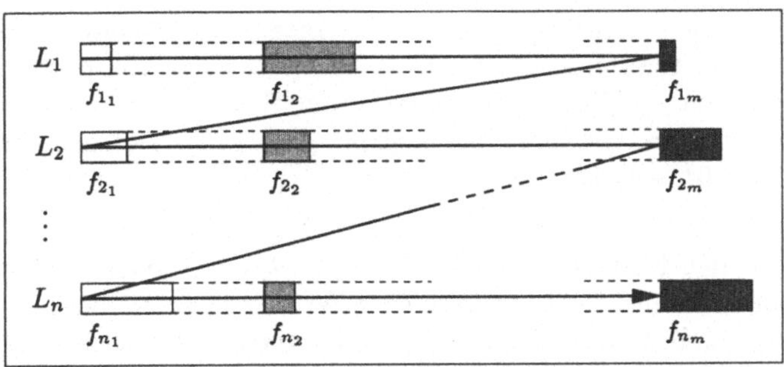

Abbildung 4.14: Reihenfolge der Log-Dateien beim Reapply – Variante 2

Da, wie oben beschrieben, die Log-Einträge einer Transaktion nach dem Anwenden von LogSplit auf verschiedene L_j verteilt sein können, ist generell zu bemerken, daß sich die Datenbank erst dann in einem transaktionskonsistenten Zustand befindet, wenn alle Log-Dateien aller L_j vollständig verarbeitet wurden. Natürlich müssen, unabhängig von der gewählten Variante des Reapply, nach der vollständigen Verarbeitung der L_j noch die Log-Einträge aus dem noch nicht nachbehandelten Teil des Log L angewandt werden. Eine Point-In-Time-Recovery bezüglich eines Zeitpunkts im bereits nachbehandelten Teil des Log kann realisiert werden, indem jedes L_j bis zu einem spezifizierten Zeitpunkt angewandt wird. Dies ist wiederum mit beiden beschriebenen Varianten möglich.

Abschließend sei bemerkt, daß bei Nutzung von Variante 2 letztlich eine Folge partieller Wiederherstellungen (Abschnitt 4.3.2) bezüglich des Reapply entsteht, wobei jeweils $P(DB)_{rec} = P(DB)_{L_j}$ gilt. Variante 1 kann ebenfalls als eine Folge partieller Wiederherstellungen interpretiert werden, wobei diese in jedem Schritt jeweils nur bis zu einem bestimmten Zeitpunkt (der zu den entsprechenden Nachbehandlungsschritten korrespondiert) ausgeführt werden. Die generellen Einsatzmöglichkeiten von LogSplit zur Performance-Verbesserung bei einer partiellen Recovery werden in Abschnitt 4.5.4.1 beschrieben.

4.5.3   Leistungsuntersuchungen

Nach der Erläuterung des Algorithmus und des Vorgehens beim Reapply sollen in diesem Abschnitt die Performance-Auswirkungen von LogSplit diskutiert werden. Dabei wird zunächst die Veränderung der Log-Größe analysiert, und danach werden die Implikationen für das Reapply diskutiert.

4.5.3.1   Größe des Log

In Abschnitt 4.4 wurde in Gleichung (4.1) auf Seite 97 eine Berechnungsvorschrift zur Bestimmung der Größe eines Log in Abhängigkeit von der Anzahl der ausgeführten Transaktionen, den ausgeführten Datenbankoperationen und der Log-Protokollierungstechnik angegeben. Wird der archivierte Teil des Log mit LogSplit nachbehandelt, so bleibt die Anzahl der Log-Einträge vom Typ $[T_i, x, v]$ insgesamt gleich. Für die Log-Einträge vom Typ $[T_i, \text{EOT}]$ gilt, daß sie in alle die L_j geschrieben werden, in denen Einträge vom Typ

$[T_i, x, v]$ der Transaktion T_i enthalten sind. Diese Anzahl ist abhängig von der Lokalität der Transaktion und dem gewählten Cluster-Granulat. Wenn die Anzahl der L_j, welche mindestens einen Log-Eintrag $[T_i, x, v]$ der Transaktion T_i enthalten, mit d_i bezeichnet wird, dann existieren nach dem Anwenden von **LogSplit** pro Transaktion genau d_i Einträge vom Typ $[T_i, \text{EOT}]$, also $(d_i - 1)$ Einträge von diesem Typ mehr als vorher.

Die Anzahl der Transaktionen im archivierten Teil des Log kann mit $p_A N_T$ abgeschätzt werden. Wenn wir den Mittelwert der Verteilungen d_i dieser $p_A N_T$ Transaktionen mit **d** bezeichnen, dann enthalten die L_j insgesamt $p_A N_T (d - 1)$ Log-Einträge der Länge $s_{r_{EOT}}$ mehr als das ursprüngliche Log. Damit erhält man unter Nutzung der Gleichung (4.1) als Gesamtgröße des Log, welches sich jetzt aus den durch die Nachbehandlung entstandenen L_j und dem noch nicht nachbehandelten Teil zusammensetzt,

$$
S_{Log}^{\text{LogSplit}} = s_r N_T o_c n_r \left(1 - \frac{1}{2}p_a - \frac{1}{2}\frac{P_T}{N_T}\right) + \frac{1}{2}s_{r_{CLR}} N_T p_a o_c n_r + s_{r_{EOT}} N_T \left(1 - \frac{P_T}{N_T}\right)
$$
$$
+ s_{r_{EOT}} p_A N_T (d - 1). \quad (4.10)
$$

Folglich beträgt die prozentuale Differenz der Größe des ursprünglichen Log S_{Log} und der des nachbehandelten Log $S_{Log}^{\text{LogSplit}}$

$$
\begin{aligned}
\Delta_{S_{Log}} &= \frac{S_{Log}^{\text{LogSplit}} - S_{Log}}{S_{Log}} 100\,\% \\
&= \frac{s_{r_{EOT}} p_A (d - 1)}{s_r o_c n_r \left(1 - \frac{1}{2}p_a - \frac{1}{2}\frac{P_T}{N_T}\right) + \frac{1}{2}s_{r_{CLR}} p_a o_c n_r + s_{r_{EOT}} \left(1 - \frac{P_T}{N_T}\right)} 100\,\%.
\end{aligned}
\quad (4.11)
$$

Für das bereits in Abschnitt 4.4.1.3 benutzte Beispiel des TPC Benchmark C und die hierfür ermittelten Werte (Tabelle 4.9 auf Seite 102) erhält man bei der Verwendung des physiological Logging $\Delta_{S_{Log}} = (d - 1)\,0{,}49\,\%$. Wählt man als Cluster-Granulat nun beispielsweise alle zu einer Tabelle gehörigen Dateien, so ergibt sich $d = 3{,}4$. Das bedeutet, daß die Transaktionen des TPC-C entsprechend ihrer Anteile im Mittel in 3,4 Tabellen schreiben. Damit erhält man $\Delta_{S_{Log}} = 1{,}2\,\%$. Das heißt, daß nach dem Anwenden von **LogSplit** die Log-Information, welche während des Reapply gelesen werden muß, (nur) um 1,2 Prozent gewachsen ist.

Allgemein hängt $\Delta_{S_{Log}}$ von der Länge der Transaktionen, der Lokalität der Transaktionen und dem gewählten Cluster-Granulat ab. Je geringer die Lokalität bzw. je feiner das Granulat, desto größer wird $\Delta_{S_{Log}}$, also der Zuwachs durch die redundanten EOT-Einträge. Allerdings muß dabei immer berücksichtigt werden, daß diese zusätzlichen Log-Einträge nur gelesen, aber nicht angewandt werden müssen.

4.5.3.2 Reapply

Für das Reapply gelten analog die in Abschnitt 4.4 in den Gleichungen (4.6), (4.8) und (4.9) angegebenen Modelle der Reapply-Gesamtzeiten für die verschiedenen Protokollierungs- und Reapply-Techniken, wobei jetzt statt S_{Log} die in Gleichung (4.10) angegebene Berechnungsvorschrift für $S_{Log}^{\text{LogSplit}}$ benutzt werden muß. Wie im vorigen Abschnitt bereits

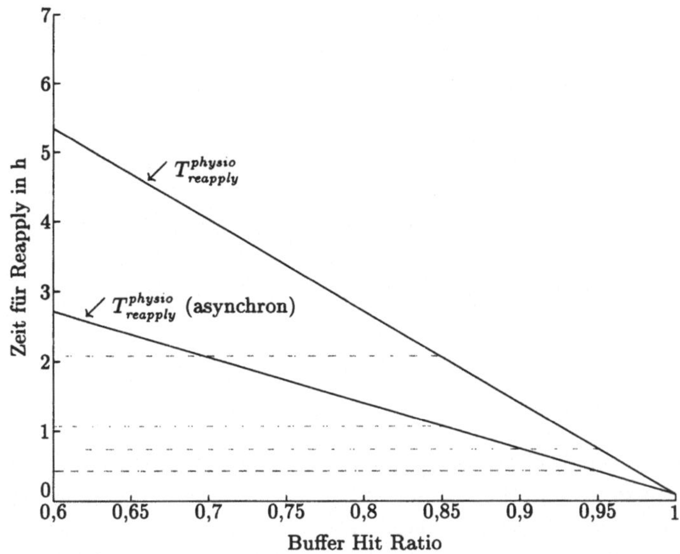

Abbildung 4.15: Reapply-Zeiten in Abhängigkeit von der Buffer Hit Ratio

erläutert, wirkt sich die Größenveränderung des Log nur beim Restore der archivierten Log-Dateien und beim Lesen des Log aus. Die Zeiten für das Anwenden der Log-Einträge verändern sich nicht, da hier ja nur die Log-Einträge vom Typ $[T_i, x, v]$ berücksichtigt werden müssen.

Abbildung 4.15 zeigt die sich jetzt ergebenden Zeiten für das Reapply. Dazu ist zu bemerken, daß diese sich kaum, insbesondere nicht in der Abbildung sichtbar, von denen in Abbildung 4.8 unterscheiden. Dies unterstreicht die Aussage, daß sich das etwas vergrößerte Log nicht entscheidend bemerkbar macht. Falls jetzt durch die Nachbehandlung der archivierten Log-Dateien mit LogSplit beispielsweise eine Verbesserung der Buffer Hit Ratio von 0,85 auf 0,95 erreicht werden kann, so sieht man aus der Abbildung, daß dann die Reapply-Zeiten von über 1 Stunde auf ca. 25 Minuten bzw. von etwa 2 Stunden auf ca. 45 Minuten reduziert werden.

Es ist schwierig, eine allgemeine Aussage über die mit LogSplit erreichbare Verbesserung der Buffer Hit Ratio zu geben. Dieser Faktor hängt vom zugrundeliegenden Datenbankschema, von der physischen Struktur der Datenbank, vom Anwendungsprofil, der Anzahl der parallel ausgeführten Transaktionen, dem Pufferersetzungsalgorithmus und dem gewählten Cluster-Granulat ab. Weiterhin ist es nicht möglich, von den im normalen Datenbankbetrieb beobachteten und publizierten Werten für die Buffer Hit Ratio auf deren Wert während des Reapply zu schließen. Grund hierfür ist, daß während des normalen Datenbankbetriebs eine Vielzahl von Leseoperationen, welche die Pufferersetzung nachhaltig beeinflussen, durchgeführt werden. Die Verteilung und Lokalität der Transaktionen kann dadurch einen völlig anderen Charakter haben, als beim Reapply, bei dem ja nur die Schreiboperationen wiederholt werden. Uns ist kein geeignetes allgemeines Modell bekannt, welches diesem Problem Rechnung trägt.

Es ist aber klar, daß durch das Anwenden von LogSplit die Buffer Hit Ratio in jedem Fall verbessert wird und damit, wie aus Abbildung 4.15 ersichtlich, eine Performance-Verbesserung des Reapply erreicht werden kann.

4.5.4 Anwendung von LogSplit für verschiedene Recovery-Verfahren

In diesem Abschnitt sollen Möglichkeiten der Anwendung von LogSplit zur Performance-Verbesserung der partiellen Recovery und der Online-Recovery dargestellt werden. Außerdem werden Möglichkeiten der Parallelisierung des Reapply mit Hilfe von LogSplit diskutiert.

4.5.4.1 Partielle Recovery

In Abschnitt 4.3.2 wurde das Vorgehen bei einer partiellen Recovery erläutert. Insbesondere wurden Vollständigkeits- und Abgeschlossenheitsbedingungen bezüglich des wiederherzustellenden Teils der Datenbank definiert, welche für eine partielle Recovery erfüllt sein müssen. Es wurde außerdem erläutert, daß eine partielle Wiederherstellung sowohl die Zeit für das Restore als auch für das Reapply deutlich senken kann, wobei dieser Performance-Gewinn durch eine möglicherweise große Anzahl unnötig zu lesender Log-Einträge verringert wird. Dieses Problem kann mit Hilfe von LogSplit deutlich reduziert werden.

Der bei einer partiellen Recovery wiederherzustellende Teil der Datenbank wurde in Abschnitt 4.3.2 mit $P(DB)_{rec}$ bezeichnet. Bei einer Nachbehandlung der für den aktuellen Datenbankbetrieb nicht mehr benötigten Teile des Log L mit LogSplit entstehen neue Logs L_j, welche einen bestimmten Teil der Datenbank, nämlich $P(DB)_{L_j}$, beim Reapply verändern. Durch LogSplit wird zwar die Anordnung der Log-Einträge modifiziert, aber deren Eigenschaften bezüglich der von ihnen veränderten Teile der Datenbank bleiben erhalten. Daraus folgt, daß die Vollständigkeits- und Abgeschlossenheitsbedingung der partiellen Recovery bezüglich $P(DB)_{rec}$ nicht berührt werden, falls statt L die L_j verwendet werden.

Es ist außerdem offensichtlich, daß bei einer partiellen Recovery nur Log-Einträge aus denjenigen L_j, für die

$$P(DB)_{L_j} \cap P(DB)_{rec} \neq \emptyset \tag{4.12}$$

gilt, angewandt werden. Daraus folgt, daß alle L_j mit $P(DB)_{L_j} \cap P(DB)_{rec} = \emptyset$ für die partielle Recovery nicht benötigt werden. Da das Cluster-Granulat von LogSplit und das Granulat der partiellen Recovery bekannt sind, kann die Entscheidung, ob ein bestimmtes L_j benötigt wird oder nicht, meist bereits vor dem Wiedereinspielen vom Archivierungsmedium getroffen werden, so daß dieser Vorgang für die nicht benötigten L_j gar nicht erst ausgeführt werden muß. Die Anzahl der zu lesenden Log-Einträge reduziert sich damit um die Menge aller Log-Einträge in ebendiesen L_j.

Für den Spezialfall, daß

$$\bigcup_{\forall L_j:\, P(DB)_{L_j} \cap P(DB)_{rec} \neq \emptyset} P(DB)_{L_j} = P(DB)_{rec} \tag{4.13}$$

gilt, müssen überhaupt keine nicht benötigten Log-Einträge aus dem nachbehandelten Teil des Log gelesen werden. Dies gilt insbesondere dann, wenn die Granulate von LogSplit und der Recovery übereinstimmen, also beispielsweise das Log mit Hilfe von LogSplit bezüglich Table Spaces aufgeteilt wurde und ein solcher wiederhergestellt wird.

Zusammenfassend ist zu sagen, daß die Nachbehandlung des Log mit LogSplit und die daraus resultierende Aufteilung der Log-Einträge bei einer partiellen Recovery zu einer deutlichen Reduzierung der wiedereinzuspielenden und zu lesenden Log-Einträge führt.

4.5.4.2   Online-Recovery

In Abschnitt 4.3.3 wurde motiviert, daß es sinnvoll sein kann, bei einer kompletten Wiederherstellung bestimmte, häufig benötigte Teile der Datenbank zuerst wiederherzustellen und bereits für den Transaktionsbetrieb freizugeben, während die Wiederherstellung der übrigen Teile der Datenbank noch andauert. Dieses Vorgehen entspricht der Aufteilung einer kompletten Recovery in mehrere partielle. Im vorigen Abschnitt wurde erläutert, daß eine Nachbehandlung des Log mit LogSplit die Menge der unnötig wiedereinzuspielenden und zu lesenden Log-Information für eine partielle Recovery reduzieren kann. Diese Aussage gilt jetzt für jede der partiellen Wiederherstellungen einer Online-Recovery und damit für den gesamten Vorgang.

Als besonderes Problem der Online-Recovery wurde in Abschnitt 4.3.3 identifiziert, daß die Log-Dateien mehrfach gelesen, eventuell sogar mehrfach vom Archivierungsmedium wiedereingespielt werden müssen. Dadurch, daß jetzt nur die benötigten Log-Dateien wiedereingespielt werden, reduziert sich dieses Problem etwas. Vollständig behoben bezüglich des Wiedereinspielens ist es allerdings nur dann, wenn der in Gleichung (4.13) beschriebene Spezialfall vorliegt, wobei in diesem Fall $P(DB)_{rec}$ den Teil der Datenbank beschreibt, der bevorzugt wiederhergestellt werden soll.

Hieraus ergibt sich ein weiterer interessanter Ansatzpunkt für eine Online-Recovery bei der Nutzung von LogSplit. In Abschnitt 4.5.2 wurde erwähnt, daß Variante 2 der Reihenfolge des Anwendens der Log-Dateien (Seite 112), also das jeweils sequentielle Verarbeiten aller zu einem L_j gehörigen Log-Dateien, einer Folge partieller Wiederherstellungen mit $P(DB)_{rec} = P(DB)_{L_j}$ entspricht. Diese Aussage gilt bezüglich des nachbehandelten Teils des Log. Setzt man diesen Ansatz konsequent fort und führt nach dem Anwenden jedes L_j die partielle Recovery von $P(DB)_{L_j}$ mit Hilfe der Log-Einträge aus dem nicht nachbehandelten Teil der Datenbank vollständig zu Ende, so kann $P(DB)_{L_j}$ danach für die Transaktionsverarbeitung freigegeben werden. Damit wird während der Online-Recovery schrittweise jeweils eine weiteres $P(DB)_{L_j}$ für die Benutzer freigegeben. Für einen korrekten Datenbankbetrieb muß das DBMS in diesem Szenario zusätzlich Informationen darüber verwalten, welche Teile der Datenbank, also welche $P(DB)_{L_j}$, bereits wiederhergestellt wurden. Dieses Vorgehen ist neben dem Vorteil des vorzeitigen Beginns der Transaktionsverarbeitung auf der Datenbank auch deshalb sehr interessant, weil hier für die Online-Recovery keine nicht benötigte Log-Information aus dem nachbehandelten Teil wiedereingespielt und gelesen werden muß, da für jede der partiellen Wiederherstellungen Gleichung (4.13) erfüllt ist.

4.5.4.3 Paralleles Reapply

Bei den bisherigen Betrachtungen wurde stets davon ausgegangen, daß zu einem Zeitpunkt nur *ein* Log-Eintrag angewandt wird. Damit wird zu einem Zeitpunkt normalerweise auch nur eine Lese- oder Schreiboperation auf den Datenbankmedien ausgeführt. Zwar ist klar, daß auf *einem* Datenbankmedium zu einem Zeitpunkt nur eine Lese- bzw. Schreiboperation ausgeführt werden kann, da die Datenbank aber oftmals über verschiedene Medien verteilt ist, erscheint es lohnenswert, die Log-Einträge so zu verarbeiten, daß gleichzeitig auf verschiedenen Medien gelesen bzw. geschrieben werden kann.

Eine erste Möglichkeit wäre die Einführung mehrerer asynchroner Prozesse zum Ausschreiben der Datenbankseiten, wobei jeder Prozeß genau einem Medium zugeordnet ist. Neben dem Mehraufwand und der technischen Schwierigkeit, für jede Seite zu bestimmen, auf welchem Medium sie liegt, dürfte der Performance-Gewinn aus einem weiteren Grund relativ gering ausfallen. Bei der Anwendung von LogSplit wurden die Log-Einträge so zugeordnet, daß die von den Log-Einträgen eines L_j veränderten Datenbankseiten möglichst nahe beieinander liegen. Damit ist die Wahrscheinlichkeit hoch, daß während der Verarbeitung eines L_j nur eine geringe Anzahl Medien oder nur ein Medium angesprochen wird.

Interessanter erscheint es, mehrere L_j *gleichzeitig* zu verarbeiten. In Abschnitt 4.5.2 wurde ausführlich erläutert, daß die L_j unabhängig voneinander, also in beliebiger Reihenfolge angewandt werden können. Dies bedeutet natürlich insbesondere, daß sie auch gleichzeitig verarbeitet werden können. Bezeichnet i im folgenden die Anzahl der gleichzeitig zu verarbeitenden L_j, so wird der Datenbankpuffer in i Teilpuffer eingeteilt (oder es werden i separate Puffer allokiert) und jedem Teilpuffer wird ein Prozeß zugeordnet, welcher jeweils genau ein L_j verarbeitet. Damit ergibt sich zu Beginn beispielsweise das folgende Szenario der Abarbeitung der Log-Dateien f_{j_k} der $L_1, \ldots, L_i$:

$$f_{1_1}, f_{1_2}, \ldots, f_{1_m} \qquad \text{(Prozeß 1)}$$
$$f_{2_1}, f_{2_2}, \ldots, f_{2_m} \qquad \text{(Prozeß 2)}$$
$$\vdots \qquad\qquad\qquad \vdots$$
$$f_{i_1}, f_{i_2}, \ldots, f_{i_m} \qquad \text{(Prozeß i)}$$

Hat ein Prozeß die Verarbeitung seines L_j beendet, so setzt er mit der Verarbeitung von L_{i+1}, also der f_{i+1_k}, fort usw. Zusätzlich kann jedem Teilpuffer ein asynchroner Prozeß zum Ausschreiben der Datenbankseiten zugeordnet werden.

Bei der beschriebenen Vorgehensweise werden also zu einem Zeitpunkt *mehrere* Log-Einträge unabhängig voneinander verarbeitet. Dies wird im folgenden als *paralleles Reapply* bezeichnet.

Es bleibt die Frage zu klären, welche Vor- und Nachteile ein solches paralleles Reapply hat. Im gegebenen Szenario können I/O-Operationen gleichzeitig ausgeführt werden, falls sie disjunkte Medien betreffen. Daraus ergibt sich, daß die durch die Log-Einträge der L_j veränderten Datenbankseiten auf disjunkten Datenbankmedien gespeichert sein sollten, d. h. die $P(DB)_{L_j}$ auf disjunkten Medien liegen sollten. In Kapitel 2.1 wurde erläutert, daß die Daten einer Datenbank physisch in Dateien bzw. Raw Devices verwaltet werden. Wenn angenommen wird, daß sich Raw Devices jeweils auf genau einem Medium befinden und

Dateien in Dateisystemen liegen, welche jeweils auf genau einem Medium eingerichtet sind, läßt sich eine solche Bedingung leicht durch eine geeignete Wahl des Cluster-Granulats für LogSplit erreichen. Man wählt dazu die Bedingungen für die L_j so, daß in einem L_j genau die Log-Einträge stehen, welche Dateien bzw. Raw Devices eines bestimmten Datenbankmediums referenzieren. In solch einer Konfiguration können die Lese- bzw. Schreiboperationen verschiedener Prozesse während des Reapply tatsächlich gleichzeitig ausgeführt werden. Damit verkürzt sich die Zeit für das Reapply, abhängig von der gewählten Anzahl i, deutlich.

Der Einsatz dieser Vorgehensweise bei nichtdisjunkten Medien für die $P(DB)_{L_j}$ ist allerdings problematisch, da sich hier die dann teilweise auf dem gleichen Medium aktiven Prozesse behindern können (Kapitel 5.4). Ein weiteres Problem ist, daß durch die Einteilung in mehrere Teilpuffer die für die Verarbeitung jedes L_j zur Verfügung stehende Puffergröße kleiner wird. Damit sinkt möglicherweise auch die Buffer Hit Ratio und die Anzahl der I/O-Operationen steigt. Im ungünstigsten Fall erreicht man also durch ein solches paralleles Reapply einen gegenteiligen Effekt und die Reapply-Zeit wird schlechter. Dies hängt vom gewählten i und von der Lokalität der Log-Einträge der L_j ab.

Kapitel 5

Backup und Restore

In diesem Kapitel werden Verfahren für ausgewählte Backup- und Restore-Techniken diskutiert. Als erstes wird dabei der einfachste Fall, das nichtparallelisierte, offline durchgeführte Komplett-Backup und das dazu korrespondierende Restore untersucht. Anschließend wird auf die verschiedenen Möglichkeiten eines Online-Backup und deren Konsequenzen für die Wiederherstellung eingegangen. Es schließt sich die Diskussion verschiedener Verfahren für inkrementelle Sicherungen einer Datenbank an. Abschließend wird auf Möglichkeiten der Parallelisierung des Backup und des Restore eingegangen.

5.1 Komplett-Backup und -Restore

Das in Kapitel 2.3 definierte Komplett-Backup bezeichnet die Sicherung einer kompletten Datenbank. In diesem Abschnitt wird dabei der klassische, nichtparallelisierte Offline-Fall betrachtet. Dies bedeutet, laut den Definitionen in Kapitel 2.3, daß während des Backup kein schreibender Zugriff anderer Prozesse auf die Datenbank möglich ist und nicht gleichzeitig auf mehrere Sicherungsmedien geschrieben wird. Die Online-Durchführung der Sicherung wird in Abschnitt 5.2 diskutiert. Auf Möglichkeiten der Parallelisierung wird in Abschnitt 5.4 eingegangen.

5.1.1 Implementierung

Zu Beginn der Sicherung muß das DBMS zunächst die zu sichernden Daten, also die entsprechenden Dateien oder Raw Devices, ermitteln. Im Fall eines offline auszuführenden Komplett-Backup besteht keine Notwendigkeit, die Daten zunächst in den Datenbankpuffer einzulesen, sondern die Sicherung kann direkt von den Datenbankmedien auf die Sicherungsmedien erfolgen. In der Beschreibung der Architektur des DBMS-Prototyps in Kapitel 3.2 wurde dies in Abbildung 3.2 auf Seite 48 durch die direkte Verbindung zwischen dem Backup Manager und dem Betriebssystem, unter Umgehung des Buffer Managers, verdeutlicht. Der Backup Manager liest die Seiten der Datenbank nacheinander direkt von den Datenbankmedien in seinen eigenen Backup-Puffer (Kapitel 3.2.5), und von dort werden diese auf die Backup-Medien geschrieben. Das Prinzip dieses Vorgehens ist in *Abbildung 5.1* dargestellt. Dabei bezeichnet **Bbuf** den Backup-Puffer und **blocksizeDB** bzw.

<pre>
┌───┐
│ Komplett-Backup   │
│   │
│ Process 1   Process 2   │
│ while not end of db do   repeat   │
│   read(blocksizeDB) into Bbuf;   write(blocksizeB) from Bbuf   │
│ od;   to backup media;   │
│ signal 1;   until signal 1 and Bbuf empty;   │
└───┘
</pre>

Abbildung 5.1: Komplett-Backup

blocksizeB die gewählten Blockgrößen, also die in einer I/O-Operation gelesenen bzw. geschriebenen Datenmengen der Datenbank- bzw. Backup-Medien.[1] Die Auswirkungen der Wahl der Blockgrößen für die Performance der Sicherung werden wir in den nächsten Abschnitten noch diskutieren.

Man könnte sich auch eine Realisierung vorstellen, bei der die entsprechenden Kopierbefehle vom DBMS an das Betriebssystem gesendet werden und von diesem direkt ausgeführt werden. In [Sch97] wurden dazu vergleichende Untersuchungen zwischen der Sicherung mit dem in Abbildung 5.1 angegebenen Verfahren, welches im DBMS-Prototyp implementiert wurde, und dem Unix-Betriebssystemkommando **dd** durchgeführt. Dabei ergaben sich keine signifikanten Unterschiede, so daß die direkte Verwendung von Betriebssystemmitteln hier keine Performance-Vorteile bringt. Analoges gilt für das Restore einer kompletten Datenbank mit Hilfe einer während eines Komplett-Backup entstandenen Sicherungskopie.

5.1.2 Leistungsuntersuchungen

Im folgenden werden analytische Modelle für das Komplett-Backup und das korrespondierende Restore angegeben. Diese werden anschließend anhand von Meßergebnissen, welche mit dem DBMS-Prototyp bzw. mit kommerziellen DBMS (*ADABAS D* und *DB2 UDB*) gewonnen wurden, überprüft.

5.1.2.1 Analytische Modelle

Bei der Modellierung gehen wird davon aus, daß, wie heute bei größeren Anwendungen üblich, die Datenbank auf einem dedizierten Datenbank-Server läuft, d. h. es sind keine anderen Anwendungen auf diesem Server und damit auch auf den betrachteten Externspeichern aktiv. Als weitere Voraussetzung wird angenommen, daß die Datenbank auf den einzelnen Medien im wesentlichen physisch zusammenhängend gespeichert ist. Da dieser Fakt auch für die Performance im normalen Datenbankbetrieb von hoher Bedeutung ist, bieten die meisten Datenbanksysteme hierfür entsprechende Reorganisationsmöglichkeiten an.

---

[1]Das am Ende des Sicherungsprozesses im letzten Schritt normalerweise jeweils eine kleinere Datenmenge zu lesen bzw. zu schreiben ist, wird in der Darstellung wegen der nur marginalen Performance-Auswirkungen nicht explizit berücksichtigt, muß aber bei der Implementierung beachtet werden.

Für eine auf n verschiedene Medien verteilte Datenbank wird im folgenden der Anteil der Datenbank DB, welcher auf dem Datenbankmedium M_i^{db} gespeichert ist, durch $S_{DB}^{M_i^{db}}$ beschrieben. Beträgt die Gesamtgröße der Datenbank $\mathbf{S_{DB}}$, dann gilt also

$$S_{DB} = \sum_{i=1}^{n} S_{DB}^{M_i^{db}}.$$

Analog gilt für die Verteilung der Sicherungskopie der Größe $\mathbf{S_B}$ auf m Backup-Medien M_j^b

$$S_B = \sum_{j=1}^{m} S_B^{M_j^b},$$

wobei der jeweilige Anteil der Sicherungskopie auf den einzelnen Backup-Medien durch $S_B^{M_j^b}$ beschrieben wird. Die Unterscheidung von Datenbankgröße und Größe der Sicherungskopie ist deshalb wichtig, da durch Komprimierung durch das DBMS und/oder die Sicherungsgeräte das Sicherungsabbild kleiner sein kann als die Datenbank. Wir werden auf diesen Aspekt bei der Präsentation der Meßergebnisse in Abschnitt 5.1.2.2 zurückkommen.

Der Aufwand für die Ermittlung der zu sichernden Daten ist im Verhältnis zur Gesamtsicherungszeit großer Datenbanken so gering, daß er hier nicht separat modelliert wird. Es wird die Zeit für das sequentielle Lesen von den Datenbankmedien und die Zeit für das Schreiben auf die Sicherungsmedien betrachtet. Da Datenbank- und Sicherungsmedien sinnvollerweise immer verschiedene Medien sind, kann das Lesen und Schreiben weitgehend asynchron ausgeführt werden. Wenn man davon ausgeht, daß sowohl die Datenbank- als auch die Sicherungsmedien untereinander jeweils relativ homogen sind, d. h. ähnliche Zugriffscharakteristika haben und nur geringe Schwankungen dieser Charakteristika während des Sicherungsprozesses auftreten, ergibt sich für die Zeitdauer des Backup

$$T_{backup} = \max\left(\sum_{i=1}^{n} \frac{S_{DB}^{M_i^{db}}}{tr_r^{M_i^{db}}}, \sum_{j=1}^{m} \frac{S_B^{M_j^b}}{tr_w^{M_j^b}} \right). \tag{5.1}$$

Dabei beziehen sich die Transferraten jeweils auf das angegebene Medium, was durch den entsprechenden hochgestellten Index verdeutlicht wird. Da es sich beim Komplett-Backup um das Lesen großer, auf den jeweiligen Medien zusammenhängender Datenmengen handelt, werden die Positionierungszeiten in diesem Modell nicht mit berücksichtigt, da sie hier im Verhältnis zur Gesamtsicherungszeit keine signifikante Rolle spielen. Das angegebene Modell ist allerdings nur dann korrekt, wenn die zu sichernden Datenmengen mit einer für das jeweilige Medium günstigen Blockgröße gelesen bzw. geschrieben werden. Welche Auswirkungen ungünstige Blockgrößen haben können, wird in Abschnitt 5.1.2.2 anhand konkreter Messungen verdeutlicht.

Falls die Datenbank- bzw. Sicherungsmedien untereinander sehr verschiedene Zugriffscharakteristika haben oder während der Sicherung starke Schwankungen in den Übertragungsraten auftreten (beispielsweise bei einer Sicherung im Netz), so stellt Gleichung (5.1) eine untere Schranke für die Zeitdauer des Backup dar.

Für den Spezialfall, daß die Datenbank auf genau einem Medium gespeichert ist und die Sicherung ebenfalls auf genau ein Medium erfolgt, ergibt sich aus Gleichung (5.1)

$$T_{backup} = \max\left(\frac{S_{DB}}{tr_r^{db}}, \frac{S_B}{tr_w^b}\right).$$

Für das Restore einer Sicherungskopie wird unter den gleichen Voraussetzungen ein analoges Modell verwendet, es gilt also

$$T_{restore} = \max\left(\sum_{j=1}^{m} \frac{S_B^{M_j^b}}{tr_r^{M_j^b}}, \sum_{i=1}^{n} \frac{S_{DB}^{M_i^{db}}}{tr_w^{M_i^{db}}}\right). \tag{5.2}$$

Für den Spezialfall mit jeweils genau einem Datenbank- und Sicherungsmedium erhält man

$$T_{restore} = \max\left(\frac{S_B}{tr_r^b}, \frac{S_{DB}}{tr_w^{db}}\right).$$

5.1.2.2 Messungen

Zunächst sollen einige der im letzten Abschnitt gemachten Annahmen überprüft werden. Es wurde erwähnt, daß die obigen Modelle nur dann gültig sind, wenn das Lesen und Schreiben mit einer für das jeweilige Medium günstigen Blockgröße erfolgt. Mit Blockgröße ist dabei die in einem Schritt, also einer I/O-Operation, gelesene bzw. geschriebene Datenmenge gemeint. Zur Verdeutlichung betrachte man *Abbildung 5.2* [Sch97]. Diese zeigt mit dem DBMS-Prototyp gemessene Backup-Zeiten einer 190 MB großen Datenbank mit verschiedenen Blockgrößen auf Dateisystem bzw. Raw Device. Dies bedeutet in diesem Fall, daß jeweils sowohl Datenbank als auch Sicherungskopie auf Dateisystem bzw. Raw Device gespeichert wurden.

Man sieht, daß für kleine Blockgrößen durch die hohe Anzahl zeitlich kurzer I/O-Operationen ein sehr großer Mehraufwand durch die Operationsverarbeitung und die Positionierungszeiten der Platte entsteht und die Sicherungszeiten deutlich schlechter sind. Dabei ist dieser Effekt beim Dateisystem aufgrund der internen Pufferung nicht so stark ausgeprägt wie bei der Verwendung von Raw Devices. Im Bereich einer Blockgröße von 128 bis 10240 Datenbankseiten, also von 512 KB bis 40 MB, sind die Sicherungszeiten nahezu konstant und annähernd gleich für beide Varianten. Die dabei erreichte Übertragungsrate beträgt 3,46 MB/s und liegt damit im Bereich der maximalen Plattentransferrate des Backup-Mediums (Tabelle 3.1 auf Seite 66). Für sehr große Blockgrößen steigen die Backup-Zeiten wieder deutlich an. Dies liegt am Verhältnis Blockgröße und Hauptspeichergröße, d. h. an der dann notwendigen Auslagerung von Daten aus dem Hauptspeicher auf den Sekundärspeicher durch das Betriebssystem (*paging*). Die daraus resultierenden zusätzlichen I/O-Operationen beeinträchtigen die Sicherung erheblich.

Ein weiterer wichtiger Punkt im vorigen Abschnitt war die getrennte Betrachtung von Datenbankgröße und Größe des Sicherungsabbilds. Wie bereits erwähnt, ist dies notwendig, um Kompression durch das DBMS und/oder die Sicherungsgeräte berücksichtigen zu können. In *Abbildung 5.3* [Sch97] sind die Backup-Zeiten bei der Sicherung von Datenbanken verschiedener Größe auf ein Bandgerät zu sehen. Die untersuchten Datenbanken wurden

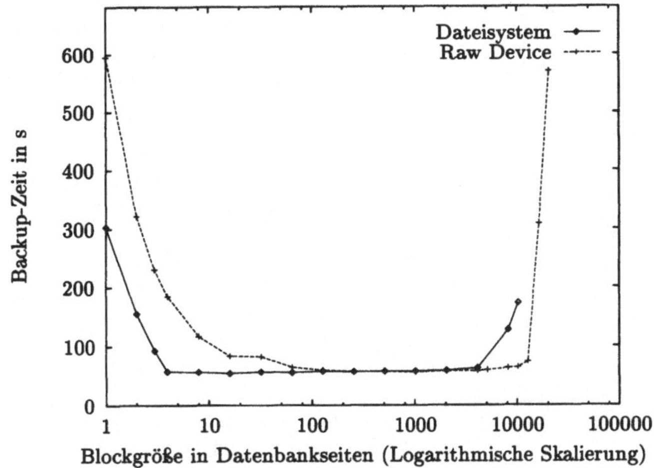

Abbildung 5.2: Backup-Zeiten für verschiedene Blockgrößen

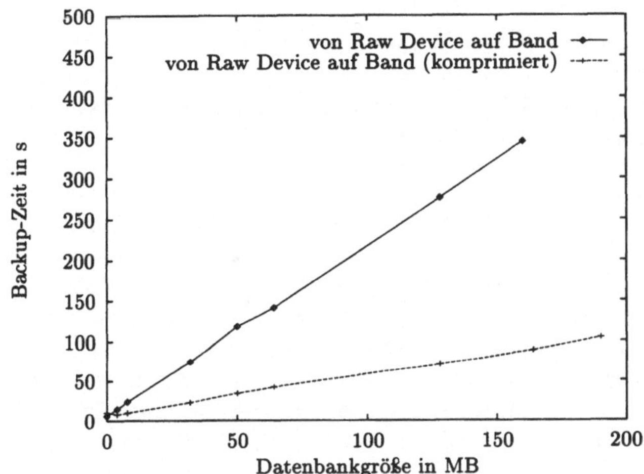

Abbildung 5.3: Backup-Zeiten auf Band für verschiedene Datenbankgrößen

mit dem DBMS-Prototyp erzeugt. Es wurden zwei verschiedenen Strukturen, also Inhalte der Datenbankseiten, untersucht, von denen eine durch das Bandgerät sehr gut komprimiert werden konnte und die andere fast überhaupt nicht. Da die Zeiten von Raw Device auf Band bzw. von Dateisystem auf Band nahezu identisch sind, wurden im Diagramm nur die Zeiten angegeben, bei denen die Datenbank auf einem Raw Device gespeichert war. Die Gleichheit der Sicherungszeiten von Raw Device bzw. Dateisystem ist hier nicht überraschend, da die Sicherungszeiten in diesem Szenario durch das im Verhältnis zum Datenbankmedium sehr langsame Sicherungsmedium bestimmt werden.

Für die wenig komprimierten Datenbanken entspricht die Durchsatzrate ab einer bestimmten Datenbankgröße der in Tabelle 3.1 auf Seite 66 angegebenen Transferrate des Band-

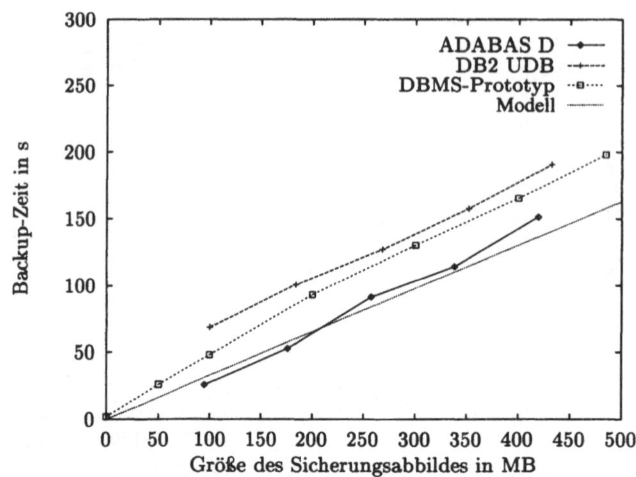

Abbildung 5.4: Backup-Zeiten: Vergleich

geräts für den unkomprimierten Fall. Im anderen Fall können deutlich kürzere Sicherungszeiten erreicht werden, da die entstehende Sicherungskopie durch die Kompression des
Bandlaufwerks wesentlich kleiner ist. Es ist also offensichtlich, daß die entstehende Größe
der Sicherungskopie eine entscheidende Rolle spielt und folglich im Modell berücksichtigt
werden muß.

Nach diesen Vorbetrachtungen sollen nun die angegebenen Modelle den aus Messungen
erhaltenen Werten gegenübergestellt werden. In *Abbildung 5.4* sind die Backup-Zeiten für
Datenbanken verschiedener Größen abgebildet. Dabei sind sowohl Messungen mit dem
DBMS-Prototyp als auch Sicherungszeiten, welche mit Hilfe des Backup- und Recovery-
Benchmarks (Kapitel 3.4) für *ADABAS D* und *DB2 UDB* ermittelt wurden [Erf99], abgebildet. Die bei diesen Messungen gewählten Datenbankgrößen ergeben sich aus den Ska-
lierungen bei 1, 2, ... , 5 Lagern bei Verwendung des Schemas des TPC-C (Kapitel 3.4).
Da bei *DB2 UDB* in der verwendeten Version 5.0 die Sicherung auf Raw Devices nicht
korrekt unterstützt wird, konnten für dieses System nur Sicherungen und Wiederherstellungen auf Dateisystem ausgeführt werden. Aus diesem Grund sind für alle Messungen die
Werte für eine Sicherung von und auf Dateisystem angegeben. Zusätzlich sind in Abbildung 5.4 die sich aus Gleichung (5.1) ergebenden theoretischen Modellwerte eingetragen.
Die Schwankungen bei Messungen auf dem Dateisystem sind größer als bei Verwendung
von Raw Devices. Der Variationskoeffizient, welcher sich aus dem Quotienten aus Standardabweichung und Mittelwert, multipliziert mit 100 Prozent berechnet und ein Maß für die
prozentuale Abweichung der Meßwerte vom Mittelwert ist, liegt sowohl für den Prototyp
als auch die DBMS zwischen 2 und 6 Prozent.

Bei der Bewertung der Meßergebnisse ist zu berücksichtigen, daß für die Systeme keine Optimierungen, wie die Wahl der Anzahl der Puffer und der Puffergröße o. ä., durchgeführt
wurden, sondern die Sicherungen mit den Standardeinstellungen ausgeführt wurden. Die
theoretischen Werte sind hingegen die Optimalwerte, also ausgehend von den besten erreichten Transferraten. Während die Werte für *ADABAS D* dem Modell sehr nahe kommen,

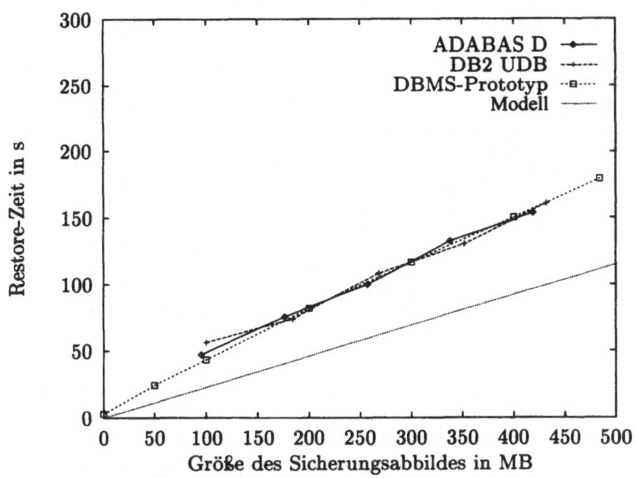

Abbildung 5.5: Restore-Zeiten: Vergleich

sind die Werte des Prototyps etwas schlechter. Noch größer ist die Differenz zu den Werten für *DB2 UDB*. Auffällig dabei ist, daß die Differenz nahezu konstant ist, was für einen von der Datenbankgröße relativ unabhängigen Mehraufwand zur Ermittlung bestimmter Verwaltungsinformation o. ä. in diesem System spricht.

In *Abbildung 5.5* sind die Restore-Zeiten dargestellt. Die Werte für beide DBMS und den Prototyp sind nahezu identisch, weisen aber eine relativ große Differenz zum Modellwert auf. Dieser berechnet sich in diesem Fall aus der Lesetransferrate des Sicherungsmediums, da diese hier geringer als die Schreibtransferrate des Datenbankmediums ist (Gleichung (5.2) und Tabelle 3.1). Um diese Differenz näher zu analysieren, wurden in *Abbildung 5.6* die erreichten Durchsatzraten eingetragen. Man sieht, daß sowohl für die DBMS als auch für den Prototyp die Durchsatzraten mit wachsender Datenbankgröße zunehmen. Dies spricht für einen mengenunabhängigen Mehraufwand, dessen Einfluß auf die Gesamtzeit mit wachsender Datenbankgröße immer geringer wird. Eine weitere Steigerung der Durchsatzraten mit zunehmender Datenbankgröße ist also zu erwarten. Dies wurde auch in [Sch97] in einer etwas anderen Meßumgebung mit größeren Datenbanken bestätigt. Trotzdem ist nicht zu erwarten, daß für größere Datenbanken die maximalen Transferraten wirklich erreicht werden. Neben dem Mehraufwand durch die asynchrone Implementierung mit mehreren Prozessen, darf hier auch der Einfluß des Betriebssystems nicht unterschätzt werden. Bei Messungen auf dem Raw Device erreichen nämlich sowohl für das Backup als auch das Restore die Werte für den DBMS-Prototyp fast die theoretischen Modellwerte. Diese Meßwerte sind in den Auswertungen für das parallele Backup und Restore in Abschnitt 5.4.4.2 angegeben. Sie werden dort als Vergleichswerte für die parallelen Verfahren verwendet.

Zusammenfassend kann festgestellt werden, daß die gewählte Modellierung für eine grobe Abschätzung der Sicherungs- und Wiederherstellungszeiten geeignet ist. Allerdings wird auch deutlich, daß für konkrete DBMS jeweils zusätzlich spezifische, DBMS-intern bedingte Eigenschaften berücksichtigt werden müssen, um noch genauere Aussagen zu erhalten. Wir werden hierauf in Kapitel 6.2 zurückkommen.

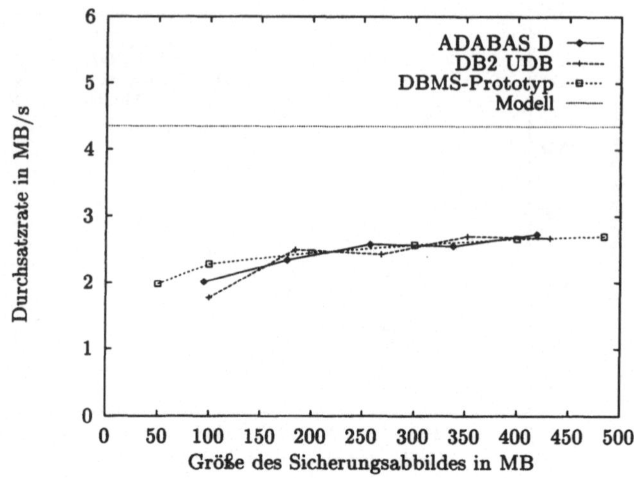

Abbildung 5.6: Durchsatzraten beim Restore: Vergleich

5.2   Online-Backup

In diesem Abschnitt werden verschiedene Varianten des Online-Backup und deren Konsequenzen für die Wiederherstellung der Datenbank diskutiert. In Kapitel 2.3 wurde definiert, daß ein Backup als Offline-Backup bezeichnet wird, falls während des Backup kein schreibender Zugriff anderer Prozesse auf die Datenbank möglich ist. Ist hingegen ein vollständiger oder zumindest teilweiser schreibender Zugriff möglich, wird von einem Online-Backup gesprochen. Die im folgenden gegebene Klassifikation [Stö96a] wird den Umfang und die Art des schreibenden Zugriffs während des Backup näher spezifizieren. Anschließend werden Implementierungsvarianten für die verschiedenen Arten des Online-Backup angegeben.

5.2.1   Klassifikation

Um die Möglichkeiten des schreibenden Zugriffs auf die Datenbank während des Backup näher zu beschreiben, werden als erstes die für die Durchführung eines Online-Backup relevanten Transaktionsklassen eingeführt. Wenn im folgenden von Transaktionen gesprochen wird, sind immer solche Transaktionen gemeint, die schreibend auf die Datenbank zugreifen. Transaktionen, die nur lesend zugreifen, beeinflussen zwar die Performance des Backup aufgrund der konkurrierenden Zugriffe. Allerdings haben sie keinen Einfluß auf den Zustand der zu sichernden Seiten und müssen deshalb nicht mit betrachtet werden. Als Klassifikationskriterien für die Transaktionen dienen:

- die zeitliche Relation des Beginns einer Transaktion (BOT) zum Beginn des Backup (BOB) und zum Ende des Backup (EOB) und

- die zeitliche Relation des Endes einer Transaktion (EOT) zum Beginn und zum Ende des Backup.

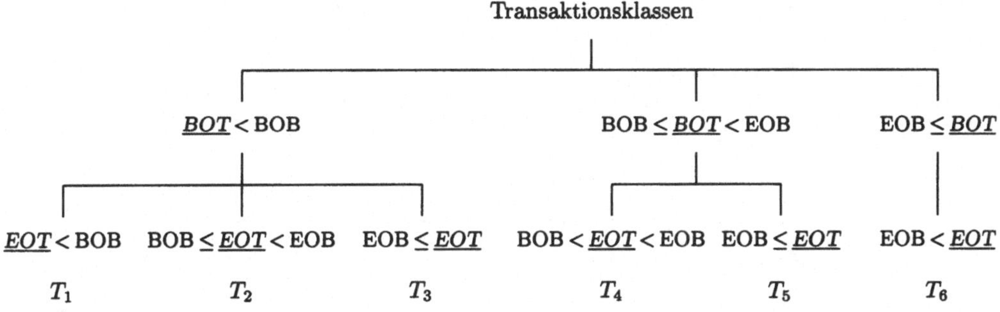

Abbildung 5.7: Transaktionsklassen bezüglich des Online-Backup

Abbildung 5.7 enthält die aus diesen Relationen entstehenden Transaktionsklassen. Eine Klasse T_i mit $i \in \{1, \ldots, 6\}$ besteht aus allen Transaktionen, für welche die angegebenen Beziehungen gelten. Dabei wurden die Schranken, also insbesondere die Entscheidung, wann ein $\leq$ und wann ein $<$ steht, so gewählt, daß bezüglich des Backup gleichzubehandelnde Fälle zusammenfallen.

Wenn alle sechs angegebenen Transaktionsklassen ausgeführt werden können, wird das Backup als *vollständiges* Online-Backup bezeichnet. Diese Variante erlaubt also einen uneingeschränkten schreibenden Zugriff während des gesamten Backup (*Abbildung 5.8*), wird bislang aber nur von einigen Datenbanksystemen so unterstützt (beispielsweise *DB2 UDB*, *Oracle8* und *Sybase SQL Server*). Eine Reihe von Systemen unterstützen nur eingeschränkte Varianten. Motivation hierfür ist, daß durch bestimmte Einschränkungen die Wiederherstellung der Datenbank vereinfacht wird. Wir werden dies in Abschnitt 5.2.2 näher erläutern und geben im folgenden zunächst nur die Klassifikation der verschiedenen Möglichkeiten an.

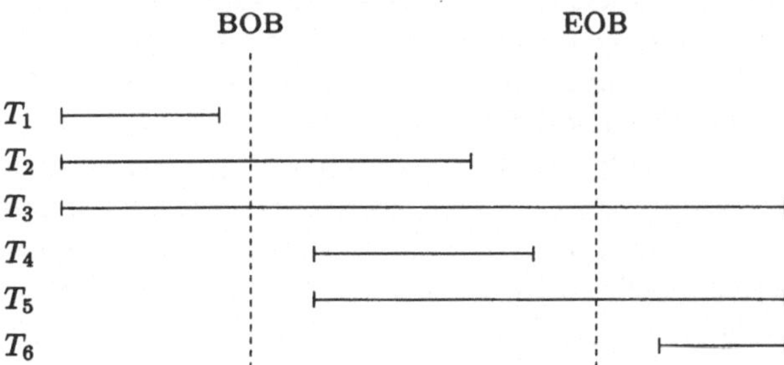

Abbildung 5.8: Transaktionsklassen für vollständiges Online-Backup

Für die mit Einschränkungen in der Anzahl der möglichen Transaktionsklassen verbundenen Verfahren, welche im folgenden unter dem Begriff *eingeschränktes* Online-Backup zusammengefaßt werden, existieren in heutigen Datenbanksystemen im wesentlichen zwei Realisierungsformen. Es wird entweder zum Beginn oder zum Ende des Backup ein Zustand hergestellt, in welchem keine Transaktionen offen sein dürfen, d. h. es wird ein transaktionskonsistenter Zustand auf der Datenbank erzwungen.

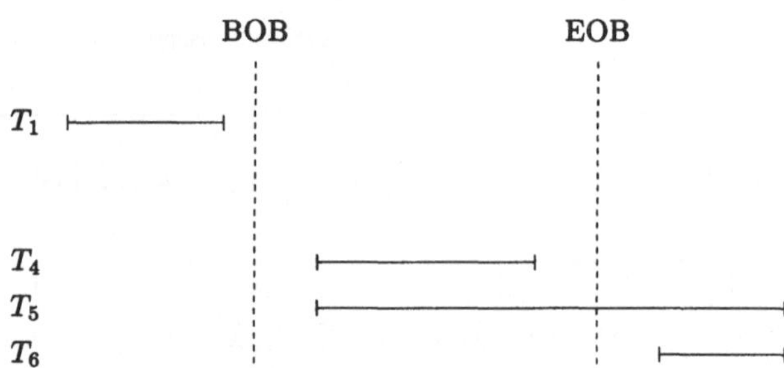

Abbildung 5.9: Transaktionsklassen für eingeschränktes Online-Backup mit $\neg T_2 \wedge \neg T_3$

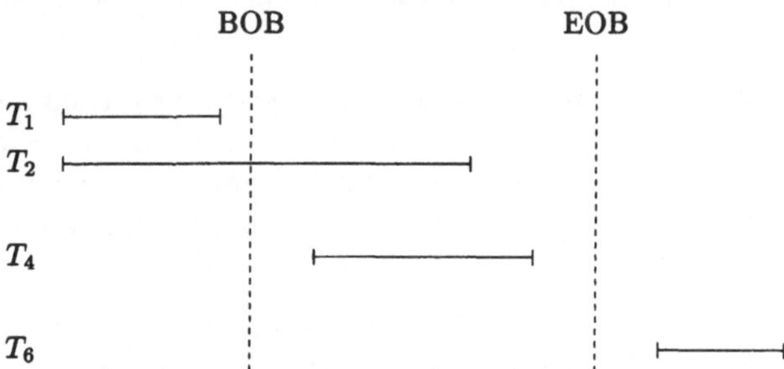

Abbildung 5.10: Transaktionsklassen für eingeschränktes Online-Backup mit $\neg T_3 \wedge \neg T_5$

Wird dieser Zustand zum Beginn des Backup hergestellt, so entfallen die Transaktionsklassen T_2 und T_3 (*Abbildung 5.9*). Diese Variante ist beispielsweise in *ADABAS D, SE-SAM/SQL-Server* und *ObjectStore* realisiert. Um einen solchen Zustand zu erzwingen, muß entweder der Backup-Prozeß so lange warten, bis alle laufenden Transaktionen beendet sind, während gleichzeitig das Anlaufen neuer Transaktionen verhindert bzw. verzögert wird, oder die laufenden Transaktionen müssen abgebrochen werden. Möglich ist auch eine Kombination aus beiden Vorgehensweisen, d. h., der Backup-Prozeß wartet eine durch einen Schwellwert vorgegebene Zeit und bricht danach die noch nicht beendeten Transaktionen ab. Problematisch bei all diesen Vorgehensweisen sind lange Transaktionen (Kapitel 4.1.2), die zum Beginn des Backup noch aktiv sind. Diese verzögern bei der ersten Vorgehensweise den Start des Backup und behindern dadurch auch neue Transaktionen. Werden lange Transaktionen hingegen abgebrochen, ist dies aus Benutzersicht natürlich ebenfalls nicht zufriedenstellend [Stö96b].

Falls der transaktionskonsistente Zustand am Ende des Backup erzwungen wird, so sind keine Transaktionen der Transaktionsklassen T_3 und T_5 möglich (*Abbildung 5.10*). Diese Vorgehensweise wird beispielsweise in *ADABAS C* gewählt. Problematisch sind hier lange Transaktionen, welche zum Ende des Backup noch aktiv sind. Hier gibt es wieder die Varianten des Verzögerns der Beendigung des Backup bzw. des Abbrechens der entsprechenden Transaktionen oder einer Kombination aus beidem. Die bei der vorherigen Variante ($\neg T_2 \wedge \neg T_3$) beschriebenen Nachteile gelten hier also analog.

Abbildung 5.11 faßt die erläuterten Varianten des Online-Backup zusammen. Während für das vollständige Online-Backup ein uneingeschränkter Zugriff auf die Datenbank beim

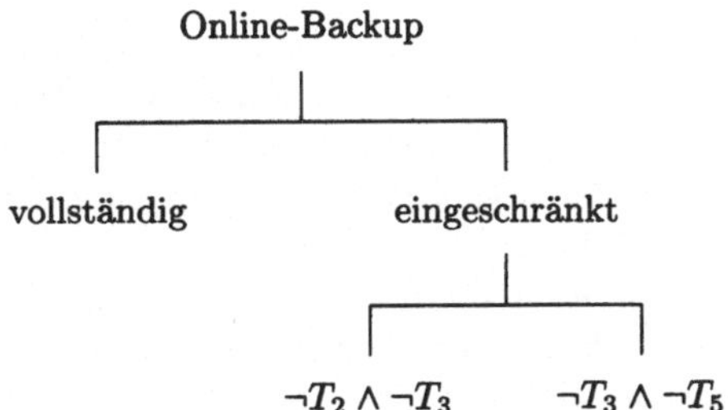

Abbildung 5.11: Klassifikation der Verfahren für Online-Backup

Backup möglich ist, schränken die anderen beiden Varianten diesen, wie beschrieben, insbesondere bezüglich langer Transaktionen ein.

5.2.2 Implementierung

In diesem Abschnitt werden für die vorgestellten Verfahren Implementierungsvarianten angegeben, wobei sowohl die Sicherung als auch die Wiederherstellung der Datenbank in den verschiedenen Fällen diskutiert werden. Bei der Beschreibung werden zunächst die Varianten des eingeschränkten Online-Backup erläutert, da hier die Wiederherstellungsalgorithmen wesentlich einfacher als beim vollständigen Online-Backup sind.

5.2.2.1 Eingeschränktes Online-Backup

Motivation für die Herstellung eines transaktionskonsistenten Zustands zum Beginn oder Ende des Backup ist es, die Datenbank allein mit Hilfe eines Restore, also ohne ein Reapply, in einen benutzbaren, d. h. insbesondere transaktionskonsistenten Zustand bringen zu können. Entsprechend vereinfacht sich das dann nachfolgende Reapply zur Erreichung des letztgültigen transaktionskonsistenten Zustands.

Verfahren mit transaktionskonsistentem Zustand zu Beginn des Backup

Für die Sicherung bei dieser Form des eingeschränkten Online-Backup gibt es verschiedene Vorgehensweisen. Unterscheidungskriterium ist dabei die Frage, ob nach dem Herstellen des transaktionskonsistenten Zustands und dem Beginn der Sicherung ein sofortiger, uneingeschränkter Zugriff anderer Datenbankbenutzer auf die Datenbank möglich ist, oder nicht.

Verfahren mit verzögertem Zugriff auf die Datenbank Bei dieser Variante, die beispielsweise in *ObjectStore* realisiert ist, wird zunächst die gesamte Datenbank gesperrt und danach mit der Sicherung begonnen. Ziel dieser Vorgehensweise ist es, den transaktionskonsistenten Zustand, wie er zum Beginn des Backup vorlag, zu sichern.[2] Sobald ein

---

[2]Um die Sicherung effizient ausführen zu können, sollten zum Beginn des Backup die veränderten Seiten aus dem Datenbankpuffer in die Datenbank eingebracht werden, damit die Sicherung direkt von den Datenbank- auf die Sicherungsmedien, unter Umgehung des Datenbankpuffers, ausgeführt werden kann (Abschnitt 5.1).

Teil der Datenbank geschrieben wurde, können Transaktionen auf diesen Teil der Datenbank wieder schreibend zugreifen. Das Granulat können hierbei je nach Realisierungsform beispielsweise Seiten, Dateien oder Table Spaces sein. Da bei diesem Vorgehen ein transaktionskonsistenter Zustand der Datenbank gesichert wird, kann die Wiederherstellung mit einem einfachen Restore der Sicherungskopie erfolgen, und die Datenbank ist danach in einem transaktionskonsistenten, wenngleich in der Regel nicht aktuellem, Zustand und sofort betriebsbereit. Um einen aktuelleren Zustand wiederherzustellen, können nach dem Restore die normalen Reapply-Algorithmen (Kapitel 4.2) eingesetzt werden, wobei die Log-Information ab dem Zeitpunkt BOB angewandt werden muß.

Verfahren mit sofortigem Zugriff auf die Datenbank Aus Benutzersicht wünschenswerter ist natürlich eine Vorgehensweise, bei der Transaktionen sofort nach dem Beginn des Backup wieder auf alle Seiten der Datenbank auch schreibend zugreifen dürfen. Um dennoch nach der Wiederherstellung einen transaktionskonsistenten Zustand der Datenbank zu erreichen, gibt es mehrere Möglichkeiten. So können beispielsweise während der Sicherung die alten Zustände (*before images*) geänderter Seiten zusätzlich gesichert werden. Nach dem Wiedereinspielen der Datenbank werden diese dann ebenfalls eingespielt, die Änderungen also wieder zurückgenommen. Damit erhält man den transaktionskonsistenten Zustand der Datenbank, wie er zum Beginn des Backup vorlag. Auch bei diesem Vorgehen, welches sich beispielsweise in *SESAM/SQL-Server* findet, kann die Wiederherstellung der Datenbank also ausschließlich mit der Sicherungskopie und den zusätzlich gesicherten Seiten erfolgen, und es ist kein Anwenden von Log-Information notwendig. Allerdings ist durch die zusätzlich zu sichernden Seiten die Größe des Sicherungsabbildes vorher nicht abschätzbar, was zu Fehlersituationen führen kann (siehe hierzu auch Abschnitt 5.4).

Eine andere Möglichkeit ist natürlich das gezielte Anwenden von Log-Information nach dem Restore zum Wiederherstellen eines transaktionskonsistenten Zustands. Die dann bei der Sicherung zu verwendenden Algorithmen korrespondieren zu denen beim vollständigen Online-Backup (Abschnitt 5.2.2.2), und die Herstellung eines transaktionskonsistenten Zustands zum Beginn des Backup beeinflußt lediglich den Zeitpunkt, ab dem bei der Wiederherstellung Log-Information angewandt werden muß. Dieser entspricht hier dem Zeitpunkt BOB.

Verfahren mit transaktionskonsistentem Zustand zum Ende des Backup

Bei diesem Verfahren, welches beispielsweise in *ADABAS C* realisiert ist, wird der transaktions*in*konsistente Zustand der Datenbank während des Backup gesichert. Während des Verlaufs des Backup wird zusätzlich protokolliert, welche Seiten zwischenzeitlich verändert wurden. Nach dem Herstellen eines transaktionskonsistenten Zustands der Datenbank zum Ende des Backup werden die während des Backup veränderten Seiten nochmals separat gesichert. Dies entspricht einem inkrementellen Backup (Abschnitt 5.3), wobei der zeitliche Bezugspunkt der Beginn des Backup ist. Beim Wiederherstellen der Datenbank wird zunächst ein Restore der Sicherungskopie ausgeführt, und danach werden die zusätzlichen Seiten (das inkrementelle Sicherungsabbild) wiedereingespielt. Man erhält dadurch nach der Wiederherstellung den transaktionskonsistenten Zustand der Datenbank zum Ende des

Backup. Auch hier muß wiederum zusätzlicher, vorher nicht abschätzbarer Speicherplatz für die separat zu sichernden Seiten eingeplant werden.

Natürlich könnte auch hier die Wiederherstellung statt mit zusätzlich zu sichernden Seiten mit Log-Information erfolgen. Hier gilt ebenfalls, daß die Algorithmen zu denen beim vollständigen Online-Backup (Abschnitt 5.2.2.2) korrespondieren und die Herstellung eines transaktionskonsistenten Zustands zum Ende des Backup wiederum nur den Zeitpunkt, ab dem Log-Information angewandt werden muß, beeinflußt. Falls CLRs (Kapitel 4.1.5) benutzt werden, genügt wiederum Log-Information ab dem Zeitpunkt BOB, sonst muß Log-Information ab der zu BOB gültigen *transaction low-water mark* (Kapitel 4.1.2) angewandt werden (siehe auch Abschnitt 5.2.2.2). Wenn die Log-Information bis EOB angewandt wurde, befindet sich die Datenbank in einem transaktionskonsistenten Zustand.

5.2.2.2   Vollständiges Online-Backup

Laut Definition sind für das vollständige Online-Backup alle in Abbildung 5.7 definierten Transaktionsklassen zugelassen. Um die Wiederherstellung zu vereinfachen, sollte die Sicherungskopie zumindest alle Veränderungen der Transaktionen der Klasse T_1, also der vor dem Beginn des Backup beendeten Transaktionen, enthalten. Dazu werden zum Beginn des Backup die veränderten Seiten aus dem Datenbankpuffer in die Datenbank eingebracht. Danach kann die Sicherung direkt von den Datenbank- auf die Sicherungsmedien erfolgen. Eine Sicherung der veränderten Seiten aus dem Datenbankpuffer heraus wäre auch möglich, ist aber aus Effizienzgründen nicht sinnvoll.

Erfolgt die Sicherung der Datenbank unabhängig vom Transaktionsbetrieb, so ist die Sicherungskopie in einem transaktions*in*konsistentem Zustand und enthält von den Transaktionen der Klassen T_2–T_5 keine, einige oder alle der während der Dauer des Backup ausgeführten Veränderungen. Bei der Wiederherstellung muß also insbesondere sichergestellt werden, daß die Datenbank alle Veränderungen dieser Transaktionen enthält. Da sich beim physischen und beim physiological Logging jeder Log-Eintrag auf genau eine Seite bezieht (Kapitel 4.1.3, 4.1.5 und 4.5), ist eine solche Wiederherstellung ausgehend von einem transaktionsinkonsistenten Zustand für diese Protokollierungstechniken mit Hilfe von Log-Information möglich. Da diese Abgrenzung des Bezugs für das logische Logging nicht erfüllt ist (Kapitel 4.1.4 und 4.5), ist ein vollständiges Online-Backup in der beschriebenen Form für diese Protokollierungstechnik im allgemeinen nicht möglich.

Beim Reapply können die in Kapitel 4.2 beschriebenen Algorithmen verwendet werden. Es muß allerdings beachtet werden, ob die zu einem Log-Eintrag korrespondierende Veränderung bereits in der entsprechenden Datenbankseite ausgeführt wurde oder nicht. Dies läßt sich mit Hilfe der LSN des Log-Eintrags und der pageLSN der Seite (Kapitel 4.1.5) ermitteln. Falls die pageLSN größer oder gleich der LSN des Log-Eintrags ist, wurde die zu diesem Eintrag korrespondierende Veränderung in der Seite bereits ausgeführt, und der Log-Eintrag darf nicht angewandt werden.[3]

Man sieht in *Abbildung 5.12*, daß für das Rücksetzen der zum Fehlerzeitpunkt offenen Transaktionen der Klasse T_3, also für T_{3_o}, auch solche Undo-Information benötigt wird,

---

[3]Für physisches Logging auf Seitenebene können aufgrund der Idempotenz der Operationen (Kapitel 4.1.3) alle Log-Einträge angewandt werden.

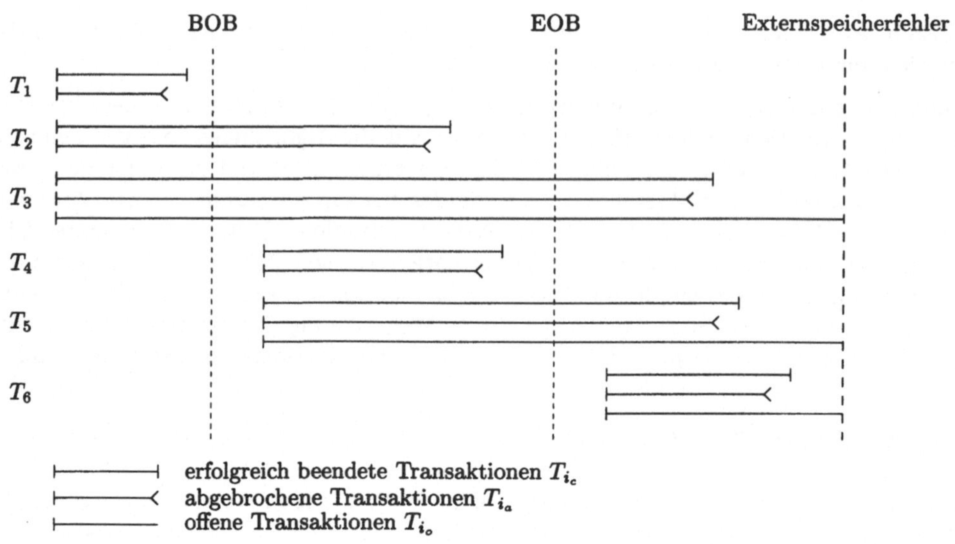

Abbildung 5.12: Fehlerszenario für vollständiges Online-Backup

welche vor BOB geschrieben wurde. Da zum Zeitpunkt BOB von einer offenen Transaktion nicht bekannt ist, ob sie zur Klasse T_2 oder T_3 gehört und welchen Status (c, a oder o) sie zum Fehlerzeitpunkt haben wird, muß Log-Information ab der zu BOB gültigen *transaction low-water mark* für die Wiederherstellung aufbewahrt werden und beim Reapply das Log ab dieser Stelle ausgewertet werden. Falls keine CLRs geschrieben werden, wird Log-Information vor BOB auch für die Klassen T_{2_a} und T_{3_a} benötigt. Auch hier genügt es aber, die Log-Information ab der zu BOB gültigen *transaction low-water mark* zu betrachten.

Daß bei einer Wiederherstellung Log-Information ab einem aus Sicht des Administrators nicht genau spezifizierbaren Zeitpunkt zur Verfügung gestellt werden muß, ist eine etwas unschöne Eigenschaft dieses Verfahrens. Um die Administration zu erleichtern, kann gemeinsam mit dem Online-Backup auch die Log-Information von der *transaction low-water mark* bis zum Zeitpunkt BOB gesichert werden.[4] Um die Menge der zu sichernden Log-Information zu reduzieren, genügt es sogar, die Log-Information der Klassen T_2 und T_3 aus diesem Zeitraum zu sichern. Wird diese Log-Information gemeinsam mit der Sicherungskopie verwaltet, muß bei einer Wiederherstellung vom Administrator nur die Log-Information ab BOB zusätzlich bereitgestellt werden. Steht diese aufgrund eines Fehlers nicht zur Verfügung, so kann in diesem Fall auch eine Point-In-Time Recovery bezüglich BOB mit Hilfe der Sicherungskopie und der mit dieser gemeinsam gesicherten Log-Information ausgeführt werden.

---

[4]Aufgrund der Definition der *transaction low-water mark* (Kapitel 4.1.2) steht diese Log-Information zum Zeitpunkt der Sicherung online zur Verfügung, ist also noch nicht archiviert.

5.2.3 Bewertung

Es wurden verschiedene Varianten des Online-Backup bezüglich der Möglichkeit des schreibenden Zugriffs während des Backup klassifiziert und Implementierungsvarianten angegeben.

Die verschiedenen Varianten des eingeschränkten Online-Backup sind, wie erwähnt, mit Einschränkungen bezüglich des schreibenden Zugriffs verbunden. Es wird jeweils entweder zum Beginn oder zum Ende des Backup ein transaktionskonsistenter Zustand auf der Datenbank erzwungen, was zum Abbruch laufender Transaktionen oder zur Verzögerung des Backup-Prozesses führt. Allerdings kann bei diesen Varianten die Wiederherstellung der Datenbank ausschließlich mit Hilfe der Sicherungskopie und gegebenenfalls zusätzlich gesicherter Seiten, also ohne das Anwenden von Log-Information, erfolgen. Folglich ist die Wiederherstellung i. allg. etwas schneller als beim vollständigen Online-Backup.

Bei einem vollständigen Online-Backup bestehen keine funktionalen Einschränkungen bezüglich des Transaktionszugriffs, wobei es natürlich, genau wie bei den anderen Varianten, zu Performance-Verlusten durch die konkurrierenden Prozesse kommen kann. Bei einem vollständigen Online-Backup ist für die Wiederherstellung immer Log-Information notwendig, wobei mindestens die Undo-Information der zum Beginn des Backup aktiven Transaktionen von ihrem Beginn bis BOB benötigt wird. Folglich ist im Gegensatz zu den eingeschränkten Varianten eine bei einem vollständigen Online-Backup erstellte Sicherungskopie ohne zugehörige Log-Information wertlos. Ein vollständiges Online-Backup bietet also geringere Einschränkungen bezüglich des laufenden Betriebs, erfordert aber einen etwas größeren Aufwand bei der Wiederherstellung und beinhaltet zusätzliche Risiken durch die Abhängigkeit von Sicherungskopie *und* Log-Information.

5.3 Inkrementelles Backup

In Kapitel 2.3 wurde die Sicherung von Teilen der Datenbank zur Reduzierung der Sicherungszeit motiviert. Dabei wurde das inkrementelle Backup als die Sicherung der seit einem bestimmten Zeitpunkt veränderten Datenbankobjekte definiert. Trotz ihrer signifikanten und weiter zunehmenden Bedeutung für die Praxis existieren nur wenige wissenschaftliche Arbeiten zu inkrementellen Sicherungsverfahren für Datenbanken. Eine systematische Klassifikation der Verfahren und ihr Vergleich fehlen bislang völlig. Deshalb werden in diesem Abschnitt inkrementelle Sicherungsverfahren für Datenbanken dargestellt, klassifiziert und verglichen [Stö99b].

Zunächst wird die in Produkten vorhandene bzw. die wünschenswerte Funktionalität für die inkrementelle Sicherung von Datenbanken dargestellt. Danach werden existierende Verfahren klassifiziert und die Erfüllung der aufgestellten Anforderungen überprüft. Ausgehend davon werden Vorschläge zur Erweiterung existierender Verfahren dargestellt und diese in die Klassifikation eingeordnet. Anschließend werden Implementierungsvarianten der betrachteten Verfahren diskutiert. Schwerpunkt ist dabei die Diskussion der Möglichkeiten zum effizienten Lesen der veränderten Datenbankseiten. Die dabei getroffenen Aussagen werden durch analytische Kostenmodelle für verschiedene Implementierungsvarianten und durch Meßergebnisse von Implementierungen im DBMS-Prototyp belegt. Ausgehend davon wird das Verfahren SelectiveRead$_{Gap}$ zum effizienten Lesen der veränderten Seiten vorgestellt, und die damit erreichbaren Performance-Verbesserungen werden nachgewiesen.

5.3.1 Grundlagen

In diesem Abschnitt sollen sowohl existierende als auch aus Sicht des Datenbankadministrators noch wünschenswerte, neue Möglichkeiten zur inkrementellen Sicherung von Datenbanken dargestellt werden. Dazu werden zunächst einige Begriffe eingeführt bzw. existierende Begriffsvielfalten vereinheitlicht.

Als kleinstes Sicherungsgranulat für die inkrementelle Sicherung von Datenbanken werden sowohl in der Literatur als auch in Produkten i. allg. Datenbankseiten betrachtet. Kleinere Granulate, beispielsweise Tupel, würden einen zu hohen Aufwand bezüglich der Verwaltung der Änderungsinformation (Abschnitt 5.3.2) darstellen. Außerdem haben sich Seiten als das kleinste effiziente I/O-Granulat in Datenbanksystemen durchgesetzt [HR99]. Bei der Verwendung größerer Granulate erscheint es fraglich, ob wirklich noch eine signifikante Platz- und Zeitreduzierung erreicht werden kann. Die einzige Ausnahme bezüglich des Sicherungsgranulates in DBMS-Produkten bildet *ObjectStore*. In *ObjectStore* werden Segmente als Sicherungsobjekte verwendet, wobei Segmente Mengen von Seiten darstellen. Im folgenden werden wir o. B. d. A. von Datenbankseiten als Sicherungsobjekten ausgehen. Eine Übertragung auf größere Granulate, also beispielsweise Mengen von Seiten, ist leicht möglich und offensichtlich.

In den folgenden Abschnitten wird o. B. d. A. immer die inkrementelle Sicherung der gesamten Datenbank betrachtet. Natürlich kann eine inkrementelle Sicherung auch bezüglich eines Teils der Datenbank durchgeführt werden, also mit einem partiellen Backup verknüpft werden, woraus sich allerdings keine neuen Aspekte für die Betrachtung ergeben.

5.3.1.1 Einfaches inkrementelles Backup

Im einfachsten Fall wird als zeitlicher Bezugspunkt für das inkrementelle Backup das letzte komplette oder inkrementelle Backup verwendet.

> Die Sicherung der seit dem letztem kompletten oder inkrementellen Backup veränderten Datenbankobjekte wird als *einfaches inkrementelles Backup* bezeichnet.

Es ist offensichtlich, daß durch die Verwendung des einfachen inkrementellen Backup sowohl der Platzbedarf für die Sicherungskopie(n) reduziert als auch die Sicherungszeit im Vergleich zu Komplettsicherungen potentiell erheblich verkürzt werden kann, insbesondere, wenn die Veränderungen nur einen im Verhältnis zur Gesamtgröße kleinen Teil der Datenbank betreffen. Allerdings hat diese Vorgehensweise Konsequenzen für das Restore. Beim Restore einer Datenbank müssen das letzte Komplett-Backup und *alle* danach erstellten inkrementellen Sicherungsabbilder wiedereingespielt werden. Eine große Anzahl inkrementeller Sicherungen wirkt sich entsprechend negativ auf die Restore-Zeit und damit die Ausfallzeit der Datenbank aus. Wenn die in den einzelnen Sicherungsabbildern enthaltenen Datenbankseiten nicht disjunkt sind, so werden beim einfachen inkrementellen Backup einzelne Datenbankseiten mehrfach wiedereingespielt. Ist der Anteil dieser mehrfach gesicherten Seiten sehr groß, so stellt das inkrementelle Multilevel-Backup eine interessante Verbesserungsmöglichkeit dar.

5.3.1.2   Inkrementelles Multilevel-Backup

Der Begriff des inkrementellen Multilevel-Backup wird in der Literatur nicht einheitlich verwendet. Wir definieren deshalb zunächst zwei in Produkten gebräuchliche Varianten und diskutieren danach die Voraussetzungen, unter denen diese äquivalent sind. Anschließend werden allgemeingültige Bezeichnungen eingeführt.

Bei jeder Form des inkrementellen Multilevel-Backup wird ein *Sicherungslevel* $x : x \in \mathbf{N}$ angegeben. Dabei bezeichnet der Level 0 normalerweise ein Komplett-Backup, während alle Level > 0 inkrementelle Sicherungen bezeichnen. Die verschiedenen Formen des inkrementellen Multilevel-Backup unterscheiden sich darin, welcher zeitliche Bezugspunkt, ausgehend vom angegebenen Level, für die zu sichernden Seiten gewählt wird.

> Ein *kumulatives Multilevel-Backup* mit einem Level x ist die Sicherung aller Datenbankseiten, welche seit dem letzten Backup mit einem Level $y : y < x$ verändert wurden.

Das letzte Backup mit der geforderten Eigenschaft wird im folgenden als *Referenz-Backup* bezeichnet und dessen Level mit r. Wenn $I(B_i)$ das Sicherungsabbild einer Sicherung B_i bezeichnet, $T(B_i)$ den Zeitpunkt und $L(B_i)$ den Level der Sicherung, dann müssen bei der Verwendung des kumulativen Multilevel-Backup beim Restore alle $I(B_i)$, für die kein B_j mit $T(B_i) < T(B_j) \wedge L(B_i) \geq L(B_j)$ existiert, wiedereingespielt werden.

Eine zweite Form des inkrementellen Multilevel-Backup ist das nichtkumulative Multilevel-Backup.

> Ein *nichtkumulatives Multilevel-Backup* mit einem Level x ist die Sicherung aller Datenbankseiten, welche seit dem letzten Backup mit einem Level $y : y \leq x$ verändert wurden.

Das Referenz-Backup ist hier also das letzte Backup mit einem Level $y : y \leq x$. Aus der Definition folgt, daß beim Restore alle diejenigen $I(B_i)$ wiedereingespielt werden müssen, für die kein B_j mit $T(B_i) < T(B_j) \wedge L(B_i) > L(B_j)$ existiert.

Abbildung 5.13 verdeutlicht den Unterschied der beiden Varianten des inkrementellen Multilevel-Backup anhand eines Beispiels. Dabei sind auf der Zeitachse die Level der Sicherungskopien eingetragen. Die Pfeile verdeutlichen, bezüglich welcher Sicherungskopie die zu sichernden Seiten ermittelt werden. Die fettgedruckten Zahlen kennzeichnen diejenigen Sicherungskopien, welche im Fall eines Fehlers wiedereingespielt werden müssen. Anhand dieser Abbildung wird auch die Namenswahl verständlich. Kumulativ drückt aus, daß eine Sicherung alle Seiten, welche bei vorhergehenden Sicherungen bis zur letzten Sicherung mit einem echt kleineren Level gesichert wurden, ebenfalls enthält. Folglich muß in diesem Fall von jedem Sicherungslevel höchstens eine (die letzte) Sicherungskopie eingespielt werden. Dies impliziert einen geringeren Restore-Aufwand, aber natürlich auch größere Sicherungsabbilder.

Auch wenn die Semantik der beiden Sicherungsarten verschieden ist, so sind sie doch in ihrer Mächtigkeit unter bestimmten Annahmen äquivalent. Unter der Voraussetzung, daß

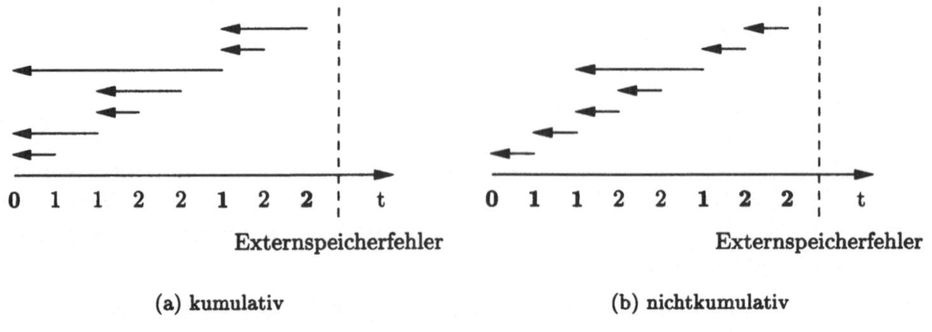

Abbildung 5.13: Inkrementelles Multilevel-Backup

der Wertebereich für den Sicherungslevel x potentiell unbeschränkt ist und nach endlicher und vorgegebener Zeit wieder ein komplettes Backup durchgeführt wird, kann jede Folge von Sicherungsabbildern mit beiden Varianten realisiert werden. Die Annahme des unbeschränkten Wertebereichs ist notwendig, da für das kumulative Multilevel-Backup der Level jeweils um eins erhöht werden muß, wenn nur die Änderungen seit dem letzten inkrementellen Backup (egal welchen Levels) gesichert werden sollen. Beim nichtkumulativen Backup hingegen muß zum Kumulieren der Sicherungsabbilder der Level jeweils um eins erniedrigt werden. Dies geht natürlich nur solange, bis man wieder bei Level 0, also dem Komplett-Backup, angelangt ist. Um sicherzustellen, daß immer wieder ein Kumulieren möglich ist, müßte man folglich mit einem sehr hohen Level starten und diesen Startlevel aus der geplanten Sicherungsstrategie (insbesondere dem Zeitpunkt des nächsten Komplett-Backup) ermitteln.

Generell ist hierzu anzumerken, daß diese beiden Ansätze auf verschiedene Sicherungsstrategien abzielen; einerseits das Sichern der Veränderungen seit dem letzten inkrementellen Backup als Regelfall und nur gelegentliches Kumulieren und andererseits das häufige Kumulieren, das natürlich die Sicherungszeit verlängert, aber dafür die Wiederherstellungszeit reduziert. Deshalb wäre es wünschenswert, wenn Datenbanksysteme beide Varianten anbieten würden, damit der Administrator die für die jeweilige Datenbank geeignete Sicherungsvariante auswählen kann. Dies ist bisher nur in *Oracle8* der Fall. Dort werden beide Varianten unterstützt, und der Wertebereich der Level ist nur durch die Größe des verwendeten Datentyps Integer eingeschränkt. *ObjectStore* hingegen bietet nur das kumulative Multilevel-Backup an und schränkt außerdem den Wertebereich auf $x \in \{0, \ldots, 9\}$ ein. *Informix Dynamic Server* realisiert ebenfalls die kumulative Variante und fordert $x \in \{0, 1, 2\}$. Alle anderen uns bekannten Datenbanksysteme bieten keinerlei inkrementelle Multilevel-Backup-Funktionalität an.

Um die Erläuterungen der Verfahren in den nächsten Abschnitten allgemeingültig zu halten, definieren wir:

Ein *inkrementelles Multilevel-Backup*, im folgenden auch kurz als Multilevel-Backup bezeichnet, mit einem Level x ist die Sicherung aller Datenbankseiten, welche seit dem Referenz-Backup verändert wurden.

Dabei stellt für das kumulative Multilevel-Backup die letzte Sicherung mit einem Level $y : y < x$ das Referenz-Backup dar; für das nichtkumulative Multilevel-Backup hingegen die letzte Sicherung mit einem Level $y : y \leq x$.

Orthogonal zu dem bisher Dargestellten gibt es auch die Möglichkeit, mehrere inkrementelle Sicherungsabbilder offline zu einem neuen Sicherungsabbild zu verschmelzen, um so ebenfalls beim Restore das mehrfache Wiedereinspielen der gleichen Datenbankseite zu vermeiden. Eine solche Möglichkeit wird von *DB2 for OS/390* angeboten. Hier können die inkrementellen Sicherungsabbilder eines Table Space zusammengefaßt werden. Damit ist natürlich keine so abgestufte Sicherungsstrategie wie mit einem inkrementellen Multilevel-Backup möglich, als ergänzende Funktionalität zur Reduzierung der Restore-Zeit ist diese Möglichkeit aber durchaus sehr sinnvoll und sollte auch von anderen Systemen unterstützt werden.

5.3.2   Klassifikation

Im folgenden werden zunächst Klassifikationskriterien für inkrementelle Sicherungsverfahren eingeführt. Anschließend werden Verfahren für das einfache inkrementelle Backup erläutert und danach die Übertragbarkeit bzw. die notwendigen Erweiterungen für das Multilevel-Backup diskutiert.

5.3.2.1   Klassifikationskriterien

Allen Verfahren zur inkrementellen Sicherung von Datenbanken ist gemeinsam, daß sie auf geeignete Weise die Information darüber, ob und gegebenenfalls wann eine Seite verändert wurde, verwalten müssen, um die zu sichernden Seiten während des Backup ermitteln zu können. Diese Information wird im folgenden als *Änderungsinformation* bezeichnet. Zur Klassifizierung der Verfahren betrachten wir diese Änderungsinformation und verwenden als orthogonale Klassifikationskriterien

- die *Art* der Änderungsinformation, also die verwendeten Datenstrukturen und deren Inhalt, und

- den *Speicherungsort* der Änderungsinformation.

Bei der folgenden Erläuterung der Verfahren werden aufgrund der Vielfalt und aus Platzgründen die Algorithmen nur kurz dargestellt. Wir werden uns darauf konzentrieren, die *Auswirkungen* der einzelnen Ansätze auf die *Realisierung des Backup* einerseits und den *Datenbankbetrieb* andererseits zu diskutieren. In *Tabelle 5.1* sind die Verfahren entsprechend der oben angegebenen orthogonalen Klassifikationskriterien aufgeführt und die in den folgenden Abschnitten diskutierten Konsequenzen für die Implementierung der Sicherungsverfahren und den Datenbankbetrieb eingetragen.

5.3.2.2   Einfaches inkrementelles Backup

In der Literatur existieren nur sehr wenige Beschreibungen inkrementeller Sicherungsverfahren für Datenbanken. In [CPM82] und [Inf91] werden konkrete, in Produkten implementierte Verfahren beschrieben. [MN93] beschreibt einen Algorithmus, welcher einige (Performance-)Nachteile des in [CPM82] vorgestellten Verfahrens eliminiert.

Für die Art der Änderungsinformation findet man zwei Ausprägungen: *Status-Bit* und *Logische Zeitstempel (LTS)*[5]. Als Speicherungsort der Änderungsinformation kommen einerseits die *Datenbankseiten* selbst und andererseits das Führen von *separater Information* in Frage.

Verfahren ohne separate Änderungsinformation

Wenn die Änderungsinformation nur in den Datenbankseiten verwaltet wird, müssen während des Backup alle Datenbankseiten gelesen werden, um zu ermitteln, welche Seiten verändert wurden. Dieses Lesen der kompletten Datenbank unabhängig davon, wieviele Seiten letztendlich verändert wurden, ist natürlich sehr ineffektiv. Wenn die Sicherung online durchgeführt wird, hat diese Vorgehensweise noch einen weiteren großen Nachteil. Erfolgt das Lesen der Seiten in den Puffer, so werden die für den normalen Transaktionsbetrieb benötigten Seiten von dort verdrängt und dadurch die Performance des laufenden Datenbankbetriebs negativ beeinflußt (Kapitel 3.2.5). In dem in [Inf91] beschriebenen Verfahren wird die Änderungsinformation in den Datenbankseiten in Form logischer Zeitstempel verwaltet (Verfahren 3 in Tabelle 5.1). Würde man diese Information nicht mit Hilfe eines Zeitstempels, sondern mit einem Status-Bit verwalten (Verfahren 1), dann hätte dies zur Folge, daß während des Backup dieses Bit zurückgesetzt werden muß, was natürlich einen erhöhten I/O-Aufwand bedeuten würde.

Verfahren mit separater Änderungsinformation

Wird die Information separat verwaltet, so können die zu sichernden Seiten vor dem Backup ermittelt werden, und nur diese müssen dann aus der Datenbank gelesen werden. Für die Verwaltung dieser separaten Information können beispielsweise schon vorhandene Verwaltungsstrukturen des DBMS wie die *Space Map Pages (SMP)* genutzt werden [MN93]. Wenn man sich allerdings darauf beschränkt, die Änderungsinformation ausschließlich separat zu führen, hat dies zur Konsequenz, daß bei jeder Veränderung einer Seite auch die entsprechende separat geführte Änderungsinformation überprüft und gegebenenfalls aktualisiert werden muß (Verfahren 4). Um diesen Overhead für den laufenden Datenbankbetrieb zu vermeiden, wird sowohl in [CPM82] als auch in [MN93] zusätzliche Information in den Datenbankseiten verwaltet. Als Konsequenz muß nur bei der ersten Änderung einer Seite seit dem letzten Backup die separate Änderungsinformation aktualisiert werden. Beide Verfahren verwalten in den SMP für jede Seite ein Status-Bit, welches angibt, ob die Seite seit dem letzten Backup verändert wurde.

Die zusätzliche Information in den Datenbankseiten wird in [CPM82] ebenfalls in Form eines Bit verwaltet (Verfahren 5). Dies hat den im vorigen Abschnitt bereits erläuterten Nachteil, daß dieses Bit zurückgesetzt werden muß, die entsprechenden Seiten also nicht nur gelesen, sondern auch verändert und in die Datenbank zurückgeschrieben werden müssen.

---

[5]Darauf, *was* als LTS implementierungstechnisch verwendet werden kann, wird später noch eingegangen.

Tabelle 5.1: Klassifikation inkrementeller Sicherungsverfahren

	Verwendete Datenstrukturen Separate Information														
	keine			Bit				Bit-Liste				LTS			
	in den Seiten			zusätzlich in den Seiten				zusätzlich in den Seiten				zusätzlich in den Seiten			
	Bit	Bit-Liste	LTS	keine	Bit	Bit-Liste	LTS	keine	Bit	Bit-Liste	LTS	keine	Bit	Bit-Liste	LTS
Backup-Funktionalität															
o Multilevel-Backup möglich		✓	✓			(✓)	(✓)	✓	✓	✓	✓	✓	✓	✓	✓
Backup-Realisierung															
o Lesen der kompletten Datenbank notwendig	✗	✗	✗			(✗)	(✗)								
o Rücksetzen der Information in den Seiten notwendig	✗	✗			✗	✗			✗	✗			✗	✗	
o Rücksetzen der separaten Information notwendig				✗	✗	✗	✗	✗	✗	✗	✗				
Datenbankbetrieb															
o Zugriff auf separate Information bei jeder Änderung der Seite notwendig				✗				✗				✗			
Verfahren	1	2	3	4	5	6	7	8	9	10	11	12	13	14	15
Beschreibung in			[Inf91]		[CPM82]		[MN93]								

Deshalb wird in [MN93] vorgeschlagen, für diese zusätzliche Information in den Datenbankseiten die pageLSN (Kapitel 4.1.5) zu nutzen. Mit Hilfe der pageLSN der Seite und der LSN des letzten Backup wird bei der Veränderung einer Seite ermittelt, ob diese Seite seit dem letzten Backup bereits verändert wurde oder nicht. Bei der ersten Veränderung einer Seite nach einem Backup wird die korrespondierende Information in den SMP aktualisiert, d. h. das entsprechende Status-Bit für diese Seite gesetzt.[6] Bei diesem Verfahren müssen bei der Backup-Durchführung also nur die zu sichernden Seiten aus der Datenbank gelesen und nicht verändert werden (Verfahren 7). Das bedeutet auch, daß diese Seiten direkt aus der Datenbank auf das Sicherungsmedium unter Umgehung des Datenbankpuffers kopiert werden können, falls das Datenbanksystem eine solche Operation unterstützt (Kapitel 3.2.5).

5.3.2.3 Inkrementelles Multilevel-Backup

Um ein inkrementelles Multilevel-Backup zu ermöglichen, reicht es nicht aus, zu protokollieren, ob eine Seite seit der letzten Sicherung verändert wurde, sondern auch der Zeitpunkt der Veränderung muß auf geeignete Weise registriert werden. Es stellt sich die Frage, ob ein solches Multilevel-Backup mit den bisher diskutierten Verfahren möglich ist. Wenn die Änderungsinformation nur mit Status-Bits verwaltet wird – egal ob in den Seiten und/oder separat, ist dies nicht möglich. Bei Verfahren 3 werden hingegen logische Zeitstempel in den Datenbankseiten verwaltet, und somit ist eine Multilevel-Sicherung möglich. Verfahren 7 verwaltet neben dem Status-Bit in den SMP ja ebenfalls Zeitstempel in den Seiten, so daß hier die nötige Information im Prinzip vorhanden ist. Allerdings ist die Konsequenz, daß dann auch bei diesem Verfahren alle Datenbankseiten gelesen werden müssen, was ja bisher bei diesem Verfahren nicht notwendig war und gerade einen der Vorteile des Verfahrens darstellte. In Tabelle 5.1 ist deshalb der „Haken" für Multilevel-Backup in Klammern gesetzt.

Um Multilevel-Backup ohne den hohen Aufwand des kompletten Lesens der Datenbank zu ermöglichen, haben wir in [Stö99b] zwei Erweiterungen des in [MN93] vorgestellten Verfahrens 7 vorgeschlagen. Dabei wird die separate Änderungsinformation für jede Seite entweder mit einer Bit-Liste oder einem logischen Zeitstempel verwaltet. Nachfolgend werden diese beiden Varianten beschrieben.

Separate Änderungsinformation als Bit-Liste

Die erste Möglichkeit besteht darin, statt eines einzelnen Status-Bits in den SMP eine *Bit-Liste* zu verwalten. Dabei korrespondiert das erste Bit zum Level 1, das zweite zum Level 2 usw. Bei der ersten Veränderung einer Seite nach dem letzten Backup wird die gesamte Bit-Liste auf 1 gesetzt. Bei einem inkrementellen Backup wird für jede gesicherte Seite das zum gewählten Level korrespondierende Bit auf 0 gesetzt. Folglich müssen bei einem Backup alle Seiten gesichert werden, deren zu r (Level des Referenz-Backup, Abschnitt 5.3.1.2) korrespondierendes Bit in der Bit-Liste den Wert 1 hat. Der Speicherplatz-Overhead im Vergleich zu einem einzelnen Bit richtet sich nach der Wahl der oberen Schranke für den

---

[6]Hierbei wird davon ausgegangen, daß das Rücksetzen von Änderungsoperationen mit Hilfe von CLRs protokolliert wird und damit die Monotonie der pageLSN gewährleistet ist (Kapitel 4.1.5).

Sicherungslevel, da ja für jeden Level ein einzelnes Bit verwaltet wird. Wählt man eine kleine Anzahl der möglichen Level (beispielsweise 8 oder 16), dann ist dieses Vorgehen sehr effektiv. Will man hingegen einen großen Wertebereich ermöglichen, wird der Overhead unverhältnismäßig groß.

Separate Änderungsinformation als logischer Zeitstempel

Für die Realisierung großer Wertebereiche schlagen wir deshalb vor, die Information in den SMP ebenfalls in Form *logischer Zeitstempel* zu verwalten. Bei der ersten Veränderung einer Seite seit dem letzten Backup wird jetzt der entsprechende Zeitstempel in den SMP eingetragen. Bei einem Backup mit dem Level x wird zuerst der Zeitstempel des Referenz-Backup ermittelt. Danach werden alle Seiten ermittelt und gesichert, deren in den Space Map Pages verzeichneter Änderungszeitpunkt nach dem ermittelten Backup-Zeitpunkt liegt.[7] Der zusätzlich benötigte Speicherplatz bei diesem Verfahren entspricht der Größe des gewählten logischen Zeitstempels. Wird dafür die LSN verwendet, so sind dies beispielsweise 8 Byte [GR93]. Im Gegensatz zu einer Realisierung mit einer Bit-Liste ist hier kein Rücksetzen der separaten Information notwendig.

Die Frage, wie die zusätzliche Information in den Seiten verwaltet wird, ist orthogonal zu der eben diskutierten der Verwaltung der separaten Information. Natürlich ist es am sinnvollsten, die zusätzliche Information in den Datenbankseiten bei diesen Verfahren ebenfalls in Form von Zeitstempeln zu verwalten (Verfahren 11 bzw. 15). Der Vollständigkeit halber wurden aber in der Klassifikation alle theoretisch möglichen Varianten, also auch eine Implementierung mit Status-Bit (Verfahren 9 bzw. 13) oder keiner zusätzlichen Information in den Datenbankseiten (Verfahren 8 bzw. 12), verzeichnet. Die Nachteile dieser Vorgehensweisen wurden bereits in Abschnitt 5.3.2.2 erläutert.

Zur Vervollständigung wurde in Tabelle 5.1 ebenfalls mit angegeben, welche Auswirkungen die Verwaltung der Information *in* den Seiten in Form der oben beschriebenen Bit-Liste hätte (Verfahren 2, 6, 10 bzw. 14). Diese Verfahren sind allerdings für die weiteren Betrachtungen wenig interessant. Sie sind zwar der Realisierung mit einem Status-Bit überlegen, da damit auch ein Multilevel-Backup möglich ist, aber gegenüber der Realisierung mit Zeitstempeln bleibt der schwerwiegende (Performance-)Nachteil der Notwendigkeit des Rücksetzens der Information während des Backup erhalten.

5.3.3   Implementierung

In diesem Abschnitt werden Implementierungsvarianten für einige der angegebenen Sicherungsalgorithmen diskutiert. Wie in Abschnitt 5.3.2 erläutert, führt die Verwaltung von Änderungsinformation *in* den Datenbankseiten mit Hilfe eines Status-Bit oder einer Bit-Liste immer dazu, daß jede zu sichernde Seite während des Backup verändert (und rückgeschrieben) werden muß. Dies halten wir für einen so schwerwiegenden Nachteil, daß wir diese Ansätze (Verfahren 1, 2, 5, 6, 9, 10, 13 und 14 in Tabelle 5.1) im folgenden nicht weiter betrachten werden. Insbesondere, da aus der Tabelle ersichtlich ist, daß diese Realisierungsformen keinerlei Funktionalitätsvorteile gegenüber einer Realisierung mit

---

[7]Auch hier wird wieder von der Verwendung von CLRs ausgegangen.

Tabelle 5.2: Implementierung inkrementeller Sicherungsverfahren

| | Verwendete Datenstrukturen Separate Information | | | | | |
	keine in den Seiten LTS	Bit zusätzlich in den Seiten LTS	Bit-Liste zusätzlich in den Seiten keine	Bit-Liste zusätzlich in den Seiten LTS	LTS zusätzlich in den Seiten keine	LTS zusätzlich in den Seiten LTS
Verfahren	3	7	8	11	12	15
einfaches inkr. Backup	FullRead	SelectiveRead				
inkr. Multilevel-Backup	FullRead		SelectiveRead			

Zeitstempeln bieten. Außerdem wird Verfahren 4 nicht mehr mit betrachtet, da hier kein Multilevel-Backup möglich ist und ebenfalls keine relevanten Vorteile gegenüber den noch betrachteten Verfahren vorhanden sind.

Wenn Information separat verwaltet wird, hat die Frage, ob zusätzliche Information in den Datenbankseiten in Form logischer Zeitstempel oder ob keinerlei zusätzliche Information gespeichert wird, zwar entscheidende Auswirkungen auf den laufenden Datenbankbetrieb, nicht aber auf die Implementierung des Sicherungsverfahrens. Deshalb können wir uns im folgenden auf die Betrachtung zweier grundsätzlicher Klassen von Implementierungsverfahren beschränken, welche sich dadurch unterscheiden, ob während des Backup die komplette Datenbank gelesen werden muß (FullRead) oder ob es möglich ist, nur selektiv die zu sichernden Seiten zu lesen (SelectiveRead). Die weitere Betrachtung der scheinbar ineffizienten Vorgehensweise des FullRead mag überraschend wirken. Aber zum einen bietet dieses Verfahren eine gute Vergleichsmöglichkeit zu den mit SelectiveRead möglichen Leistungen, und zum anderen werden wir in den Abschnitten 5.3.4 bzw. 5.3.5 sehen, daß SelectiveRead nur bei einer wirklich effizienten Implementierung schneller ist, wobei dies natürlich stets abhängig vom Anteil der veränderten Seiten und von deren Clusterung ist.

In *Tabelle 5.2* ist dargestellt, welche Implementierungsvariante für welche Verfahren eingesetzt werden kann. Dabei wurde zwischen dem einfachem inkrementellem Backup und dem inkrementellen Multilevel-Backup unterschieden. Wie im vorigen Kapitel erläutert, muß bei der Verwendung eines Status-Bit als separate Information beim Multilevel-Backup die gesamte Datenbank gelesen werden, während dies für das einfache inkrementelle Backup nicht notwendig ist.

5.3.3.1 FullRead

Bei dieser Verfahrensklasse müssen alle Seiten aus der Datenbank in den Datenbankpuffer gelesen und dort die veränderten Seiten ermittelt werden. Der Anteil nicht benötigter Seiten, welche aber trotzdem gelesen werden müssen, ist hierbei natürlich sehr hoch. Wenn die veränderten Seiten im Datenbankpuffer identifiziert wurden, können sie gesichert werden. Dies könnte direkt auf die Sicherungsmedien geschehen – allerdings würde das eine Vielzahl einzelner Schreiboperationen bedeuten, was sich sehr negativ auf die Performance auswirkt (Abschnitt 5.1.2.2). Ziel sollte es also sein, bei der Sicherung eine geeignete Menge von Datenbankseiten in einer Schreiboperation zu übertragen. Hierzu beachte man, daß die zu sichernden Datenbankseiten im Datenbankpuffer normalerweise nicht in einem zusammenhängenden Speicherbereich liegen, da bei diesem Sicherungsverfahren ja alle Datenbankseiten gelesen werden müssen und nur einige davon gesichert werden. Um aber trotzdem mit einer Schreiboperation mengenorientiert auf das Sicherungsmedium schreiben zu können, gibt es im wesentlichen zwei Möglichkeiten:

Die erste Möglichkeit besteht in der Verwendung eines sogenannten *Vektor-Write*. Diese Operation wird von einigen UNIX-Systemen angeboten und ermöglicht das Schreiben nicht zusammenhängender Bereiche des Hauptspeichers auf einen zusammenhängenden Speicherbereich eines Sekundärspeichers mit einer Operation. Die Angabe der Hauptspeicherbereiche erfolgt dabei beispielsweise mit Hilfe eines Vektors, welcher die Adressen und die Länge dieser Bereiche enthält.

Eine andere Möglichkeit besteht in der Zwischenpufferung der zu sichernden Seiten. Dazu kann der Backup-Puffer (Kapitel 3.2.5) verwendet werden. Der Vorteil dieser Vorgehensweise besteht darin, daß die Seiten, sobald sie als verändert erkannt wurden, kopiert und aus dem Datenbankpuffer entfernt[8] werden können, während bei der zuerst beschriebenen Vorgehensweise die Seiten erst nach dem Ausschreiben auf das Sicherungsmedium aus dem Datenbankpuffer entfernt werden dürfen. Dies kann bei einer geringen Anzahl veränderter Seiten und einer ungünstigen Verteilung zu einer starken und lang andauernden Fragmentierung des Datenbankpuffers führen. Deshalb werden wir im folgenden nur die zweite Variante mit der Nutzung eines Zwischenpuffers diskutieren. Ein solcher Backup-Puffer sollte sinnvollerweise als Ringpuffer implementiert werden, um das Lesen bzw. Schreiben parallelisieren zu können. Eine andere Möglichkeit wäre die Implementierung mehrerer Backup-Puffer zur Parallelisierung (siehe hierzu auch Abschnitt 5.4).

Um möglichst allgemeingültig zu bleiben, werden wir bei der Erläuterung dieses Verfahrens und der nachfolgenden Verfahren den Begriff *modified pages* verwenden. Dieser bezeichnet die zu sichernden Seiten. Die Ermittlung dieser Seiten erfolgt, wie in Abschnitt 5.3.2 erläutert, je nach Verfahren mit Hilfe eines Bit, einer Bit-Liste oder eines logischen Zeitstempels. Bezugspunkt ist dabei das letzte inkrementelle oder komplette Backup bzw. das Referenz-Backup.

Eine mögliche Implementierungsvariante für das Verfahren **FullRead** unter Benutzung des Backup-Puffers und asynchronen Arbeitens ist in *Abbildung 5.14* angegeben. Dabei bezeichnet im folgenden **DBbuf** immer den Datenbankpuffer und Bbuf, wie in Abschnitt 5.1, den Backup-Puffer. Im angegebenen Algorithmus liest ein Prozeß die Seiten aus der Datenbank. Der zweite Prozeß verarbeitet sie im Hauptspeicher, d. h. ermittelt die zu sichernden Seiten und schreibt diese in den Backup-Puffer. Der dritte Prozeß schreibt ebenfalls asynchron die Seiten aus dem Backup-Puffer auf das Sicherungsmedium. Dabei wird hier und im folgenden immer angenommen und nicht explizit angegeben, daß alle *read pages* bzw. *write pages*, also alle mengenorientierten Ein-/Ausgaben, in einer dem Datenbank- bzw. Sicherungsmedium angemessenen Blockgröße, d. h. einer geeigneten Anzahl von Datenbankseiten, erfolgen (siehe hierzu auch Abschnitt 5.1.2.2).

---

[8]Dabei bedeutet Entfernen hier natürlich nur ein Freigeben des entsprechenden Pufferrahmens zur Wiederverwendung.

<pre>
FullRead

Process 1   Process 2   Process 3
while not end of db do   current page :=   repeat
   read pages into DBbuf;   first page of DBbuf;   write pages from Bbuf
od;   repeat   to backup media;
signal 1;   if current page modified   until signal 2 and
                                   then copy page into Bbuf;   Bbuf empty;
                                fi;
                                current page := next page;
                             until signal 1 and DBbuf empty;
                             signal 2;
</pre>

Abbildung 5.14: Verfahren FullRead

5.3.3.2 SelectiveRead

Kennzeichnend für SelectiveRead ist, daß nur die zu sichernden Seiten aus der Datenbank gelesen werden müssen. Nach der Ermittlung der veränderten Seiten mit Hilfe der separat verwalteten Information müssen diese aus der Datenbank gelesen und auf das Sicherungsmedium geschrieben werden. Um bei einer Online-Sicherung nicht die für den normalen Transaktionsbetrieb benötigten Seiten aus dem Datenbankpuffer zu verdrängen, ist hier das direkte Lesen aus der Datenbank in den Backup-Puffer möglich. Dies war bei FullRead nicht möglich, da dort die zu sichernden Seiten ja erst mit Hilfe der Information *in* den Seiten ermittelt werden mußten. Eine mögliche Implementierungsvariante, bei der wiederum Asynchronität ausgenutzt wird, ist in *Abbildung 5.15* skizziert. Dabei liest ein Prozeß die zu sichernden Seiten aus der Datenbank in den Backup-Puffer, während ein zweiter Prozeß diese aus dem Backup-Puffer auf das Sicherungsmedium schreibt.

Das Schreiben der zu sichernden Seiten aus dem Backup-Puffer auf das Sicherungsmedium erfolgt, wie bereits erwähnt, mengenorientiert mit einer für das Sicherungsmedium günstigen Blockgröße. Problematisch ist hingegen das Lesen der veränderten Seiten vom Datenbankmedium. Die veränderten Seiten sind beliebig auf der Datenbank verteilt und folglich i. allg. nicht zusammenhängend gespeichert. Dadurch wird die Realisierung des Lesens der zu sichernden Seiten der entscheidende Faktor für die Performance dieser Implementierungsvariante. Die einfachste Lösung wäre das separate Lesen jeder einzelnen Seite. Wie wir in Abschnitt 5.3.4 sehen werden, ist dies allerdings sehr ungünstig für die Performance. Vielversprechender dürfte hier der Ansatz sein, eine Menge von Seiten zu lesen, selbst wenn diese einige nicht benötigte (weil nicht veränderte) Seiten enthält. In Abschnitt 5.3.5 werden wir ein solches Verfahren vorstellen.

5.3.4 Leistungsuntersuchungen

Im folgenden werden die im vorigen Abschnitt diskutierten Performance-Auswirkungen der verschiedenen Implementierungsvarianten durch quantitative Untersuchungen belegt. Wir werden uns dabei auf die Lesezeiten für die zu sichernden Seiten konzentrieren. Erfolgt die Sicherung unmittelbar auf ein wesentlich langsameres Medium (z. B. Magnetband),

```
SelectiveRead

Process 1                           Process 2
read page modification info;        repeat
for all modified pages do               write pages from Bbuf
    read single page into Bbuf;                    to backup media;
od;                                 until signal 1 and Bbuf empty;
signal 1;
```

Abbildung 5.15: Verfahren SelectiveRead

spielt natürlich auch die Schreibzeit eine erhebliche Rolle. Geht man allerdings von einer (Zwischen-)Sicherung auf Magnetplatten aus, so ist die Lesezeit der entscheidende Faktor für die Performance des gesamten Sicherungsvorgangs, da wir, wie bereits in Abschnitt 5.3.3 erläutert, davon ausgehen, daß das Schreiben dieser Seiten auf das Sicherungsmedium sequentiell mit einer für dieses Medium günstigen Blockgröße erfolgt. In Abschnitt 5.1.2 wurde gezeigt, daß damit Sicherungsraten erreicht werden können, die an die maximalen Schreibtransferraten des Mediums heranreichen. Wir werden in diesem Abschnitt jedoch sehen, daß beim Lesen einzelner Seiten diese Transferraten kaum erreichbar sind und somit das Bereitstellen der veränderten Seiten zum Engpaß wird.

In Abschnitt 5.3.4.1 wird zunächst ein Kostenmodell für das Lesen einzelner Seiten eingeführt. Dieses stellt eine Verallgemeinerung der von uns in [Stö97a] für bestimmte Spezialfälle vorgestellten Modelle dar. Dieses Kostenmodell wird zur Erläuterung der in Abschnitt 5.3.4.2 dargestellten Resultate benötigt.

5.3.4.1   Analytische Modelle

Die Zeit für das Lesen einer Seite ergibt sich aus der Summe der Positionierungs- und der Transferzeit. Für Magnetplatten setzt sich die Positionierungszeit aus zwei Zeiten zusammen: der Seek-Zeit und der Latenzzeit. Die *Seek-Zeit* beschreibt die Zeit bis zur Positionierung des Schreib-/Lesekopfes über dem entsprechenden Zylinder. Die *Latenzzeit* bezeichnet die anschließende Zeitdauer, bis sich der zu lesende Block unter dem Schreib-/Lesekopf befindet. In vielen Arbeiten wird für das Lesen einzelner Seiten ein sehr einfaches Kostenmodell aus konstanter Positionierungs- und Transferzeit verwendet. Die Positionierungszeit wird dabei aus mittlerer Seek-Zeit und durchschnittlicher Latenzzeit zusammengesetzt. Wir werden im folgenden sehen, daß dieses Modell für das hier betrachtete Szenario so nicht übertragbar ist.

Die Ermittlung der durchschnittlichen Seek-Zeit für ein bestimmtes Anwendungsprofil ist eines der Hauptprobleme bei der Magnetplattenmodellierung. Wenn die Plattenzugriffe vollkommen unabhängig und zufällig sind, beträgt die mittlere Seek-Entfernung statistisch ein Drittel einer Plattenarmbewegung über die maximale Entfernung. Als mittlere Seek-Zeit wird deshalb oftmals ein Drittel der für eine solche Bewegung benötigten Zeit angenommen (obwohl dies nicht völlig korrekt ist, da Entfernung und Zeit nicht linear zueinander sind [RW94]). Da in dem hier betrachteten Szenario die Seiten in aufsteigender Reihenfolge gelesen werden, kann die Annahme der mittleren Seek-Entfernung als ein Drittel der Plattenarmbewegung über die maximale Entfernung nicht getroffen werden. Wenn man von einer physisch zusammenhängenden Speicherung der Datenbank ausgeht, sind die Seek-Entfernungen hier, zumindest bei einer gewissen Clusterung der veränderten Seiten, kurz und die Seek-Zeiten gering. Aus diesem Grund betrachten wir die Seek-Zeit im folgenden nicht mit. Anhand des Vergleichs der im folgenden angegebenen Modelle und der gemessenen Werte in Abschnitt 5.3.4.2 werden wir sehen, daß diese Annahme nicht unrealistisch ist.

Weiterhin wird in vielen Arbeiten eine konstante Latenzzeit, nämlich eine halbe Plattenumdrehung, angenommen. Diese Durchschnittsannahme berücksichtigt die Verteilung der Seiten überhaupt nicht. Die Relevanz der Seitenverteilung soll an zwei unterschiedlichen Fällen mit drastischen Auswirkungen verdeutlicht werden:

Heutige Magnetplatten besitzen normalerweise einen *Read-Ahead-Cache*. Liegen die Seiten beim Lesen in aufsteigender Reihenfolge nahe genug beieinander, so befindet sich die nächste zu lesende Seite unter Umständen bereits im Cache und kann direkt aus diesem gelesen werden. Die Latenzzeit bzw. die gesamte Positionierungszeit beträgt in diesem Fall Null. Die Berücksichtigung des Cache bei der Plattenmodellierung ist sehr kompliziert. Neben der Größe des Cache müßte auch die Cache-Strategie des Laufwerks berücksichtigt werden [RW94]. Außerdem hängt die Menge der im Cache befindlichen Seiten nicht nur von seiner Größe, sondern auch vom Zeitpunkt der nächsten eintreffenden Leseanforderung ab, so daß eine Vorhersage nicht allein anhand der Verteilung der Seiten getroffen werden kann.

Im zweiten betrachteten Szenario ist der Abstand zwischen zwei Seiten so ungünstig, daß einerseits die nächste zu lesende Seite nicht im Cache ist und andererseits die Seiten aber so nahe beieinander liegen, daß sie in zwei aufeinanderfolgenden Leseoperationen nicht innerhalb einer Plattenumdrehung gelesen werden können. Dies ist ein bekanntes Phänomen beim Lesen nahe beieinanderliegender Seiten und wurde beispielsweise auch in [Wei89] beobachtet. Folglich beträgt die Latenzzeit in diesem Fall fast eine volle Plattenumdrehung. Daß dies auch in dem hier betrachteten Anwendungsfall kein theoretisches Szenario ist, werden wir in Abschnitt 5.3.4.2 sehen.

Wir geben zunächst eine allgemeingültige Formel für das Lesen der veränderten Seiten an und betrachten dann verschiedene Spezialfälle. Die Anzahl der insgesamt ausgeführten Leseoperationen sei k. Für die Latenzzeit der j-ten Leseoperation wird der Bezeichner t_{l_j} eingeführt. Die Menge der in der j-ten Leseoperation gelesene Datenmenge wird mit S_{r_j} bezeichnet. Damit kann als allgemeine Formel für das Lesen der veränderten Seiten

$$T_{read} = \sum_{j=1}^{k} t_{l_j} + \sum_{j=1}^{k} \frac{S_{r_j}}{tr_r^{db}} \tag{5.3}$$

angegeben werden.

Für den *best case*, also den (i. allg. theoretischen) Idealfall, wird angenommen, daß alle veränderten Seiten in einer Leseoperation gelesen werden können. Die Menge der in dieser einen Leseoperation zu lesenden Seiten entspricht folglich der Menge der veränderten Seiten, deren Anteil mit Hilfe von p_u beschrieben wird. Da hier der Idealfall betrachtet werden soll, nehmen wir als Latenzzeit 0 an. Das heißt, es gilt $k = 1$, $S_{r_1} = p_u S_{DB}$ und $t_{l_1} = 0$. Durch Einsetzen in Gleichung (5.3) erhalten wir

$$T_{read}^{bc} = \frac{p_u S_{DB}}{tr_r^{db}}.$$

(5.4)

Mit *average case* wird der Fall bezeichnet, bei dem jede Seite einzeln gelesen und im Mittel mit einer Latenzzeit von einer halben Plattenumdrehung gerechnet werden muß. Die Rotationsgeschwindigkeit des Datenbankmediums wird dabei mit $\mathbf{t_{rot}^{db}}$ bezeichnet. Aus $k = \frac{p_u S_{DB}}{s_p}$, $S_{r_j} = s_p$ und $t_{l_j} = \frac{1}{2t_{rot}^{db}}$ für alle j folgt

$$T_{read}^{ac} = \frac{p_u S_{DB}}{s_p} \frac{1}{2t_{rot}^{db}} + \frac{p_u S_{DB}}{tr_r^{db}}.$$

(5.5)

Als *worst case* wird das oben beschriebene Szenario modelliert, bei dem die zu lesenden Seiten so ungünstig verteilt sind, daß die Latenzzeit jeweils eine volle Plattenumdrehung beträgt. Es gilt also $k = \frac{p_u S_{DB}}{s_p}$, $S_{r_j} = s_p$ und $t_{l_j} = \frac{1}{t_{rot}^{db}}$ für alle j. Damit erhalten wir

$$T_{read}^{wc} = \frac{p_u S_{DB}}{s_p} \frac{1}{t_{rot}^{db}} + \frac{p_u S_{DB}}{tr_r^{db}}.$$

(5.6)

5.3.4.2   Messungen

Die in Abschnitt 5.3.3 beschriebenen Verfahren FullRead und SelectiveRead wurden im DBMS-Prototyp implementiert und ihr Leistungsverhalten untersucht. Eines der wesentlichen Probleme bei der Leistungsuntersuchung ist die Auswahl repräsentativer Datenbankänderungsprofile. Von ihrer Güte hängt die Übertragbarkeit der Aussagen auf reale Datenbankanwendungen ab. Aus diesem Grunde haben wir drei verschiedene Datenbankänderungsprofile betrachtet.

Untersuchte Datenbankänderungsprofile

1. Bei einer *Gleichverteilung* sind die veränderten Datenbankseiten gleichmäßig über die gesamte Datenbank verteilt (*Abbildung 5.16*). Anhand dieses Änderungsprofils lassen sich viele Probleme und Effekte sehr gut veranschaulichen. Aus diesem Grund betrachten wir diese Verteilung hier mit, auch wenn sie nur für wenige Anwendungen repräsentativ sein dürfte.

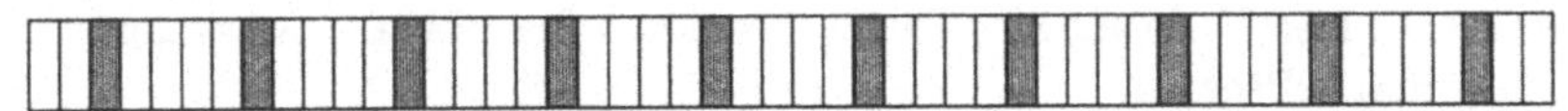

Abbildung 5.16: Datenbankänderungsprofil: Gleichverteilung

2. In vielen Datenbankanwendungen wurde beobachtet, daß sich ein Großteil der Veränderungen auf einen kleinen Teil der Datenbank konzentriert. Als grobe Abschätzung kann hierbei die bekannte 80/20-Regel dienen, nach der sich 80 Prozent der Änderungen auf 20 Prozent der Daten vollziehen [GR93]. Deshalb erscheint die Untersuchung einer solchen Verteilung als besonders wichtig und praxisrelevant. Wir

betrachten 20 Prozent der Datenbankseiten als den Teil der Datenbank, auf den sich die meisten Änderungen vollziehen. Wir nehmen an, daß diese Datenbankseiten zusammenhängend gespeichert sind, da es sich hier typischerweise um spezielle Tabellen (z. B. Bestellpositionen) handelt. Von der Anzahl der veränderten Seiten $p_u S_{DB}$ verteilen wir jetzt 80 Prozent auf diesen Teil der Datenbank und 20 Prozent auf den Rest (*Abbildung 5.17*). Die dabei entstehende Verteilung bezeichnen wir im folgenden als *partielle Clusterung*.[9]

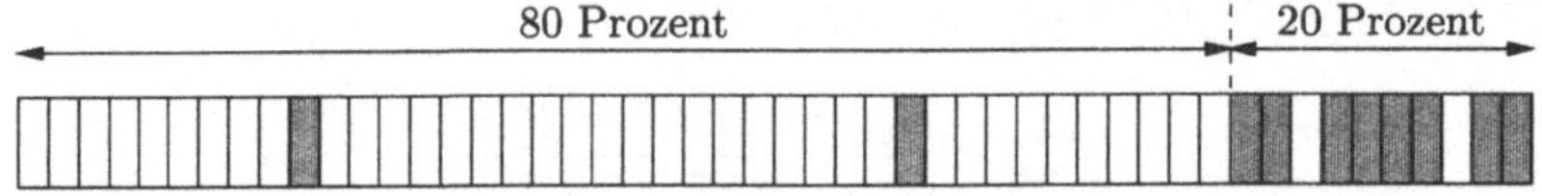

Abbildung 5.17: Datenbankänderungsprofil: partielle Clusterung

3. Als drittes wird eine *vollständige Clusterung* betrachtet. Hierbei befinden sich alle veränderten Seiten in einem zusammenhängenden Bereich der Datenbank (*Abbildung 5.18*). Dieser ebenfalls durchaus typische Fall modelliert beispielsweise eine große Anzahl von Einfügeoperationen, bei denen neuer Speicherplatz am Ende der Datenbank allokiert wird.[10]

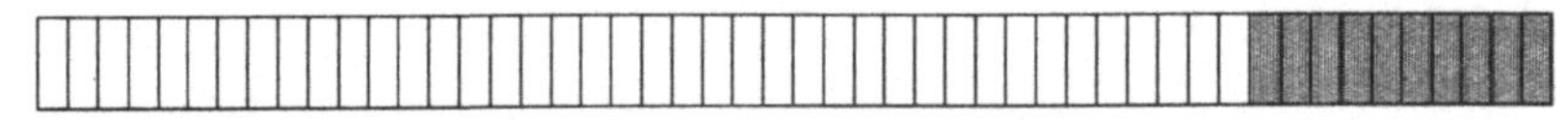

Abbildung 5.18: Datenbankänderungsprofil: vollständige Clusterung

Als Eingabeparamter für die Untersuchungen diente der Anteil veränderter Seiten p_u. Die veränderten Seiten (Seitennummern) wurden für die Gleichverteilung und die partielle Clusterung auf zwei verschiedene Arten ermittelt. In der ersten Variante wurden sie entsprechend der vorgegebenen Verteilung *berechnet*. Eine Gleichverteilung bedeutet in diesem Fall also, daß der Abstand zwischen zwei veränderten Seiten identisch ist (bzw. nur um maximal eine Seite schwankt). Als zweite, realitätsnähere Variante wurden die veränderten Seiten gemäß den vorgegebenen Verteilungen mit Hilfe von *Zufallszahlen* ermittelt. Für die vollständige Clusterung ist eine solche Unterscheidung natürlich nicht notwendig.

Die Messungen wurden in der in Kapitel 3.6 beschriebenen Meßumgebung auf einer 1 GB großen Datenbank durchgeführt. Im folgenden werden die auf Raw Device gemessenen Werte dargestellt. Der Variationskoeffizient beträgt dabei für alle Messungen in diesem Abschnitt maximal 4 Prozent.

Abbildung 5.19 zeigt die Ergebnisse mit den oben beschriebenen Datenbankänderungsprofilen. Dabei wurden die Verteilungen in diesem Fall exakt berechnet, also keine Zufallszahlen verwendet. Man sieht an den Resultaten sehr deutlich, wie wichtig das effiziente Lesen der

---

[9]Im Backup- und Recovery-Benchmark (Kapitel 3.4.2) wurde eine solche partielle Clusterung durch die Einführung eines speziellen Transaktionsprofils, welches nur einen Transaktionstyp des TPC-C, das Bestellen von Artikeln, enthält, simuliert.

[10]Das Datenbankänderungsprofil einer vollständigen Clusterung wurde im Backup- und Recovery-Benchmark ebenfalls durch ein spezielles Transaktionsprofil simuliert (Kapitel 3.4.2).

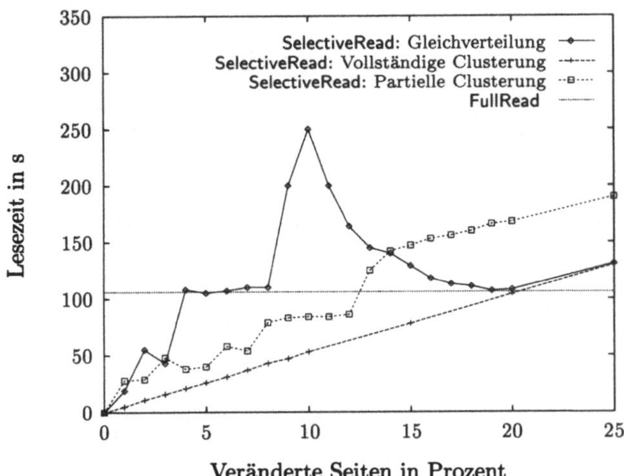

Abbildung 5.19: SelectiveRead und FullRead

veränderten Seiten für die Performance der Sicherung ist. Während bei FullRead Mengen von Seiten mit einer für das Datenbankmedium günstigen Blockgröße gelesen werden, werden bei SelectiveRead die Seiten einzeln gelesen. Die daraus resultierenden Latenzzeiten wirken sich entsprechend negativ aus. Besonders deutlich wird dies für die Gleichverteilung. Hier liegt bereits bei 4 Prozent veränderter Seiten die Zeit für SelectiveRead bei der von FullRead! Und dies, obwohl bei FullRead *alle* Seiten der Datenbank gelesen werden, während bei SelectiveRead nur die wirklich benötigten Seiten gelesen werden. Die drastische Zunahme der Zeiten für SelectiveRead erreicht ihr Maximum bei 10 Prozent veränderter Seiten. Der Punkt, an dem dieses Maximum erreicht wird, ist von der Rotationsgeschwindigkeit und der Cache-Größe der Magnetplatte (hier 512 KB) und vom Abstand der veränderten Seiten in der Datenbank abhängig. Letzterer Wert wird nur durch den Anteil der veränderten Seiten bestimmt und ist unabhängig von der Größe der Datenbank. Diese extreme Auswirkung der Abstände der Seiten, also der daraus resultierenden Latenzzeit, kann *so* natürlich nur für eine berechnete, nicht aber eine per Zufallszahlen erzeugte Verteilung beobachtet werden. Dort ist die Auswirkung, wie wir später noch sehen werden, aber immer noch deutlich sichtbar.

Wie bereits erläutert, kann sich abhängig von der Verteilung die nächste zu lesende Seite bereits im Read-Ahead-Cache der Platte befinden. Dies ist auch der Grund, warum die Zeiten für die partielle Clusterung bis zu einem bestimmten Anteil veränderter Seiten deutlich unter denen der Gleichverteilung liegen. In den 20 Prozent der Datenbankseiten in denen sich 80 Prozent der veränderten Seiten befinden, liegen diese veränderten Seiten so dicht, daß die Wahrscheinlichkeit, daß sich die nächste zu lesende Seite bereits im Cache befindet, entsprechend hoch ist. Bei der Gleichverteilung tritt dieser Effekt erst für höhere Anteile veränderter Datenbankseiten und damit geringere Abstände zwischen diesen Seiten ein.

In *Abbildung 5.20* wurden zusätzlich die drei in Abschnitt 5.3.4.1 modellierten Fälle für das Lesen der veränderten Seiten eingetragen. Hier wird deutlich, daß bei einer ungünstigen

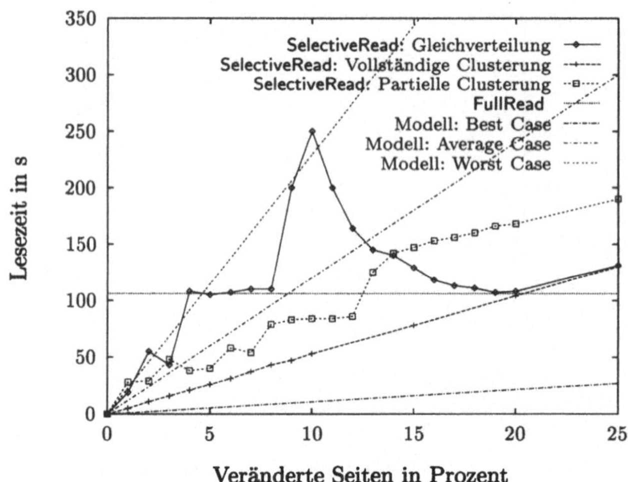

Abbildung 5.20: **SelectiveRead**, **FullRead** und Modell

Verteilung der Seiten der beschriebene *worst case* für die Latenzzeit tatsächlich eintritt. Da die Seek-Zeit im Modell nicht berücksichtigt wurde, liegen einige gemessene Zeiten aufgrund der hohen Anzahl Leseoperationen im *worst case* sogar noch über dem entsprechenden Modellwert.

In *Abbildung 5.21* sind die gleichen Untersuchungen für die mit Hilfe von Zufallszahlen erzeugten Verteilungen dargestellt. Da hierbei die Abstände zwischen den veränderten Seiten nicht mehr exakt gleich sind, sind die beschriebenen Effekte nicht mehr so dominant. Allerdings bleibt ganz deutlich sichtbar, daß auch hier das vermeintlich effektive Verfahren **SelectiveRead** durch das Lesen einzelner Seiten und die daraus resultierenden Positionierungszeiten relativ schlechte Ergebnisse liefert, die teils sogar über denen von **FullRead** liegen.

Aus den Ergebnissen wird deutlich, daß für das Lesen der Seiten bei **SelectiveRead** eine effizientere Vorgehensweise gefunden werden muß. Im nächsten Abschnitt wird das Verfahren **SelectiveRead**$_{\text{Gap}}$ vorgestellt, welches dieses Ziel realisiert.

5.3.5 SelectiveRead$_{\text{Gap}}$

Idee dieses Verfahrens ist es, nicht die veränderten Seiten einzeln, sondern eine Menge von Seiten zu lesen, selbst wenn diese einige nicht veränderte, also eigentlich nicht benötigte, Seiten enthält.

5.3.5.1 Algorithmus

In [SLM93] wurde ein Algorithmus vorgestellt, welcher als Eingabeparameter eine *Gap*-Größe erhält. Als Gap werden dabei nicht benötigte Seiten zwischen zwei benötigten Seiten bezeichnet. Beim Lesen wird die Datenbank in Mengen (Abschnitte) unterteilt, für

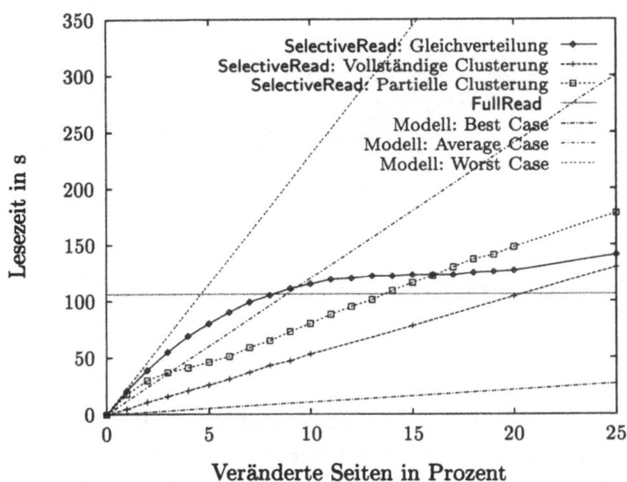

Abbildung 5.21: SelectiveRead, FullRead und Modell (Zufallszahlen)

die gilt, daß der Abstand zwischen zwei benötigten Seiten kleiner bzw. gleich der spezifizierten Gap-Größe ist. In Abschnitt 5.3.5.2 werden wir zeigen, wie mit der Anwendung dieser Vorgehensweise auf unser Problem eine deutliche Verbesserung der Lesezeit zu erzielen ist. Entscheidend für die Performance ist hierbei die Bestimmung der Anzahl der in einer Operation zu lesenden Seiten, um ein optimales Verhältnis zwischen dem Mehraufwand durch das Lesen nicht benötigter Seiten und dem Performance-Gewinn durch das mengenorientierte Lesen zu erhalten.

Interessant ist auch die Frage, wie man bei diesem mengenorientierten Lesen mit nicht benötigten Datenbankseiten umgeht. Alle gelesenen Seiten zunächst in einen zusammenhängenden Pufferbereich zu lesen und danach die wirklich benötigten Seiten in einen anderen Hauptspeicherbereich umzuschreiben, ist ein erste Lösungsmöglichkeit. Sinnvoller erscheint allerdings die Nutzung eines *Vektor-Read*. Dieser stellt das Analogon zu dem im Abschnitt 5.3.3.1 erläuterten Vektor-Write dar. Mit Hilfe dieser Operation kann man also einen zusammenhängenden Teil des Sekundärspeichers in einen nicht zusammenhängenden, d. h. frei spezifizierbaren Teil des Hauptspeichers lesen. Die Angabe der Hauptspeicherbereiche erfolgt dabei, wie bereits erläutert, mit Hilfe eines Vektors. Somit kann man die nicht benötigten Seiten beispielsweise als eine Art „Senke" auf die letzte Seite des Backup-Puffers schreiben und diesen Speicherbereich zum Schluß sogar noch mit einer zu sichernden Seite überschreiben. *Abbildung 5.22* zeigt ein Beispiel für das Lesen veränderter Seiten, wobei als Gap-Größe hier 3 gewählt wurde. Die Anwendung des Vektor-Read wird durch das Schreiben der nicht benötigten Seiten in den letzten Pufferrahmen verdeutlicht.

Abbildung 5.23 gibt eine Modifikation von SelectiveRead an, bei der das Lesen der zu sichernden Seiten entsprechend verändert wurde. Dafür wurde der in [SLM93] vorgestellte Algorithmus dem Szenario einer inkrementellen Sicherung angepaßt. Die Funktion **getNextModifiedPage** gibt die Seitennummer der nächsten zu sichernden Seite, ausgehend von der eingegebenen Seitennummer, zurück. Wie diese genau ermittelt wird, hängt von den in Kapitel 5.3.2 beschriebenen Datenstrukturen ab. Die Variable **maxGapSize** bezeich-

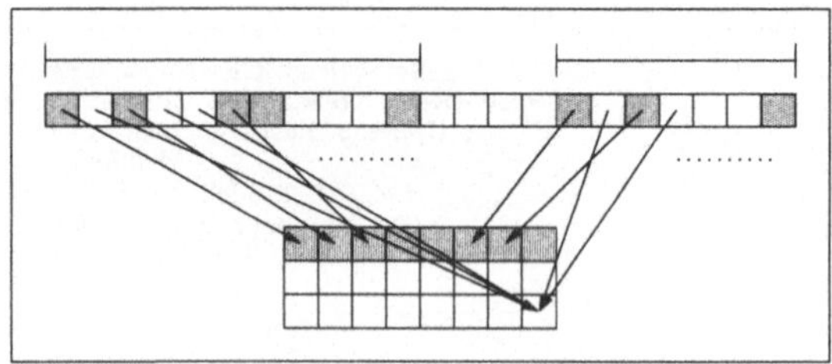

Abbildung 5.22: Beispiel für Vektor-Read

net die gewählte Gap-Größe und ist der Eingabeparamter für diesen Algorithmus. Um die Bedingung, ob noch genügend Platz im Backup-Puffer vorhanden ist, zu überprüfen, muß bei einer Implementierung mit Vektor-Read ein entsprechender Zähler mitgeführt werden, welcher die in der gerade betrachteten Teilmenge enthaltenen zu sichernden Seiten mitzählt. Das modifizierte Verfahren bezeichnen wir im folgenden als SelectiveRead$_{Gap}$.

```
SelectiveRead_Gap

Process 1                                        Process 2
read page modification info;                     repeat
last := 0;                                          write pages from Bbuf
repeat                                                            to backup media;
  first := getNextModifiedPage(last);            until signal 1 and Bbuf empty;
  prev := first;
  read := false;
  repeat
    next := getNextModifiedPage(prev);
            /* returns ∞ if does not exist */
    if (next > maxGapSize + 1 + prev)
         or (next = ∞)
         or (not enough space in Bbuf) then
      last := prev;
      read := true;
    else
      prev := next;
      update readVector;
    end;
  until (read = true);
  read pages [first, last, readVector] into Bbuf;
until (next = ∞);
signal 1;
```

Abbildung 5.23: Verfahren SelectiveRead$_{Gap}$

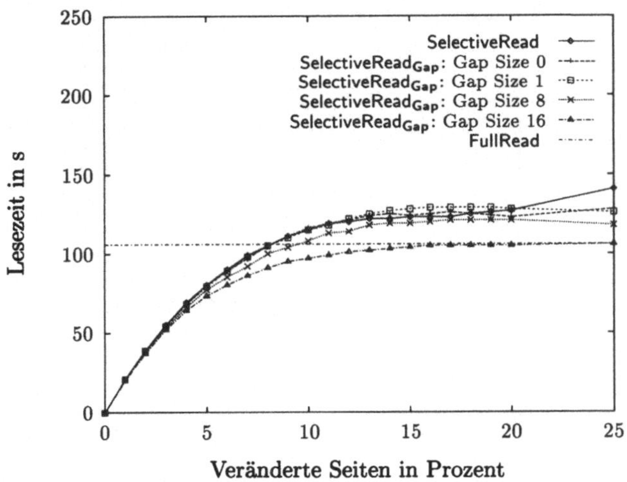

Abbildung 5.24: SelectiveRead$_{Gap}$ für Gleichverteilung

5.3.5.2 Leistungsuntersuchungen

Das Verfahren SelectiveRead$_{Gap}$ wurde ebenfalls im DBMS-Prototyp implementiert und entsprechende Messungen durchgeführt. Aus Platzgründen wird jetzt nur noch die realitätsnähere Variante der Ermittlung der veränderten Seiten mit Zufallszahlen gemäß den vorgegebenen Änderungsprofilen dargestellt. Die aus den Resultaten für die exakt berechneten Verteilungen gewonnenen Aussagen sind sehr ähnlich.

Es wurden Gap-Größen von 0, 1, 2, 4, 8, 16 und 32 betrachtet. In den Diagrammen sind nicht alle Kurven eingetragen, da manche Gap-Größen nahezu identische Ergebnisse liefern. Bei der Diskussion der einzelnen Diagramme wird darauf genauer eingegangen.

Abbildung 5.24 stellt die Ergebnisse für die Gleichverteilung dar. Als Vergleich wurden die Kurven für FullRead und SelectiveRead mit eingezeichnet. Die Ergebnisse für eine Gap-Größe von 1, 2 und 4 einerseits und 16 und 32 andererseits unterscheiden sich kaum. Deshalb wurden in der graphischen Darstellung die Kurven für 2, 4 und 32 weggelassen. Man sieht, daß die Lesezeiten deutlich reduziert werden können. Eine weitere Erhöhung der Gap-Größe ist allerdings nicht sinnvoll, da dann der Anteil der unnötig gelesenen Seiten zu groß wird und die Zeiten wieder schlechter werden.

Dies wird noch deutlicher in *Abbildung 5.25*, welche die Ergebnisse für die partielle Clusterung enthält. Hier liegen die Zeiten für eine Gap-Größe von 32 bereits leicht über denen bei einer Gap-Größe von 16. Damit wird auch klar, warum ein einfaches *Prefetching*, also das Lesen einer festen Menge von Seiten unabhängig davon, wieviele benötigte Seiten sich in dieser Menge befinden, hier nicht sinnvoll ist. Der Anteil der unnötig gelesenen Seiten wäre viel zu hoch.

Die Ergebnisse für 1, 2 und 4 einerseits und 8 und 16 andererseits unterscheiden sich nur geringfügig, weshalb die Kurven für 2, 4 und 8 nicht mit dargestellt wurden. Man sieht, daß für die partielle Clusterung die Leistungsverbesserung noch wesentlich größer als für die Gleichverteilung ist. Die Zeiten für das Verfahren SelectiveRead$_{Gap}$ sind hier immer geringer

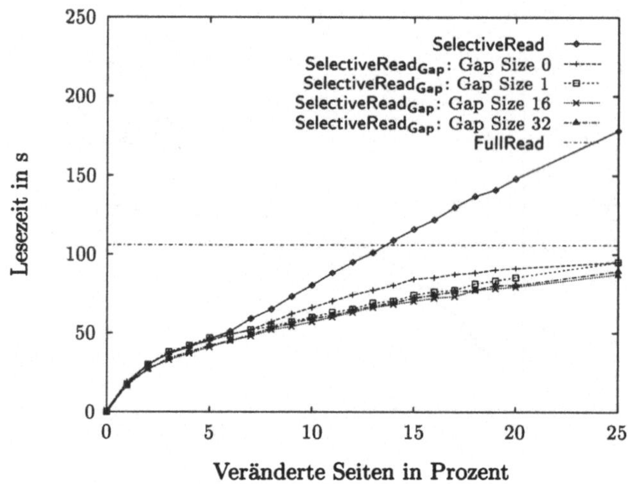

Abbildung 5.25: SelectiveRead$_{Gap}$ für partielle Clusterung

als die für FullRead. Für dieses realitätsnahe Datenbankänderungsprofil konnte also mit SelectiveRead$_{Gap}$ eine signifikante Leistungsverbesserung gegenüber einer Implementierung mit SelectiveRead erreicht werden.

Für die vollständige Clusterung (*Abbildung 5.26*) wurde erwartungsgemäß die deutlichste Performance-Verbesserung erreicht. Dies überrascht nicht, da hier ja die veränderten Seiten zusammenhängend gespeichert sind. Die Zeiten für alle untersuchten Gap-Größen weichen nur geringfügig voneinander ab und erreichen nahezu den in Abschnitt 5.3.4.1 modellierten *best case*. Die Lesezeit wird in diesem Fall also nur noch durch die Transferrate der Magnetplatte bestimmt.

Ein offenes Problem ist die Ermittlung einer optimalen Gap-Größe. In [SLM93] wurde gezeigt, daß für ein einfaches Kostenmodell mit konstanter Positionierungs- und Transferzeit die optimale Gap-Größe mit Hilfe von *shortest path* Algorithmen ermittelt werden kann. Außerdem werden für den Fall einer Gleichverteilung geschlossene Formeln für die Bestimmung einer fast optimalen Gap-Größe angegeben. Diese Ergebnisse sind für unser Anwendungsszenario allerdings nicht übertragbar. Wir haben gezeigt, daß die Positionierungszeit von der Verteilung der Seiten abhängt und deshalb nicht als konstant angenommen werden kann. Die Gleichverteilung ist für das Szenario einer inkrementellen Sicherung ebenfalls nicht repräsentativ. Außerdem wurde das Vorhandensein eines Read-Ahead-Cache in [SLM93] ebenfalls nicht berücksichtigt. Wie wir an den Ergebnissen in diesem Kapitel gesehen haben, spielt dieser aber eine ganz entscheidende Rolle und beeinflußt die Performance in diesem Anwendungsszenario signifikant. Bei der Integration von SelectiveRead$_{Gap}$ in ein DBMS sollte folglich die Gap-Größe als frei wählbarer Parameter realisiert werden, damit diese Größe abhängig vom Datenbankänderungsprofil und den verwendeten Datenbankmedien spezifiziert werden kann.

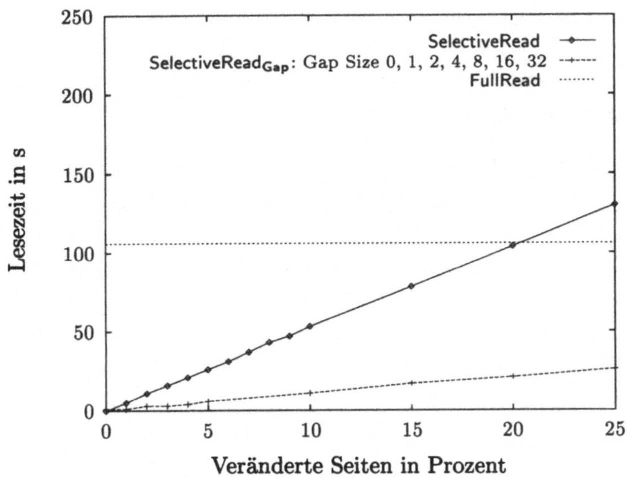

Abbildung 5.26: SelectiveRead_Gap für vollständige Clusterung

5.4   Paralleles Backup und Restore

Der begrenzende Faktor beim Backup und Restore ist i. allg. nicht die CPU-Leistung, sondern die I/O-Performance. Ursache hierfür ist der ständig wachsende Geschwindigkeitsunterschied zwischen CPU-Subsystem und den Speichergeräten. Obwohl eine signifikante Steigerung der Kapazität von Sekundär- und Tertiärspeichern zu verzeichnen ist, können die Übertragungsraten nicht mit dem Wachstum der Prozessorgeschwindigkeit mithalten [Mas97]. Dieses Problem wird durch den zunehmenden Einsatz von Multiprozessorsystemen noch verschärft. Erfolgen keine entscheidenden Durchbrüche in der Massenspeichertechnologie, wird sich dieser Trend auch in Zukunft fortsetzen. Auch größere Hauptspeicher helfen bei Backup und Restore, im Gegensatz zum OLTP-Betrieb, nur bedingt. Um so wichtiger ist es, Lösungen zu finden, die nicht primär auf schnellere Hardware setzen, sondern eine bestehende Infrastruktur optimal ausnutzen. Ein solcher Ansatz ist die I/O-Parallelität.

Im folgenden werden Möglichkeiten der Nutzung von I/O-Parallelität beim Backup bzw. Restore diskutiert. Die Darstellung basiert dabei größtenteils auf [Gol99]. Nach der Einführung einer Reihe grundlegender Begriffe werden Klassifikationskriterien für paralleles Backup und Restore angegeben. Die aus den sich ergebenden Verfahrensklassen resultierenden Eigenschaften bezüglich der Performance, der Ausfalltoleranz und weiterer Bewertungskriterien werden erläutert. Anschließend werden analytische Modelle zum Abschätzen der Sicherungs- und Wiederherstellungszeiten entwickelt. Diese werden Messungen prototypischer Implementierungen im DBMS-Prototyp gegenübergestellt.

5.4.1   Grundlagen

Zunächst wird der Begriff der I/O-Parallelität erläutert. Ausgehend davon werden die in Kapitel 2 gegebenen Definitionen des parallelen Backup und Restore präzisiert. Anschließend werden Möglichkeiten der Verteilung der Daten während des Sicherungsvorgangs vorgestellt.

5.4.1.1   I/O-Parallelität

Unter *parallelem* I/O versteht man das gleichzeitige Lesen von zwei oder mehr Speichergeräten bzw. das gleichzeitige Schreiben auf zwei oder mehr Speichergeräte [JWB96]. Eine
notwendige Voraussetzung dafür ist Ausführungsparallelität innerhalb des CPU-Subsy-
stems, d. h. die Möglichkeit, mehrere Programme bzw. Teilaufgaben innerhalb eines Programms parallel ausführen bzw. dies auf Einprozessormaschinen transparent durch das Betriebssystem simulieren zu können. Durch I/O-Parallelität kann eine Erhöhung der Gesamt-
übertragungsrate (Zugriffsparallelität) und/oder die Erhöhung des Durchsatzes der I/O-
Aufträge, d. h. der Anzahl der Aufträge, die pro Zeiteinheit abgearbeitet werden können
(Auftragsparallelität), erreicht werden [WZ93a]. Über den Grad der erreichbaren Zugriffs-
bzw. Auftragsparallelität entscheidet die Architektur der Kopplung der beteiligten Speichergeräte und die Datenverteilung.

Bei einer *engen* Kopplung der Speichergeräte werden einzelne Geräte unter einer gemeinsamen Kontrolle (durch Hard- oder Software) zusammengefaßt. Sie präsentieren sich nach
außen als ein einziges großes Speichergerät. Solche Konstruktionen werden auch als *array*
bezeichnet. Ein Beispiel hierfür sind die in Kapitel 2.7 erläuterten RAID-Systeme. Die beschriebene Art der I/O-Parallelität wird auch *low level* I/O-Parallelität [JWB96] genannt,
da sie auf der Ebene der Speichergeräte, also der Hardware, stattfindet und so nur indirekt
von der Anwendung ausgenutzt werden kann. Die Transparenz der Datenverteilung und
der I/O-Parallelität ist ein Vorteil hinsichtlich der Kompatibilität zu anderen Speichergeräten, wirft jedoch Probleme auf, wenn die Datenverteilung und der Grad der Auftrags-
und Zugriffsparallelität anwendungsspezifisch angepaßt werden müssen.

Bei der *losen* Kopplung, auch als *farm* bezeichnet, stehen die Speichergeräte typischerweise
unter gemeinsamer Kontrolle des Betriebssystems, können aber unabhängig voneinander
arbeiten. Es bleibt außerdem möglich, einzelne Speichergeräte einer *farm* direkt anzuspre-
chen. Die Datenverteilung und I/O-Parallelität wird durch die Anwendungssoftware realisiert. Aus diesem Grund wird diese Form der I/O-Parallelität als *high level* Parallelität
bezeichnet. *High level* Parallelität kann auch mit *low level* Parallelität kombiniert werden, indem beispielsweise die Speichergeräte einer *farm* selbst *arrays* sind. Im folgenden
konzentrieren wir uns auf die Betrachtung von *high level* Parallelität, welche durch die
Sicherungssoftware realisiert wird. Eine eventuell zusätzlich innerhalb eines Speichergeräts realisierte *low level* I/O-Parallelität wird im folgenden nicht berücksichtigt, da ihre
Ausführung für die Sicherungssoftware transparent ist.

5.4.1.2   Paralleles Backup und Restore

Die in Kapitel 2.3.4 gegebene Definition des parallelen Backup wurde aus Benutzer- bzw.
Funktionalitätssicht gegeben und beschreibt die Tatsache, daß bei einer Sicherung das Sicherungsabbild auf mehrere Medien verteilt und während dieses Vorgangs gleichzeitig auf
mehrere Medien geschrieben wird. Die Frage des Lesens der Daten von den Datenbankmedien, die für den Benutzer eines DBMS ja transparent ist, wurde aufgrund des gewählten
Blickwinkels nicht mit berücksichtigt. Da aber natürlich auch durch paralleles Lesen eine
Performance-Verbesserung erreicht werden kann, wird die Definition in diesem Abschnitt
unter Berücksichtigung dieses Aspekts erweitert. Analoges gilt für das parallele Restore.

Für die nachfolgenden Betrachtungen ist es außerdem erforderlich, die Komponenten eines Speichergeräts genauer abzugrenzen. Ein Speichergerät ist für das Lesen, Schreiben und, falls möglich, Wechseln seiner Speichermedien, auf denen die Daten physisch gespeichert sind, verantwortlich. Speichergerät und Speichermedium können eine untrennbare Einheit bilden. Ein Beispiel hierfür sind Magnetplatten. In diesem Fall ist die *Speicherkapazität* des Speichergeräts *beschränkt*. Handelt es sich bei den Medien um Wechselmedien, so wird von einer potentiell *unbeschränkten* Speicherkapazität des Speichergeräts ausgegangen. Diese Konstellation ergibt sich beispielsweise bei Bandlaufwerken und den zugehörigen Magnetbändern. Im folgenden ist das Ziel von Datenströmen, Algorithmen und Leistungsbewertungen immer das Speichergerät, nicht das individuelle Speichermedium. Unter Verwendung dieser Begriffe und der Definition der I/O-Parallelität werden nun die erweiterten Definitionen für das parallele Backup und Restore angegeben.

> Wird während eines Backup gleichzeitig von mehreren Speichergeräten gelesen und/ oder gleichzeitig auf mehrere Speichergeräte geschrieben, so wird dies als *paralleles Backup* bezeichnet.

> Wird während eines Restore gleichzeitig von mehreren Speichergeräten gelesen und/ oder auf mehrere Speichergeräte geschrieben, so wird dies als *paralleles Restore* bezeichnet.

Wird ein Speichergerät zur Aufnahme von Sicherungsabbildern benutzt, so wird im folgenden auch der Begriff *Sicherungsgerät* verwendet.

Die Datenverteilung bezüglich der vorhandenen Speicher- und Sicherungsgeräte ist die wichtigste Voraussetzung für die Ausnutzung von I/O-Parallelität. Sie entscheidet über den Grad der Parallelisierung, der erreicht werden kann. Es existieren viele wissenschaftliche Arbeiten, welche sich mit der Verteilung von Daten auf verschiedene Speichergeräte mit dem Ziel der Performance-Verbesserung von Datenbankanfragen befassen ([MD97], [SWZ98] u. a.). Bei der Betrachtung der Sicherung von Datenbanken ist die Frage einer optimalen Verteilung der Daten der Datenbank auf die Speichergeräte wenig relevant, da normalerweise eine Optimierung bezüglich des laufenden Datenbankbetriebs immer Vorrang vor einer Optimierung bezüglich der Sicherung bzw. Wiederherstellung haben wird. Folglich müssen Sicherungsalgorithmen von einer *gegebenen* Verteilung der zu sichernden Daten auf den Speichergeräten ausgehen und diese während der Sicherung günstig auf die zur Verfügung stehenden Sicherungsgeräte verteilen. Günstig bedeutet dabei, daß sowohl die Auswirkungen auf die Performance der Sicherung als auch die der Wiederherstellung betrachtet werden müssen. Diese beiden Aspekte, die gegebene Verteilung der Daten der Datenbank und die Datenverteilung während des Backup, sind Gegenstand der folgenden Abschnitte.

5.4.1.3   Physische Speichereinheiten der Datenbank

In Kapitel 2.1 wurde erläutert, daß die Daten einer Datenbank physisch in Dateien bzw. Raw Devices verwaltet werden. Dabei wird im folgenden angenommen, daß Raw Devices jeweils auf genau einem Speichergerät eingerichtet sind. Auf diesem Speichergerät belegen sie einen physisch zusammenhängenden Teil. Für Dateien wird angenommen, daß sie in Dateisystemen liegen, welche jeweils auf genau einem Speichergerät eingerichtet sind.

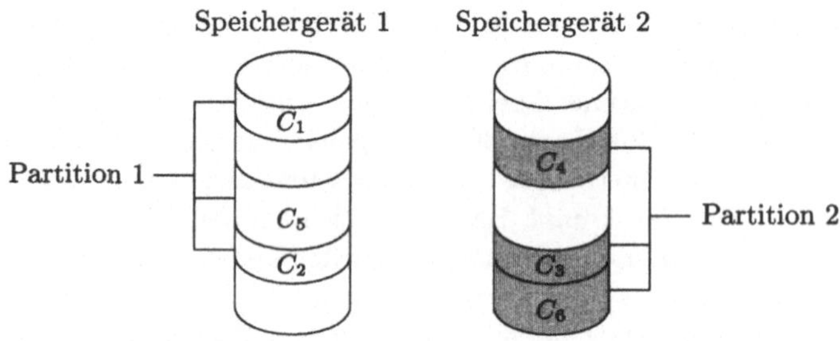

Abbildung 5.27: Container und Partitionen

Dateien seien außerdem nicht fragmentiert. Dies kann durch die Nutzung entsprechender Betriebssystemdienste sichergestellt werden. Die physischen Speichereinheiten Raw Device und Dateien werden im folgenden, in Anlehnung an die DB2-Terminologie [IBM97a], als *Container* bezeichnet. Über die Zuordnung von Tabellen zu Table Spaces und Table Spaces zu Containern wird beim physischen Entwurf der Datenbank entschieden. Abhängig von den verfolgten Zielen beim physischen Datenbankentwurf für den normalen Datenbankbetrieb können Container eines Table Space sowohl auf einem Speichergerät als auch auf verschiedenen Speichergeräten liegen.

Während eines Komplett-Backup bzw. eines partiellen Backup auf Ebene von Table Spaces oder Dateien werden Mengen von Containern gesichert. Bei einem partiellen Backup auf Tabellenebene oder einem inkrementellen Backup kann es sein, daß aus einem Container nur bestimmte Datenbankseiten gesichert werden. Folglich können die zu sichernden Daten eindeutig bezüglich eines Containers identifiziert werden. Im folgenden wird deshalb o. B. d. A. die Sicherung von Mengen von Containern diskutiert. Wie erläutert, können aber unter bestimmten Umständen auch nur Teile eines Containers von der Sicherung betroffen sein.

Die Menge der zu sichernden Datenbankseiten, die auf *einem* Speichergerät liegt, wird als *Partition* bezeichnet. Das Beispiel in *Abbildung 5.27* zeigt sechs Container, die zwei Partitionen bilden. Unter den getroffenen Annahmen über die Container können Partitionen Datenbankseiten mehrerer Container enthalten, aber jeder Container gehört zu genau einer Partition. Die zu sichernde Datenmenge läßt sich demnach bezüglich ihrer Container vollständig in Partitionen zerlegen.

5.4.1.4   Datenverteilung beim Backup

Die Verteilung der zu sichernden Daten auf die zur Verfügung stehenden Sicherungsgeräte beim Backup wird durch zwei Entscheidungen bestimmt: die Zuordnung von Partitionen zu Sicherungsgeräten und die Verteilung der Daten bezüglich der zugeordneten Geräte während des Backup-Prozesses.

Zuordnung

Eine vorab feste Zuordnung zwischen Partitionen und Sicherungsgeräten kann dann sinnvoll sein, wenn die Kopien bestimmter Datenmengen physisch getrennt werden sollen. Motivation hierfür ist beispielsweise die separate Speicherung von bestimmten Teilen der Datenbank für eine effiziente selektive Recovery (Kapitel 4.3.2). Als Zuordnungsgranulate werden im folgenden Container betrachtet. Da ein Container immer zu genau einem Table Space gehört, läßt sich eine eventuell erwünschte Zuordnung eines Table Space zu Sicherungsgeräten auf die Zuordnung seiner Container zurückführen.

Bei der Zuordnung mit dem Ziel einer physischen Trennung werden die verfügbaren Sicherungsgeräte in *Sicherungsgerätegruppen* mit einem oder mehreren Geräten aufgeteilt. Im Beispiel in *Abbildung 5.28* gibt es drei Partitionen, welche aus den Containern C_1 und C_2, C_3 und C_4 bzw. C_5, C_6 und C_7 bestehen. Außerdem existieren drei Mengen von Sicherungsgeräten, die von den Geräten $\{S_1, S_2\}$, $\{S_3\}$ und $\{S_4, S_5, S_6\}$ gebildet werden. Jeder zu sichernde Container wird genau einer Sicherungsgerätegruppe zugeordnet, über deren Sicherungsgeräte die Daten des Containers während des Backup-Prozesses verteilt werden. Eine Sicherungsgerätegruppe zusammen mit den zugeordneten Containern bildet eine *Verteilgemeinschaft*. Im Beispiel sind die drei Verteilgemeinschaften $\{S_1, S_2, C_2, C_3\}$, $\{S_3, C_1, C_4\}$ und $\{S_4, S_5, S_6, C_5, C_6, C_7\}$.

Nach der Definition der Sicherungsgerätegruppe haben zwei Verteilgemeinschaften keine gemeinsamen Sicherungsgeräte, jedoch können Container einer Partition verschiedenen Verteilgemeinschaften zugeordnet sein. Zwei Verteilgemeinschaften sind *abhängig* genau dann, wenn die Mengen der Partitionen, auf denen die jeweiligen Container der Verteilgemeinschaften liegen, nicht disjunkt sind. Im Beispiel sind die Gemeinschaften $\{S_1, S_2, C_2, C_3\}$ und $\{S_3, C_1, C_4\}$ abhängig. Die Abhängigkeitsrelation ist eine Äquivalenzrelation und definiert damit eine eindeutige Zerlegung auf der Menge der Verteilgemeinschaften. Die Äquivalenzklassen werden im folgenden als *Teilsicherungen* bezeichnet. Im Beispiel in Abbildung 5.28 gibt es zwei Teilsicherungen. In Teilsicherung 1 existieren zwei abhängige Verteilgemeinschaften.

Teilsicherungen haben keine Parallelisierungsgranulate gemeinsam, deshalb können sie *unabhängig* voneinander und insbesondere parallel abgearbeitet werden. Im folgenden konzentrieren wir uns deshalb auf die Durchführung einer Teilsicherung. Es ist aber zu beachten, daß für den erfolgreichen Abschluß der gesamten Sicherung alle Teilsicherungen erfolgreich durchgeführt sein müssen.

Verteilung

Für die Zuordnung von Partitionen zu Sicherungsgeräten innerhalb einer Verteilgemeinschaft hängt die Möglichkeit der Nutzung von I/O-Parallelität *innerhalb* der Verteilgemeinschaft von der Anzahl der Sicherungsgeräte in der Sicherungsgerätegruppe der Verteilgemeinschaft und der Anzahl der Partitionen der Verteilgemeinschaft ab. Sind in der Verteilgemeinschaft zwei oder mehr Sicherungsgeräte enthalten, so kann I/O-Parallelität auf der Seite der Sicherungsgeräte ausgenutzt werden. Analoges gilt auf der Seite der Partitionen. Stehen sich in einer Verteilgemeinschaft mehrere Partitionen und/oder mehrere

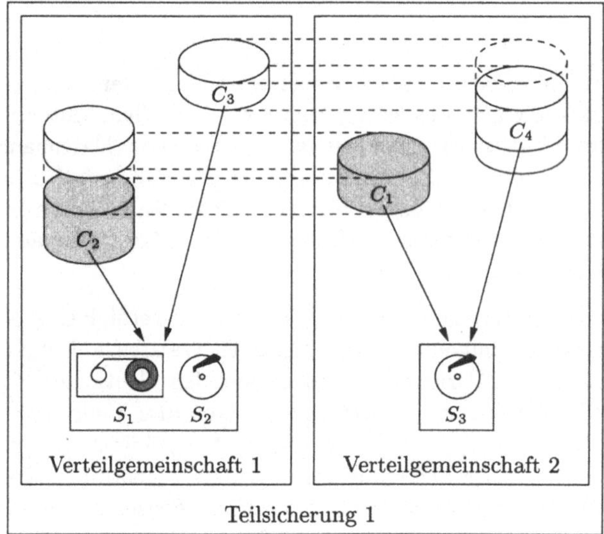
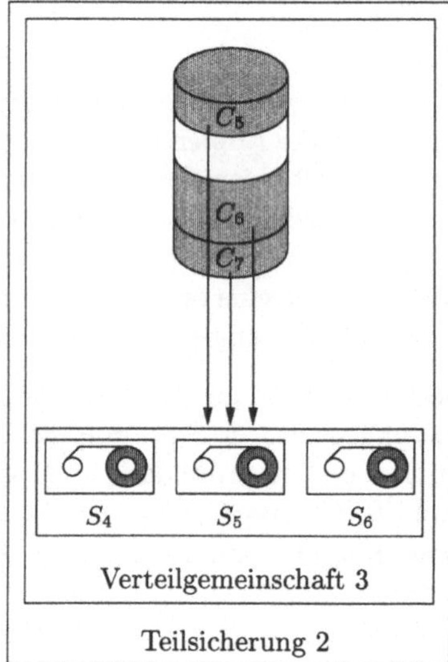

Abbildung 5.28: Verteilgemeinschaften und Teilsicherungen

Sicherungsgeräte gegenüber, ist ein Verfahren zur Zusammenführung und/oder Datenverteilung notwendig. Die Einheit der Datenverteilung ist im folgenden ein *Paket*. Ein Paket ist die kleinste Menge aufeinanderfolgender Seiten eines Containers und damit auch einer Partition, die zusammenhängend auf ein Sicherungsgerät geschrieben wird. Die Größe eines Pakets und das Verteilverfahren werden für eine Verteilgemeinschaft festgelegt. Die Wahl der Größe eines Pakets kann abhängig von den beteiligten Containern bzw. Table Spaces und Anforderungen an das Restore verschiedenen Restriktionen unterworfen sein. Sind an einer Verteilgemeinschaft Container von verschiedenen Table Spaces mit unterschiedlichen Seitengrößen beteiligt, so muß die Paketgröße als ganzzahliges Vielfaches der größten vorkommenden Seitengröße gewählt werden. Damit ein Restore auch möglich ist, wenn die Pakete in einer anderen Reihenfolge zurückgespielt werden müssen, beispielsweise um den Ausfall eines Sicherungsgeräts zu kompensieren, müssen zu jedem Paket Zusatzinformationen gespeichert werden, die seine Position innerhalb der Datenbank eindeutig identifizieren. Ist eine solche Identifikation bzw. das Zurückspielen nicht für beliebige zusammenhängende Seitenmengen möglich, so muß die Paketgröße ein ganzzahliges Vielfaches des kleinsten identifizierbaren und zurückspielbaren Granulats sein.

Für das Lesen und Schreiben der Pakete sind sequentielle *I/O-Prozesse* zuständig. Innerhalb einer Verteilgemeinschaft wird jeder Partition und jedem Sicherungsgerät ein I/O-Prozeß zugeordnet. Die I/O-Prozesse arbeiten parallel und tauschen Daten über *Puffer* aus. Ein Puffer nimmt dabei immer genau ein Paket auf. Zu einer Zeit kann ein Puffer von höchstens einem I/O-Prozeß zum Schreiben oder Lesen allokiert sein, und ein I/O-Prozeß kann zu einer Zeit höchstens einen Puffer allokieren. Während dieser Zeit darf kein anderer Prozeß auf den Puffer zugreifen. Ein Puffer gehört immer zu genau einer Verteilgemeinschaft, und jeder Verteilgemeinschaft wird eine festgelegte Anzahl Puffer zugeordnet. Neben der zeitlich befristeten Allokation kann ein Puffer dem I/O-Prozeß einer Partition und/oder eines Sicherungsgeräts fest zugeordnet sein. Die Zuordnungsmöglichkeiten der Puffer und die Abarbeitungsreihenfolge der Puffer bestimmen den Verteilalgorithmus. Die verschiedenen Möglichkeiten werden in Abschnitt 5.4.2 näher diskutiert und dort als Klassifikationskriterien paralleler Backup-Verfahren verwendet.

Innerhalb einer Teilsicherung kann es mehrere (abhängige) Verteilgemeinschaften geben, diese haben disjunkte Sicherungsgerätegruppen, aber gemeinsame Partitionen. Folglich können in einer Teilsicherung einer Partition mehrere I/O-Prozesse zugeordnet sein. Würden diese Prozesse gleichzeitig auf die Partition zugreifen, könnten sie sich gegenseitig behindern. So wäre ein sequentielles Lesen in zwei aufeinanderfolgenden Operationen kaum noch möglich, da dann mit großer Wahrscheinlichkeit bereits ein anderer Prozeß eine Leseoperation ausgeführt hätte und folglich der Schreib-/Lesekopf der Magnetplatte an einer anderen Stelle positioniert wäre. Die Sicherungs- und Wiederherstellungsalgorithmen sollten deshalb aus Performance-Gründen dafür Sorge tragen, daß zu einer Zeit bezüglich einer Partition nur ein I/O-Prozeß aktiv ist. Für eine Diskussion möglicher Serialisierungsvarianten von Partitionsprozessen sei auf [Gol99] verwiesen.

5.4.2   Klassifikation

Im folgenden werden Klassifikationskriterien für Verfahren zum parallelen Backup und Restore erläutert. Dabei konzentriert sich die Darstellung auf die Backup-Verfahren. Die zu den jeweiligen Backup-Verfahren korrespondierenden Restore-Verfahren sind in der Regel für alle Sicherungsabbilder, egal mit welchem Backup-Verfahren sie erzeugt wurden, einsetzbar, wenn auch nicht immer mit der optimalen Performance. Ist ein Restore-Verfahren auf eine spezielle Verteilung und Struktur des Abbildes angewiesen, so wird dies beim korrespondierenden Backup-Verfahren erwähnt.

5.4.2.1   Klassifikationskriterien

Als Klassifikationskriterien für die Verfahren werden die

- Zuordnung der Puffer und die

- Abarbeitungsreihenfolge der Puffer

innerhalb einer Verteilgemeinschaft betrachtet.

Zuordnung der Puffer

Für die Zuordnung (*assignment*) der Puffer gibt es die folgenden vier Möglichkeiten, für welche die angegebenen Bezeichnungen verwendet werden:

- den Partitionen sind Puffer zugeordnet (A_P)

- den Partitionen sind keine Puffer zugeordnet ($\neg A_P$)

- den Sicherungsgeräten sind Puffer zugeordnet (A_S)

- den Sicherungsgeräten sind keine Puffer zugeordnet ($\neg A_S$)

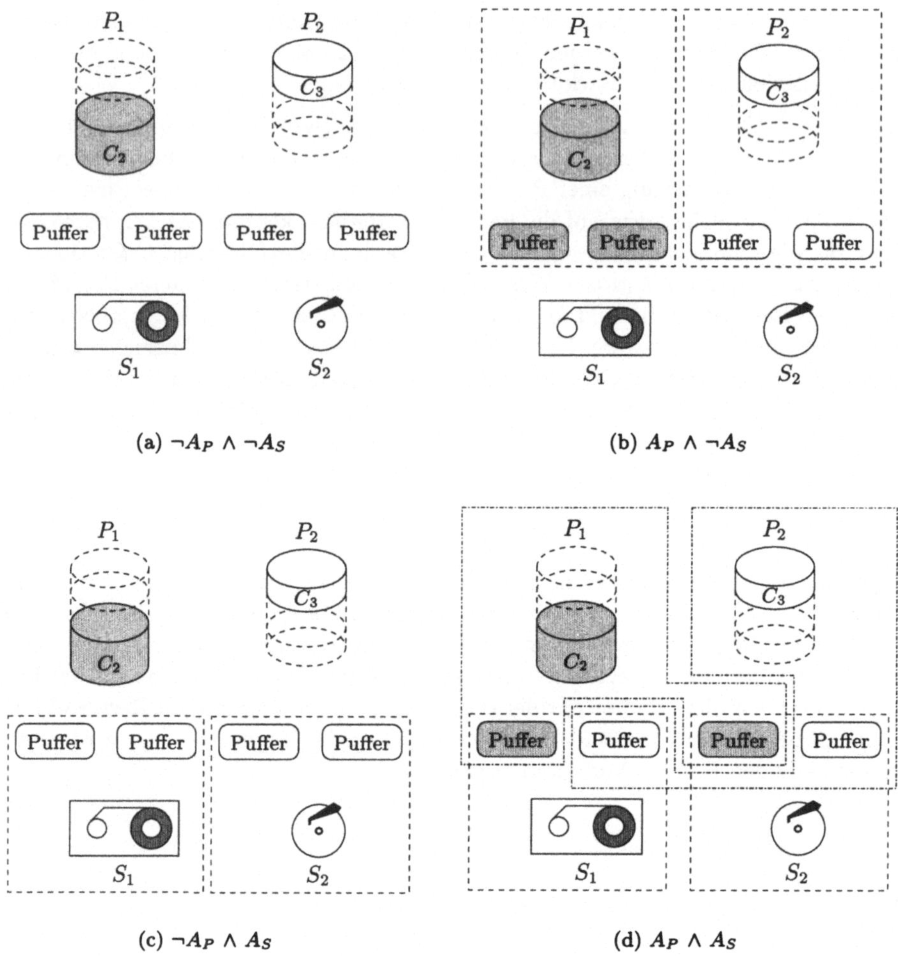

Abbildung 5.29: Varianten der Pufferzuordnung

Dabei ist zu beachten, daß sich eine solche Zuordnung immer nur auf eine Verteilgemeinschaft bezieht. Man könnte noch exakter also auch von einer Zuordnung der Puffer zu Partitions- und Sicherungsgeräte*prozessen* sprechen (Abschnitt 5.4.1). Sind die Puffer nicht zugeordnet, so konkurrieren die I/O-Prozesse ständig um die freien Puffer, was die Performance des Sicherungsprozesses negativ beeinflussen kann. Wir werden auf diesen Aspekt in Abschnitt 5.4.3 noch genauer eingehen. Diese Konkurrenzsituation zu verringern, ist eine der Motivationen für die Zuordnung von Puffern.

Aus den angegebenen Varianten ergeben sich vier Kombinationsmöglichkeiten für die Pufferzuordnung. Das Prinzip der Kombinationen, bei denen keine Puffer bzw. Puffer nur auf seiten der Partitionen *oder* der Sicherungsgeräte zugeordnet sind, ist in den *Abbildungen 5.29(a)–(c)* anhand der Verteilgemeinschaft 1 aus Abbildung 5.28 dargestellt. Wir

werden später sehen, daß es ein Charakteristikum dieser drei Fälle ist, daß die Abschätzung
des Platzbedarfes auf den einzelnen Sicherungsgeräten nicht möglich ist. Grundvoraussetzung hierfür ist eine feste Zuordnung der Puffer auf beiden Seiten ($A_P \wedge A_S$), kombiniert mit bestimmten Anforderungen an die Abarbeitungsreihenfolge der Puffer, auf die
im nächsten Abschnitt eingegangen wird. *Abbildung 5.29(d)* veranschaulicht das Prinzip
des beschriebenen vierten Falls. Dabei ist zu beachten, daß wir uns innerhalb einer Verteilgemeinschaft bewegen. Eine, vermeintlich einfachere, disjunkte Zuordnung der Puffer ist
hier nicht zulässig, da diese zu einer Zerlegung in mehrere Teilsicherungen führen würde
(Abschnitt 5.4.1).

Abarbeitungsreihenfolge der Puffer

Durch die Zuordnung der Puffer zu Partitionen bzw. Sicherungsgeräten ergeben sich für
diese jeweils *benutzbare* Puffer. Dies sind entweder die zugeordneten Puffer oder, falls keine
Zuordnung besteht, alle Puffer innerhalb der Verteilgemeinschaft. Die Abarbeitung dieser
Puffer kann dabei auf verschiedene Arten erfolgen. Die durch eine *Partition* benutzbaren
Puffer können

- mit einer festgelegten Reihenfolge (*order*) bezüglich aller benutzbaren Puffer (O_{U_P}),

- mit einer festgelegten Reihenfolge bezüglich der benutzbaren Puffer auf der Seite der
  Sicherungsgeräte ($O_{U_P \cap U_{S_j}}$) oder

- ohne festgelegte, d. h. in beliebiger Reihenfolge ($\neg O_P$)

gefüllt werden. Der dritte Fall soll anhand von Abbildung 5.29(c) veranschaulicht werden.
Hier sind Puffer auf der Seite der Sicherungsgeräte, aber nicht auf der Seite der Partitionen
zugeordnet. Die Bedingung $O_{U_P \cap U_{S_j}}$ besagt hier, daß jeder Partitionsprozeß die Puffer *eines* Sicherungsgeräts in einer festgelegten Reihenfolge füllt. Hingegen ist nicht festgelegt, in
welcher Reihenfolge der Partitionsprozeß die Puffer verschiedener Sicherungsgeräte befüllt.
Motivation für eine solche Vorgehensweise ist ein möglicher Ausgleich von Schwankungen
der Zugriffscharakteristika der Sicherungsgeräte (Abschnitt 5.4.2.2). Die definierte Reihenfolge auf den benutzbaren Puffern auf seiten der Sicherungsgeräte darf einer auf diesen
definierten Ordnung nicht widersprechen, da es sonst zu Verklemmungen durch gegenseiti-
ges Warten kommen könnte. Analog zur Zuordnung auf der Seite der Partitionen können
die durch ein *Sicherungsgerät* benutzbaren Puffer

- mit einer festgelegten Reihenfolge bezüglich aller benutzbaren Puffer (O_{U_S}),

- mit einer festgelegten Reihenfolge bezüglich der benutzbaren Puffer auf der Seite der
  Partitionen ($O_{U_S \cap U_{P_i}}$) oder

- ohne festgelegte, d. h. in beliebiger Reihenfolge ($\neg O_S$)

gelesen werden.

Theoretisch sind die Varianten der Reihenfolge der Abarbeitung der Puffer auf seiten der
Partitionen bzw. der Sicherungsgeräte frei kombinierbar. Aus praktischer Sicht existieren

Tabelle 5.3: Klassifikation paralleler Backup-Verfahren

<table>
<tr>
<td colspan="7" align="center">A_P</td>
<td colspan="3" align="center">$\neg A_P$</td>
</tr>
<tr>
<td colspan="5" align="center">A_S</td>
<td colspan="2" align="center">$\neg A_S$</td>
<td colspan="2" align="center">A_S</td>
<td align="center">$\neg A_S$</td>
</tr>
<tr>
<td colspan="2" align="center">O_{U_P}</td>
<td colspan="2" align="center">$O_{U_P \cap U_{S_j}}$</td>
<td align="center">$\neg O_P$</td>
<td align="center">O_{U_P}</td>
<td align="center">$\neg O_P$</td>
<td colspan="2" align="center">$O_{U_P \cap U_{S_j}}$</td>
<td align="center">$\neg O_P$</td>
</tr>
<tr>
<td align="center">O_{U_S}</td>
<td align="center">$O_{U_S \cap U_{P_i}}$</td>
<td align="center">O_{U_S}</td>
<td align="center">$O_{U_S \cap U_{P_i}}$</td>
<td align="center">$\neg O_S$</td>
<td align="center">$O_{U_S \cap U_{P_i}}$</td>
<td align="center">$\neg O_S$</td>
<td align="center">O_{U_S}</td>
<td align="center">$\neg O_S$</td>
<td align="center">$\neg O_S$</td>
</tr>
</table>

aber ein Vielzahl von Kombinationen, welche keine effizienten Verfahren ergeben. Ist auf einer der beiden Seiten die Reihenfolge beliebig, so ist eine Vorgabe einer Reihenfolge auf der Gegenseite nicht sinnvoll. In solch einem Fall würden unkalkulierbare Wartezeiten dadurch entstehen, daß nicht determiniert ist, wann der nächste abzuarbeitende Puffer gefüllt/geleert ist. Folglich wird für $\neg O_P$ nur die Kombination mit $\neg O_S$ betrachtet und umgekehrt. Weitere Einschränkungen ergeben sich aus der Kombination mit den Varianten der Pufferzuordnung. So ist eine Abarbeitung aller benutzbaren Puffer in einer festgelegten Reihenfolge nur bei zugeordneten Puffern sinnvoll, da die Vorgabe einer Reihenfolge bei gleichzeitiger Konkurrenz auf den Puffern zu unnötigen Wartesituationen führen würde. Das bedeutet, daß bei $\neg A_P$ die Variante O_{U_P} nicht mit betrachtet wird und analog bei $\neg A_S$ nicht O_{U_S}. Daraus folgt, daß $\neg A_P$ nicht mit $O_{U_S \cap U_{P_i}}$ kombiniert werden kann und analog $\neg A_S$ nicht mit $O_{U_P \cap U_{S_j}}$. Damit ergeben sich die in *Tabelle 5.3* angegebenen sinnvollen Kombinationsmöglichkeiten.

5.4.2.2   Bewertungskriterien

Nach der Einführung der Klassifikationskriterien sollen in diesem Abschnitt die Bewertungskriterien eingeführt werden, bezüglich derer die parallelen Backup-Verfahren untersucht werden.

Speicherplatz

Da Sicherungen oftmals automatisiert und unbeaufsichtigt ausgeführt werden, ist eine Vorausberechnung des benötigten Speicherplatzes, d. h. der Verteilung des Sicherungsabbildes auf die Sicherungsgeräte, eine wünschenswerte Eigenschaft von Sicherungsverfahren, um Fehlersituationen zu vermeiden. Außerdem kann es sinnvoll sein, in Situationen knappen Speicherplatzes oder stark heterogener Sicherungsgeräte die Verteilung des Sicherungsabbildes im voraus zu spezifizieren, falls dies für das jeweilige Verfahren möglich ist. Diese beiden Eigenschaften wurden in *Tabelle 5.4* für die betrachteten Verfahren eingetragen. Man sieht, daß sie nur für die Verfahren mit Zuordnung der Puffer auf beiden Seiten und einer fest definierten Abarbeitungsreihenfolge, also Füllfolge, auf seiten der Partitionen erfüllt sind, da nur in dieser Konstellation eine definierte Verteilung der zu sichernden Datenmenge existiert.

Ausfalltoleranz

Eine wichtige Eigenschaft für den Ablauf des Sicherungsvorgangs ist die Frage, wie Ausfälle von Sicherungsgeräten toleriert werden. Der Begriff Ausfall beinhaltet dabei alle möglichen

Tabelle 5.4: Eigenschaften paralleler Backup-Verfahren

	A_P							$\neg A_P$		
	A_S					$\neg A_S$		A_S		$\neg A_S$
	O_{U_P}		$O_{U_P \cap U_{S_j}}$		$\neg O_P$	O_{U_P}	$\neg O_P$	$O_{U_P \cap U_{S_j}}$	$\neg O_P$	$\neg O_P$
	O_{U_S}	$O_{U_S \cap U_{P_i}}$	O_{U_S}	$O_{U_S \cap U_{P_i}}$	$\neg O_S$	$O_{U_S \cap U_{P_i}}$	$\neg O_S$	O_{U_S}	$\neg O_S$	$\neg O_S$
Speicherplatz										
o berechenbar	✓	✓								
o spezifizierbar	✓	✓								
Ausfalltoleranz										
o Partition		✓		✓	✓	✓	✓	✓	✓	✓
o Sicherungsgerät			✓	✓	✓	✓	✓	✓	✓	✓
Heterogenität										
o Partition	+	++	+	++	++	++	++	++	++	++
o Sicherungsgerät	+	+	++	++	++	++	++	++	++	++
Lastausgleich										
o Partition		✓		✓	✓	✓	✓	✓	✓	✓
o Sicherungsgerät			✓	✓	✓	✓	✓	✓	✓	✓
Puffersuchzeiten										
o Partition	++	++	+	+	−	++	−	+	−−	−−
o Sicherungsgerät	++	+	++	+	−	+	−−	++	−	−−
Restore										
o seq. Schreiben	✓	✓								
o Redirect-Restore	−	−	−	+	+	+	+	+	+	+
o universell				✓	✓	✓	✓	✓	✓	✓
Verfahren	1	2	3	4	5	6	7	8	9	10
	statisch		dynamisch							

Fehlerfälle, welche zu einer Nichtverfügbarkeit des Sicherungsgeräts führen. Dazu zählen neben wirklichen physischen Ausfällen beispielsweise auch durch nicht mehr verfügbaren Speicherplatz hervorgerufene Fehlersituationen. In der Tabelle ist unter dem Stichwort *Ausfalltoleranz* eingetragen, ob das Verfahren während des Sicherungsvorgangs auf eine solche Situation reagieren kann. Hier entstehen Probleme bei Verfahren mit fester Zuordnung und definierter Abarbeitungsreihenfolge auf seiten der Partitionen, also genau den Verfahren, welche eine feste Verteilung auf die Sicherungsgeräte vornehmen. Beim Einsatz solcher Verfahren müssen gegebenenfalls Zusatzmechanismen geschaffen werden, welche auf eine solche Situation reagieren und die Pufferzuordnung verändern, wodurch allerdings der Charakter des Verfahrens und die sich daraus ergebenden Eigenschaften verloren gehen.

Der Ausfall einer Partition kann durch die Verfahren natürlich nicht kompensiert und die Sicherung kann in einem solchen Fall nicht vollständig zu Ende geführt werden. Die Sicherung abzubrechen und später zu wiederholen ist eine, wenn auch nicht sehr effiziente Variante. Sinnvoller erscheint es, die Sicherung fortzuführen und später die noch nicht gesicherten Teile der Partition oder die komplette Partition nochmals zu sichern. Dies ist nicht möglich für Verfahren mit fester Zuordnung und definierter Abarbeitungsreihenfolge auf seiten der Sicherungsgeräte. Das Problem kann hier wiederum nur durch eine Veränderung der Pufferzuordnung gelöst werden. Ausfälle von Sicherungsgeräten bzw. Partitionen können im übrigen auch als Grenzfälle der unten betrachteten dynamischen Veränderungen der Zugriffscharakteristika betrachtet werden.

Geschwindigkeit

Die für die Speicherung der Datenbank verwendeten Datenbankmedien müssen nicht vom gleichen Typ sein, so daß die Zugriffscharakteristika erhebliche Unterschiede aufweisen können. Das gleiche gilt auch auf seiten der Sicherungsgeräte. Die Frage, ob die Verfahren mit solchen *heterogenen* Partitionen bzw. Sicherungsgeräten umgehen können, ist ein wichtiger Faktor für die Performance. Die mit ++ gekennzeichneten Verfahren nehmen diese Anpassung automatisch vor. Bei Verfahren mit beidseitig zugeordneten Puffern kann Heterogenität auf einer Seite bei einer festen Reihenfolge auf der anderen Seite nicht automatisch ausgeglichen werden. Dies muß durch eine geeignete Wahl der Anzahl der Puffer, also von Hand, realisiert werden. Die entsprechenden Verfahren sind deshalb nur mit + markiert.

Neben statischen Bedingungen spielt das Reagieren auf dynamische Veränderungen der Zugriffscharakteristika der Partitionen oder der Speichergeräte eine sehr wichtige Rolle für die Geschwindigkeit des Sicherungsvorgangs. Diese Eigenschaft wird unter dem Begriff *Lastausgleich* zusammengefaßt. Eine Veränderung der Zugriffscharakteristika einer Partition kann beispielsweise durch parallel laufende Transaktionen während eines Online-Backup (Abschnitt 5.2) hervorgerufen werden. Bei fester Abarbeitungsreihenfolge auf seiten der Sicherungsgeräte und beidseitig zugeordneten Puffern führt dies zu Problemen, da dann die Sicherungsgeräte auf die betroffene Partition warten müssen und nicht weiterarbeiten können. Sind hingegen die Puffer auf seiten der Partitionen nicht zugeordnet, können die Puffer der Sicherungsgeräte durch andere Partitionen gefüllt werden.

Veränderungen der Zugriffscharakteristika auf seiten der Sicherungsgeräte können beispielsweise durch einen Medienwechsel, schwankende Netzbelastung o. ä. hervorgerufen werden.

Hier gibt es, analog zur Ausfalltoleranz, Probleme bei Verfahren mit fester Zuordnung und
definierter Füllfolge auf seiten der Partitionen, da das betroffene Sicherungsgerät in diesem
Fall seine Daten nicht oder nur verzögert abholt und die Partitionen nicht weiter gelesen
werden können.

Ein weiteres Kriterium, welches die Geschwindigkeit der Sicherung beeinflußt, sind die *Puffersuchzeiten*. Damit ist die Zeitdauer gemeint, welcher ein Partitions- oder Sicherungsge-
räteprozeß benötigt, um den nächsten von ihm zu verarbeitenden Puffer zu ermitteln und
den exklusiven Zugriff auf diesen zu bekommen. Die Puffersuchzeit ist folglich zum einen
abhängig vom Suchraum, also von der Zuordnung oder Nichtzuordnung der Puffer, und
zum anderen davon, welche Reihenfolge der Abarbeitung definiert ist und welcher Suchalgo-
rithmus dabei verwendet wird. Für Details zu den Suchalgorithmen sei auf Abschnitt 5.4.3
und [Gol99] verwiesen. In Tabelle 5.4 sind Bewertungen für diesen Aspekt angegeben. Auch
wird wieder nach Puffersuchzeiten auf der Seite der Partitionen und auf der Seite der Sicherungsgeräte unterschieden. Dabei führt eine festgelegte Reihenfolge zu einer Bewertung
mit ++, eine festgelegte Reihenfolge bezüglich der benutzbaren Puffer auf der Gegenseite
zu einem +, eine beliebige Reihenfolge auf zugeordneten Puffern zu einer Bewertung mit
− und eine beliebige Reihenfolge ohne zugeordnete Puffer zu −−.

Restore

Abschließend werden die Auswirkungen der Datenverteilung auf das Restore und die Eigenschaften der zu den Backup-Verfahren korrespondierenden Restore-Verfahren diskutiert.
Als erstes wird untersucht, ob aufgrund der entstandenen Struktur und Verteilung des Sicherungsabbildes beim Restore ein *sequentielles Schreiben* auf den Partitionen möglich ist,
da dieses sehr günstig für die Performance der Wiederherstellung ist. Da zur Sicherung
oftmals Tertiärspeichermedien verwendet werden, ist ein sequentielles Lesen von diesen
Grundvoraussetzung für ein effizientes Restore. Deshalb werden Varianten mit selektivem
Lesen auf den Sicherungsmedien zum Ziel des sequentiellen Schreibens auf den Partitionen
generell verworfen. Da davon ausgegangen werden muß, daß normalerweise die Bedingungen beim Restore (Zugriffscharakteristika, Last auf den Partitionen etc.) denen beim
Backup nie hundertprozentig entsprechen, ist sequentielles Schreiben auf den Partitionen
im allgemeinen Fall nur bei den Verfahren mit einer definierten Verteilung der zu sichernden
Datenmenge möglich. Für die anderen Verteilungen könnte versucht werden, das sequentielle Schreiben auf den Partitionen durch Zwischenpufferung zu erreichen. Dieser Ansatz
ist aber problematisch, da es hier zu Wartesituationen und erheblichen Verzögerungen
kommen kann [Gol99].

Falls beim Restore eine andere physische Verteilung der Container auf den Datenbankmedien und damit eine andere Zusammensetzung der Partitionen vorliegt, so wird das
Restore als *Redirect-Restore* bezeichnet. Verfahren, bei denen ein solches Redirect-Restore
ohne grundsätzliche Eingriffe in den Algorithmus möglich ist, wurden in Tabelle 5.4 mit +
gekennzeichnet. Für bestimmte Verfahren ist eine zusätzliche Schicht zur Umordnung der
Pakete nach dem Lesen von den Sicherungsgeräten notwendig. Diese Verfahren sind mit
einem − versehen.

Ein letzter Aspekt ist die Frage, ob die korrespondierenden Restore-Verfahren *universell*
einsetzbar sind, also beliebige Sicherungsabbilder, egal mit welchem parallelem Backup-

Verfahren sie erzeugt wurden, zurückspielen können. Dies ist ebenfalls nicht für alle Verfahren der Fall.

Zusammenfassend kann festgestellt werden, daß die parallelen Backup-Verfahren grob in zwei Gruppen eingeteilt werden können. Die Verfahren 1 und 2 in Tabelle 5.4, also die Verfahren mit zugeordneten Puffern auf beiden Seiten ($A_P \wedge A_S$) sowie mit fester Reihenfolge bezüglich der benutzbaren, also hier der zugeordneten, Puffer (O_{U_P}) sind durch die Berechenbarkeit der sich ergebenden Verteilung auf den Speichergeräten gekennzeichnet. Sie werden aus diesem Grund im folgenden als *statische* Verfahren bezeichnet. Allerdings müssen bei diesen Verfahren Einschränkungen beim Lastausgleich, insbesondere auf seiten der Sicherungsgeräte, und bei der Ausfalltoleranz in Kauf genommen werden. Voraussetzungen für den effizienten Einsatz dieser Verfahren sind also bekannte Zugriffscharakteristika der beteiligten Sicherungsgeräte und geringe Schwankungen dieser auch über Backup und Restore hinweg. Die Verfahren 3–10 haben bessere Eigenschaften beim Lastausgleich und bei der Ausfalltoleranz. Eine genaue Vorhersage über die Verteilung der Sicherungsabbilder ist für diese Verfahren allerdings nicht möglich, was zu Problemen bei der Administration und zu Fehlersituationen führen kann. Aufgrund der lastabhängigen Verteilung werden die Verfahren dieser Gruppe im folgenden als *dynamische* Verfahren bezeichnet.

5.4.3 Implementierung

Exemplarisch sollen in diesem Abschnitt Implementierungsmöglichkeiten für jeweils ein Verfahren aus den beiden Gruppen beschrieben werden. Hierfür wurden die Verfahren 2 und 10 aus Tabelle 5.4 ausgewählt. Implementierungsvarianten für die Verfahren 1, 6 und 8 finden sich in [Gol99].

5.4.3.1 Dynamische Verfahren

Für die Gruppe der dynamischen Verfahren wird das Verfahren ohne Zuordnung von Puffern und ohne eine vorgegebene Reihenfolge auf den Puffern ($\neg A_P \wedge \neg A_S \wedge \neg O_P \wedge \neg O_S$, Verfahren 10 in Tabelle 5.4) beschrieben.

Algorithmus

Die I/O-Prozesse für das Backup sind in *Abbildung 5.30* skizziert. Alle I/O-Prozesse durchlaufen unabhängig voneinander die Menge der Puffer solange, bis ein leerer bzw. voller Puffer gefunden ist, der nicht bereits von einem anderen Prozeß allokiert wurde. Die Funktion **getBuffer**(all) liefert dazu die Nummer eines Puffers zurück. Die Basis der Auswahl sind *alle* Puffer. Für die Implementierung dieser Funktion gibt es verschiedene Varianten, so ist eine Auswahl mit Zufallszahlen, ein Round-Robin-Durchlauf oder auch eine Schlangenverwaltung der zur Verfügung stehenden Puffer möglich. Für Performance-Implikationen der verschiedenen Implementierungsvarianten sei auf [Gol99] verwiesen. Nach der Allokation beginnt der Lese- bzw. Schreibprozeß, der mit dem Markieren und Freigeben des Puffers endet.

Verfahren $\neg A_P \wedge \neg A_S \wedge \neg O_P \wedge \neg O_S$: Backup

I/O-Prozeß Partition	*I/O-Prozeß Sicherungsgerät*

```
I/O-Prozeß Partition                  I/O-Prozeß Sicherungsgerät
for all assigned containers do        repeat
  repeat                                repeat
    repeat                                i := getBuffer(all);
      i := getBuffer(all);                until isFull(Buffer[i]);
      until isEmpty(Buffer[i]);           try allocate Buffer[i];
      try allocate Buffer[i];             until allocation successful;
    until allocation successful;          writePacket(Buffer[i]);
    Buffer[i] := readNextPacket;          setEmpty(Buffer[i]);
    setFull(Buffer[i]);                   deallocate Buffer[i];
    deallocate Buffer[i];               until all partition processes signaled
  until last packet read;                      done and all buffers empty;
od;
signal done;
```

Abbildung 5.30: Verfahren $\neg A_P \wedge \neg A_S \wedge \neg O_P \wedge \neg O_S$: Backup

Welches Paket von welchem Sicherungsgerät geschrieben wird und damit die Reihenfolge und die Verteilung der Pakete auf den Sicherungsgeräten, hängt von den Zugriffscharakteristika und der aktuellen Last der beteiligten Partitionen und Sicherungsgeräte während des Backup-Prozesses ab.

Die I/O-Prozesse für das Restore sind in *Abbildung 5.31* angegeben. Für das Lesen der Pakete von den Sicherungsgeräten kann eine Umkehrung des Algorithmus für das Backup zum Einsatz kommen. Für die Partitionsprozesse ist dagegen ein zusätzlicher Test notwendig, denn es dürfen nur die Pakete der eigenen Container zurückgespielt werden. Dieser Test wird durch die Funktion **containsOwnPacket** realisiert. Da ein Paket immer zu genau einem Container und damit zu genau einem I/O-Prozeß gehört, kann ein solcher Puffer sofort allokiert werden.

Eigenschaften

Im folgenden werden wichtige Eigenschaften dieses Verfahrens anhand der im letzten Abschnitt eingeführten Bewertungskriterien erläutert. Die Verteilung des Sicherungsabbildes auf die Sicherungsgeräte ist mit Hilfe der Zugriffscharakteristika grob abschätzbar, kann aber nicht beeinflußt bzw. vorgegeben werden. Die tatsächliche Verteilung hängt von der Lastverteilung während des Backup ab.

Der Ausfall eines Sicherungsgeräts zwischen zwei Übertragungszyklen beim Backup erfordert keine besonderen Maßnahmen. Fällt ein Sicherungsgerät während einer Datenübertragung aus, muß dafür gesorgt werden, daß das betreffende Paket von einem anderen Sicherungsgerät gespeichert wird. Dies kann durch eine Deallokation des Puffers ohne Zustandsänderung erreicht werden. Solange wenigstens ein Sicherungsgerät arbeitet, ist ein Abschluß der Sicherung möglich, sofern noch genügend Speicherplatz vorhanden ist. Das Restore ist unabhängig von der Reihenfolge der Pakete, so daß die Sicherungskopien auf

```
Verfahren ¬A_P ∧ ¬A_S ∧ ¬O_P ∧ ¬O_S: Restore

I/O-Prozeß Sicherungsgerät              I/O-Prozeß Partition
repeat                                  repeat
  repeat                                  repeat
    repeat                                  repeat
      i := getBuffer(all);                    i := getBuffer(all);
    until isEmpty(Buffer[i]);               until isFull(Buffer[i]);
    try allocate Buffer[i];               until containsOwnPacket(Buffer[i]);
  until allocation successful;            allocate Buffer[i];
  Buffer[i] := readNextPacket;            writePacket(Buffer[i]);
  setFull(Buffer[i]);                     setEmpty(Buffer[i]);
  deallocate Buffer[i];                   deallocate Buffer[i];
until all packets read;                 until all packets written;
```

Abbildung 5.31: Verfahren $\neg A_P \wedge \neg A_S \wedge \neg O_P \wedge \neg O_S$: Restore

den einzelnen Sicherungsgeräten auch getrennt wiedereingespielt werden können. Dadurch kann das Fehlen bzw. der Ausfall eines Sicherungsgeräts für Wechselmedien kompensiert werden.

Der Ausgleich unterschiedlicher Zugriffscharakteristika der Sicherungsgeräte und Partitionen beim Backup erfolgt über die Anzahl der übertragenen Pakete, d. h., eine langsamere Partition füllt in einer Zeiteinheit weniger Puffer als eine schnelle. Ebenso werden auf einem langsamen Sicherungsgerät weniger Pakete gespeichert als auf einem schnellen. Dynamische Änderungen der Zugriffscharakteristika der beteiligten Partitionen und Sicherungsgeräte während des Backup-Prozesses werden auf dieselbe Weise ausgeglichen. Die Übergabe der Pakete erfolgt vollständig asynchron, so daß ein langsames Gerät kein schnelles beeinträchtigt. Stehen genügend Puffer zur Verfügung, kommt es auch bei Verzögerungen während einer I/O-Operation nicht zu Behinderungen anderer Prozesse, denn ein I/O-Prozeß kann zu einer Zeit immer nur einen Puffer allokiert halten (Abschnitt 5.4.1). Anders hingegen beim Restore. Findet das Restore nicht unter annähernd gleichen Bedingungen wie das Backup statt, werden Geräte, die jetzt deutlich langsamer sind als während des Backup, zum Flaschenhals, denn sowohl die Menge und Reihenfolge der Pakete auf den Sicherungsgeräten als auch die Zielpartition eines jeden Pakets sind beim Restore festgelegt, so daß keine vollständige Asynchronität möglich ist.

Eine Verbesserung der bei diesem Verfahren relativ schlechten Puffersuchzeiten läßt sich durch Zuordnung von Puffern auf seiten der Partitionen und/oder der Sicherungsgeräte sowie durch die Definition entsprechender Abarbeitungsreihenfolgen auf den Puffern erreichen (Verfahren 3–9 in Tabelle 5.4).

5.4.3.2 Statische Verfahren

Für alle statischen Verfahren gilt, daß die Puffer sowohl auf der Seite der Partitionen als auch auf der Seite der Sicherungsgeräte zugeordnet sind ($A_P \wedge A_S$). Außerdem existiert eine definierte Reihenfolge der Pufferabarbeitung auf seiten der Partitionen (O_{U_P}). Im

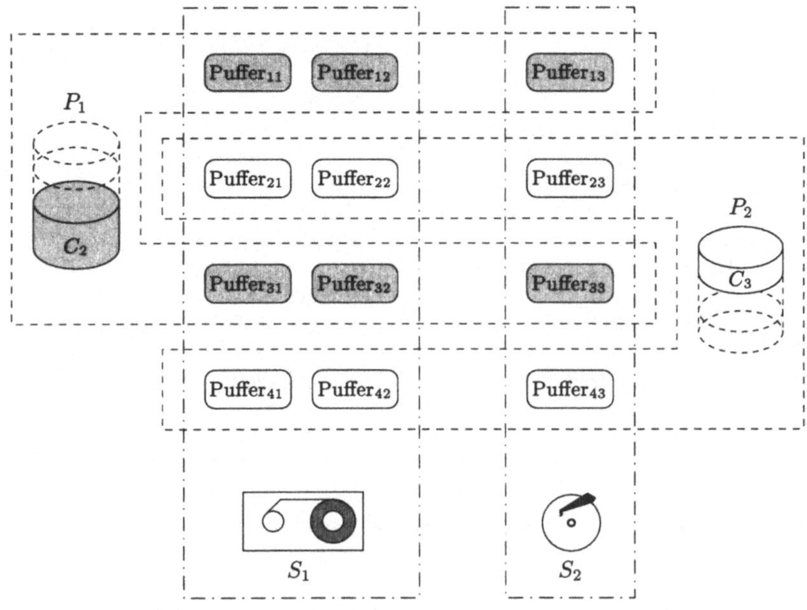

Abbildung 5.32: Pufferzuordnung: $A_P \wedge A_S$

folgenden wird Verfahren 2 aus Tabelle 5.4 beschrieben, für welches $O_{U_S \cap U_{P_i}}$, also eine definierte Reihenfolge auf seiten der Sicherungsgeräte bezüglich der benutzbaren Puffer auf seiten der Partitionen gilt. Im Gegensatz zu Verfahren 1 (O_{U_S}) ist hier ein Lastausgleich auf seiten der Partitionen möglich, was beispielsweise beim Online-Backup (Abschnitt 5.2) sehr wichtig ist.

Algorithmus

Zum besseren Verständnis des Algorithmus wird in *Abbildung 5.32* die Situation in diesem Fall nochmals veranschaulicht. Durch die Zuordnung wird der Datenstrom der Pakete von den Partitionen in gleich große Abschnitte zerlegt. Ein Abschnitt wird dabei durch eine *Zeile* von Puffern repräsentiert. So bilden beispielsweise die Puffer 11, 12 und 13 eine Zeile, also einen Abschnitt. Ein solcher Abschnitt wird wiederum in Unterabschnitte eingeteilt, von denen jeweils die Pakete eines Unterabschnitts auf ein Sicherungsgerät geschrieben werden. Das Größenverhältnis dieser Unterabschnitte bestimmt dann die Speicherplatzaufteilung bezüglich der Sicherungsgeräte. Ein Unterabschnitt entspricht der Menge der Puffer im Schnitt zwischen einer Zeile und einer *Spalte*, welche die Puffer eines Sicherungsgeräts umfaßt. Im Beispiel wird der Abschnitt aus den Puffern 11, 12 und 13 in zwei Unterabschnitte mit den Puffern 11 und 12 bzw. dem Puffer 13 geteilt. Die Größe eines Abschnitts, d. h. die Anzahl der Puffer und die Größenverhältnisse der Unterabschnitte, sind für alle Partitionen gleich. Die Anzahl der Zeilen pro Partition kann unterschiedlich

```
Verfahren $A_P \wedge A_S \wedge O_{U_P} \wedge O_{U_S \cap U_{P_i}}$: Backup

I/O-Prozeß Partition                      I/O-Prozeß Sicherungsgerät
for all assigned containers do            repeat
  repeat                                    repeat
    r := getNextRow(assigned);                p := getNextPartition();
    for all buffers in r do                   i := currentBuffer[p];
      i := getNextBuffer(r);              until isFull(Buffer[i]);
      wait until isEmpty(Buffer[i]);      allocate Buffer[i];
      allocate Buffer[i];                 writePacket(Buffer[i]);
      Buffer[i] := readNextPacket;        setEmpty(Buffer[i]);
      setFull(Buffer[i]);                 deallocate Buffer[i];
      deallocate Buffer[i];               j := getNextBuffer(assigned to
    od;                                                     p and myself);
  until last packet read;                 currentBuffer[p] := j;
od;                                     until all partition processes signaled
signal done;                                   done and own buffers empty;
```

Abbildung 5.33: Verfahren $A_P \wedge A_S \wedge O_{U_P} \wedge O_{U_S \cap U_{P_i}}$: Backup

sein. Im folgenden wird zur Vereinfachung der Darstellung davon ausgegangen, daß die zu sichernden Datenmengen ganzzahlige Vielfache eines Abschnitts sind.

Die I/O-Prozesse für das Backup sind in *Abbildung 5.33* angegeben. Der Partitionsprozeß füllt seine Puffer abschnitts- bzw. zeilenweise in einer bestimmten Reihenfolge mit Hilfe von **getNextRow** und **getNextBuffer**. Dabei erfolgt die Zeilenauswahl natürlich nur bezüglich der zugeordneten Puffer. Die feste Füllreihenfolge der Puffer im Beispiel aus Abbildung 5.32 ist für die Partition P_1 11, 12, 13, 31, 32, 33, 11, ... und für P_2 21, 22, 23, 41, 42, 43, 21, ...

Das Leeren der Puffer auf der Seite der Sicherungsgeräte erfolgt mit einer festgelegten Reihenfolge bezüglich der dem Sicherungsgerät zugeordneten Puffer einer Partition ($O_{U_S \cap U_{P_i}}$). Diese werden in derselben Reihenfolge abgearbeitet, in der sie gefüllt wurden. Wenn innerhalb dieser Puffermenge der nächste abzuarbeitende Puffer (**currentBuffer**) noch nicht voll ist, so gilt, daß alle Puffer dieser Menge leer sind. Aus diesem Grund wird in einer solchen Situation zu einer anderen Partition gewechselt. Die Funktion **getNextPartition** kann dabei mit einem einfachen Round-Robin-Prinzip realisiert werden, da aufgrund der Zuordnung der Puffer kein konkurrierender Zugriff vorliegt. Für das Sicherungsgerät S_1 aus Abbildung 5.32 könnte sich so beispielsweise eine Pufferreihenfolge von 11, 21, 12, 22, 31, 41, 32, 42, 11, ... ergeben. Die Reihenfolge der auf einem Sicherungsgerät abgespeicherten Pakete entspricht der physischen Reihenfolge auf der Partition. Durch die Einhaltung der Pufferreihenfolge innerhalb einer Partition auf beiden Seiten ist die Verteilung der Pakete auf die Sicherungsgeräte durch das Größenverhältnis der Unterabschnitte festgelegt, d. h., für jedes Paket steht bereits zu Beginn fest, auf welchem Sicherungsgerät es gespeichert wird. Im Beispiel wird beim sequentiellen Lesen jedes dritte Paket auf S_2 gespeichert und die restlichen Pakete auf S_1.

```
Verfahren A_P ∧ A_S ∧ O_{U_P} ∧ O_{U_S ∩ U_{P_i}}: Restore

I/O-Prozeß Sicherungsgerät              I/O-Prozeß Partition
repeat                                  repeat
   tempBuf := readNextPacket;              r := getNextRow(assigned);
   p := getPartition(tempBuf);             for all buffers in r do
   i := getNextBuffer(assigned to             i := getNextBuffer(r);
               p and myself);                 wait until isFull(Buffer[i]);
   wait until isEmpty(Buffer[i]);             allocate Buffer[i];
   allocate Buffer[i];                        writePacket(Buffer[i]);
   copy packet from tempBuf                   setEmpty(Buffer[i]);
               to Buffer[i];                  deallocate Buffer[i];
   setFull(Buffer[i]);                     od;
   deallocate Buffer[i];                until all packets written;
until all packets read;
```

Abbildung 5.34: Verfahren $A_P \wedge A_S \wedge O_{U_P} \wedge O_{U_S \cap U_{P_i}}$: Restore

Die I/O-Prozesse für das Restore sind in *Abbildung 5.34* skizziert. Sie sind die Umkehrung der Funktionalität des Backup, mit dem Unterschied, daß die Partition für das Zurückspeichern durch das gelesene Paket festgelegt ist. Deshalb ist es notwendig, das gelesene Paket zunächst in einen Zwischenspeicher zu lesen und dort die Zielpartition zu ermitteln. Danach wird der Inhalt des Zwischenspeichers in einen allokierten Puffer dieser Partition kopiert.

Eigenschaften

Die Verteilung der Pakete auf die Sicherungsgeräte wird durch die Wahl der Unterabschnitte durch den Benutzer festgelegt. Die Verteilung des Sicherungsabbildes wird dadurch determiniert und ist folglich bereits vor der Durchführung der Sicherung bekannt. Falls keine Beschränkungen des Speicherplatzes auf einzelnen Geräten vorliegen, sollten zur Optimierung der Geschwindigkeit die Unterabschnitte so gewählt werden, daß die Zeit, welche die Sicherungsgeräte für ihren jeweiligen Unterabschnitt brauchen, gleich ist.

In Abschnitt 5.4.2.2 wurde bereits erläutert, daß für statische Verfahren der Ausfall eines Sicherungsgeräts ohne Zusatzmechanismen nicht kompensiert werden kann. Grund hierfür ist, daß die Menge der Pakete, die auf ein Gerät gespeichert werden, festgelegt ist. Aus dem gleichen Grund können Schwankungen in den Verhältnissen der Zugriffscharakteristika der Sicherungsgeräte bei diesen Verfahren nicht ausgeglichen werden. Folglich kann ein plötzlich langsames Sicherungsgerät das Schreiben auf den Partitionen und damit auch das Lesen von anderen Sicherungsgeräten behindern. Der Ausgleich von zeitlichen Schwankungen in den Zugriffscharakteristika der Partitionen erfolgt wie bei den dynamischen Algorithmen durch die Anzahl der in einer Zeiteinheit übertragenen Pakete.

Da das Restore hier eine Umkehrung des Backup ist, gelten die gleichen Einschränkungen bezüglich der Sicherungsgeräte. Zusätzlich können zeitliche Schwankungen in den Verhältnissen der Zugriffscharakteristika der Partitionen, die von denen beim Backup abweichen, nicht ausgeglichen werden.

5.4.4 Leistungsuntersuchungen

Abschließend sollen Leistungsuntersuchungen für parallele Backup- und Restore-Verfahren präsentiert werden. Dabei werden zunächst analytische Modelle für die verschiedenen Verfahren erläutert. Anschließend wird auf Meßergebnisse implementierter Verfahren im DBMS-Prototyp eingegangen, und die erhaltenen Werte werden mit den Modellwerten verglichen.

5.4.4.1 Analytische Modelle

Zunächst werden grundlegende Voraussetzungen und Annahmen für die folgenden Untersuchungen diskutiert. Wenn von der Verwendung moderner I/O-Bus-Architekturen (beispielsweise Ultra-Wide-SCSI [ANS94] oder Fibre Channel [ANS96]) ausgegangen wird, so liegen die maximal möglichen Übertragungsraten einzelner Speichergeräte deutlich unterhalb der Bandbreite der I/O-Busse. Außerdem werden bei I/O-intensiven Anwendungen, wie es Datenbankanwendungen typischerweise sind, normalerweise mehrere I/O-Busse verwendet und jeweils nur eine geringe Anzahl von Speichergeräten an einen I/O-Bus angeschlossen. Aus diesem Grund wird in der folgenden Modellierung davon ausgegangen, daß bei der Datenübertragung der I/O-Bus keinen Engpaß bildet.

Aufgrund der Annahmen über die Lage der Container (Abschnitt 5.4.1), können die Partitionen im wesentlichen sequentiell gelesen werden. Da normalerweise die Anzahl der Container auf einer Partition klein gegenüber der Größe der Container ist, werden die Positionierungszeiten zwischen den Containern nicht mit berücksichtigt. Desweiteren wird der Aufwand für die Vorbereitung der Sicherung, wie das Bestimmen der zu sichernden Container, in den Modellen nicht mit berücksichtigt, da diese Zeit klein gegenüber der Gesamtsicherungszeit ist.

Beim Entwurf der Verfahren wurden diese so angelegt, daß auf die Sicherungsgeräte sequentiell geschrieben und beim Restore sequentiell von diesen gelesen wird (Abschnitt 5.4.2). Aus diesem Grund werden auch auf den Sicherungsgeräten keine zusätzlichen Positionierungszeiten berücksichtigt. Das initiale Positionieren ist für die hier betrachteten großen Datenbanken ebenfalls kaum relevant. Es müssen also nur die Transferraten der Geräte betrachtet werden. Diese werden, analog zu Abschnitt 5.1.2, mit tr_r bzw. tr_w, versehen mit einem hochgestellten Index für die jeweilige Partition (P_i) bzw. das Sicherungsgerät (D_j), bezeichnet.

Außerdem müssen bei den folgenden Betrachtungen teilweise die Kapazitäten der Sicherungsgeräte berücksichtigt werden. Die Kapazität eines Sicherungsgeräts D_j wird dabei mit $\mathbf{C_{D_j}}$ bezeichnet und beschreibt die Datenmenge, welche für die Aufnahme eines Sicherungsabbilds auf diesem Gerät zur Verfügung steht. Im Fall potentiell unbeschränkter Kapazität (Abschnitt 5.4.1) hat C_{D_j} den Wert ∞.

Backup

Im folgenden werden die Modelle für das Backup angegeben. Nach der Einführung allgemeingültiger Gleichungen werden die beiden Fälle der statischen bzw. dynamischen Verteilung unterschieden.

In Abschnitt 5.4.1 wurde die Zerlegung eines Sicherungsvorgangs in Teilsicherungen eingeführt. Da Teilsicherungen, wie erläutert, vollständig parallel ausgeführt werden können, ergibt sich als allgemeine Gleichung für die Dauer des Backup

$$T_{backup} = \max_k \left(T_{backup}^k \right). \tag{5.7}$$

Dabei beschreibt T_{backup}^k die Zeitdauer der k-ten Teilsicherung. Aufgrund der erläuterten Unabhängigkeit konzentrieren wir uns in der folgenden Darstellung auf die Diskussion einzelner Teilsicherungen. Die in einer Teilsicherung gesicherte Datenmenge der Datenbank wird durch $\mathbf{S_{DB}^k}$ beschrieben. Diese setzt sich zusammen aus den auf den Partitionen der Teilsicherung gespeicherten Daten, deren jeweilige Größe durch $\mathbf{S_{P_i}}$ beschrieben wird. Die Anzahl der Partitionen einer Teilsicherung wird mit $\mathbf{n_k}$ bezeichnet. Damit gilt

$$S_{DB}^k = \sum_{i=1}^{n_k} S_{P_i}.$$

Während des Backup werden die Daten einer Teilsicherung auf $\mathbf{m_k}$ Sicherungsgeräte verteilt. Die Gesamtgröße des Sicherungsabbilds einer Teilsicherung, welches einerseits durch Kompression durch die Sicherungsgeräte (Abschnitt 5.1.2.2) und andererseits durch das Hinzufügen von Zusatzinformation (Abschnitt 5.4.1.4) beeinflußt werden kann, beträgt dann $\mathbf{S_B^k}$. Betrachtet man nun zum einen die Zeit, welche ohne Berücksichtigung der Geschwindigkeit der Sicherungsgeräte für das Lesen von S_{DB}^k benötigt wird, und zum anderen die Zeit, welche ohne Berücksichtigung der Partitionen für das Schreiben von S_B^k benötigt wird, so bildet deren Maximum eine untere Schranke für die Sicherungszeit. Es gilt also

$$T_{backup}^k \geq \max \left(T_{read}^{S_{DB}^k}, T_{write}^{S_B^k} \right). \tag{5.8}$$

$T_{read}^{S_{DB}^k}$ wird durch diejenige Partition bestimmt, für welche die Zeitdauer des Lesens der auf ihr gespeicherten Daten am größten ist. Unter den oben gemachten Annahmen gilt also

$$T_{read}^{S_{DB}^k} = \max_{1 \leq i \leq n_k} \left(\frac{S_{P_i}}{tr_r^{P_i}} \right). \tag{5.9}$$

$T_{write}^{S_B^k}$ berechnet sich in Abhängigkeit von der Datenmenge, welche auf die einzelnen Sicherungsgeräte verteilt wird. Hier ist eine Unterscheidung für die statischen und dynamischen Verfahren notwendig.

Statische Verfahren

Für die statischen Verfahren (Verfahren 1 und 2 aus Tabelle 5.4) gilt, daß die Verteilung auf die Sicherungsgeräte im voraus berechenbar ist. Die auf einem Sicherungsgerät D_j gespeicherte Datenmenge eines Sicherungsabbilds einer Teilsicherung wird mit $\mathbf{S_{D_j}}$ bezeichnet. Unter den gemachten Annahmen über die Unabhängigkeit der Sicherungsgeräte gilt

$$T_{write}^{S_B^k} = \max_{1 \leq j \leq m_k} \left(\frac{S_{D_j}}{tr_w^{D_j}} \right). \tag{5.10}$$

Als Nebenbedingung gilt natürlich, daß ein Speichergerät nicht mehr Daten aufnehmen kann, als seine Kapazität beträgt, also $S_{D_j} \leq C_{D_j}$ für alle $j \in \{1, \ldots, m_k\}$ gilt.

Unter Verwendung der Ungleichung (5.8) erhält man damit für die Dauer einer Teilsicherung

$$T^k_{backup} \geq \max\left(\max_{1 \leq i \leq n_k} \left(\frac{S_{P_i}}{tr_r^{P_i}} \right), \max_{1 \leq j \leq m_k} \left(\frac{S_{D_j}}{tr_w^{D_j}} \right) \right). \tag{5.11}$$

Dynamische Verfahren

Für die dynamischen Verfahren (Verfahren 3–10 in Tabelle 5.4) ist die Verteilung auf die Sicherungsgeräte nicht im voraus berechenbar, sondern höchstens anhand der Zugriffscharakteristika der Sicherungsgeräte grob abschätzbar. Desweiteren können beschränkte Kapazitäten eines oder mehrerer Sicherungsgeräte die Verteilung beeinflussen.

Wir betrachten zunächst den Fall, daß genügend Speicherplatz auf allen Sicherungsgeräten zur Verfügung steht. Dies gilt dann, wenn entweder alle Sicherungsgeräte eine potentiell unbeschränkte Kapazität haben (beispielsweise Bandlaufwerke mit einer genügend großen Anzahl Magnetbänder) oder die Kapazität der Geräte mit beschränkter Kapazität so groß ist, daß sie in jedem Fall zur Aufnahme der entsprechenden Anteile des Sicherungsabbilds ausreicht. In solch einem Fall gilt

$$T^{S_B^k}_{write} = \frac{S_B^k}{\sum\limits_{j=1}^{m_k} tr_w^{D_j}}. \tag{5.12}$$

Folglich erhält man

$$T^k_{backup} \geq \max\left(\max_{1 \leq i \leq n_k} \left(\frac{S_{P_i}}{tr_r^{P_i}} \right), \frac{S_B^k}{\sum\limits_{j=1}^{m_k} tr_w^{D_j}} \right). \tag{5.13}$$

Existieren Geräte mit beschränkter Kapazität innerhalb der Teilsicherung, so ist entscheidend, ob deren Kapazität voll ausgenutzt wird. Wird durch l mit $1 \leq l \leq m_k$ die Anzahl der Geräte beschrieben, deren Kapazität voll ausgenutzt wird, so beträgt die Zeit des Schreibens auf die Sicherungsgeräte jetzt

$$T^{S_B^k}_{write} = \frac{S_B^k - \sum\limits_{j=1}^{l} C_{D_j}}{\sum\limits_{j=l+1}^{m_k} tr_w^{D_j}}, \tag{5.14}$$

und damit gilt

$$T^k_{backup} \geq \max\left(\max_{1 \leq i \leq n_k} \left(\frac{S_{P_i}}{tr_r^{P_i}} \right), \frac{S_B^k - \sum\limits_{j=1}^{l} C_{D_j}}{\sum\limits_{j=l+1}^{m_k} tr_w^{D_j}} \right). \tag{5.15}$$

Werden nur Sicherungsgeräte mit einer potentiell unbeschränkten oder im Vergleich zum Sicherungsabbild sehr großen Kapazität verwendet oder ist die Kapazität der Sicherungsgeräte mit beschränkter Kapazität so klein, daß im voraus klar ist, daß diese voll ausgenutzt werden wird, dann ist l bekannt und kann für die Abschätzung der Sicherungszeit verwendet werden. Ist dies nicht der Fall, kann l nur iterativ abgeschätzt werden. Hierzu wird in [Gol99] ein Phasenmodell vorgestellt.

Abschließend werden noch einmal die Backup-Zeiten einer Teilsicherung für die verschiedenen Verfahren und Bedingungen an die Sicherungsgeräte aufgelistet.

statische Verfahren

$$T_{backup}^k \geq \max\left(\max_{1 \leq i \leq n_k}\left(\frac{S_{P_i}}{tr_r^{P_i}}\right), \max_{1 \leq j \leq m_k}\left(\frac{S_{D_j}}{tr_w^{D_j}}\right) \right)$$

dynamische Verfahren
ohne Kapazitätsbeschränkungen

$$T_{backup}^k \geq \max\left(\max_{1 \leq i \leq n_k}\left(\frac{S_{P_i}}{tr_r^{P_i}}\right), \frac{S_B^k}{\sum\limits_{j=1}^{m_k} tr_w^{D_j}} \right)$$

dynamische Verfahren
mit Kapazitätsbeschränkungen

$$T_{backup}^k \geq \max\left(\max_{1 \leq i \leq n_k}\left(\frac{S_{P_i}}{tr_r^{P_i}}\right), \frac{S_B^k - \sum\limits_{j=1}^{l} C_{D_j}}{\sum\limits_{j=l+1}^{m_k} tr_w^{D_j}} \right)$$

Für die Gesamtdauer des Backup muß dann natürlich gemäß Gleichung (5.7) jeweils noch das Maximum über alle Teilsicherungen gebildet werden.

Restore

Für die Gesamtzeit des Restore gilt analog zum Backup, daß sie durch die Zeiten für die Wiederherstellung der einzelnen Teilsicherungen bestimmt wird, da auch diese wiederum vollständig parallelisierbar sind. Es gilt also

$$T_{restore} = \max_k \left(T_{restore}^k\right). \tag{5.16}$$

Für das Restore einer Teilsicherung k gilt

$$T_{restore}^k \geq \max\left(T_{read}^{S_B^k}, T_{write}^{S_{DB}^k}\right). \tag{5.17}$$

Die Verteilung des Sicherungsabbilds auf den Sicherungsmedien ist beim Restore durch den verwendeten Sicherungsalgorithmus gegeben und somit vor dem Beginn des Restore bekannt. Die Zeit für das Lesen des Sicherungsabbilds von den Sicherungsgeräten wird dabei durch das Sicherungsgerät begrenzt, das am längsten benötigt, um die auf ihm gespeicherten Teile des Sicherungsabbilds zu lesen. Folglich gilt

$$T_{read}^{S_B^k} = \max_{1 \leq i \leq m_k}\left(\frac{S_{D_j}}{tr_r^{D_j}}\right). \tag{5.18}$$

Analog gilt, daß die Zeit zum Schreiben auf den Partitionen durch diejenige Partition begrenzt wird, für welche die Zeitdauer des Schreibens ihrer Container am längsten ist.

$$T_{write}^{S_{DB}^k} = \max_{1 \leq i \leq n_k} \left(\frac{S_{P_i}}{tr_w^{P_i}} \right) \tag{5.19}$$

Damit erhält man als Wiederherstellungszeit einer Teilsicherung

$$T_{restore}^k \geq \max \left(\max_{1 \leq i \leq m_k} \left(\frac{S_{D_j}}{tr_r^{D_j}} \right), \max_{1 \leq i \leq n_k} \left(\frac{S_{P_i}}{tr_w^{P_i}} \right) \right). \tag{5.20}$$

Für die Gesamtzeit muß wiederum das Maximum über alle Wiederherstellungszeiten der Teilsicherungen gemäß Gleichung (5.16) gebildet werden.

5.4.4.2 Messungen

Um die Modelle zu überprüfen, wurden die beiden in Abschnitt 5.4.3 beschriebenen Verfahren im DBMS-Prototyp, unter Benutzung von Threads [But98], implementiert und entsprechende Messungen durchgeführt. Dabei wurden zunächst für die einzelnen Verfahren günstige Puffergrößen und -anzahlen ermittelt. Für eine Diskussion dieser speziellen Untersuchungen sei auf [Gol99] verwiesen. Im folgenden soll vor allem der Vergleich zwischen den verschiedenen Verfahren sowie die Überprüfung der Modelle im Vordergrund stehen. Alle in diesem Abschnitt angegebenen Messungen wurden auf Raw Devices ausgeführt. Die Variationsbreite ist für alle Meßwerte kleiner oder gleich 2 Sekunden.

Abbildung 5.35 enthält die Backup-Zeiten für das statische und das dynamische Verfahren für verschiedene Datenbankgrößen. Dabei war die Datenbank vollständig auf dem in Tabelle 3.1 angegebenen Datenbankmedium gespeichert. Die Sicherung wurde auf die ebenfalls dort angegebenen beiden Backup-Medien ausgeführt. Dieses Untersuchungsszenario entspricht einem parallelen Backup mit einer Teilsicherung und einer Verteilgemeinschaft. Wie in Tabelle 3.1 angegeben, haben die beiden Backup-Medien unterschiedliche Schreibraten. Dies wurde für das statische Verfahren bei der Anzahl der zugeordneten Puffer berücksichtigt und deshalb dem schnelleren Medium 4 und dem langsameren Medium 2 Puffer pro Abschnitt (Zeile) zugeordnet. Bei den Messungen erwies sich das dynamische Verfahren als etwas schneller. Hier bringt die flexible Anpassung an die aktuelle Last offensichtlich gewisse, wenn auch in diesem Szenario geringe, Vorteile.

Desweiteren enthält Abbildung 5.35 den theoretischen Modellwert. Für das statische Verfahren gilt dabei Gleichung (5.11). Da die Kapazitäten der Speichergeräte nicht voll ausgenutzt werden, ergibt sich der Wert für das dynamische Verfahren aus Gleichung (5.13). Beim Einsetzen der entsprechenden Werte in diese Gleichungen ergibt sich, daß in diesem Meßszenario das Lesen vom Datenbankmedium der beschränkende Faktor ist. Aus diesem Grund sind die Modellwerte für beide Verfahren gleich. Man sieht, daß der theoretische Wert bei den Messungen fast erreicht wird. Zum Vergleich sind außerdem die Zeiten für das nichtparallele Backup angegeben. Diese wurden mit dem in Abschnitt 5.1.1 beschriebenen Verfahren und in dem in Abschnitt 5.1.2.2 beschriebenen Untersuchungsszenario ermittelt, d. h. die Sicherung wurde vom gleichen Datenbankmedium auf das langsamere der beiden Backup-Medien durchgeführt. Wie in Abschnitt 5.1.2.2 erläutert, ist dabei

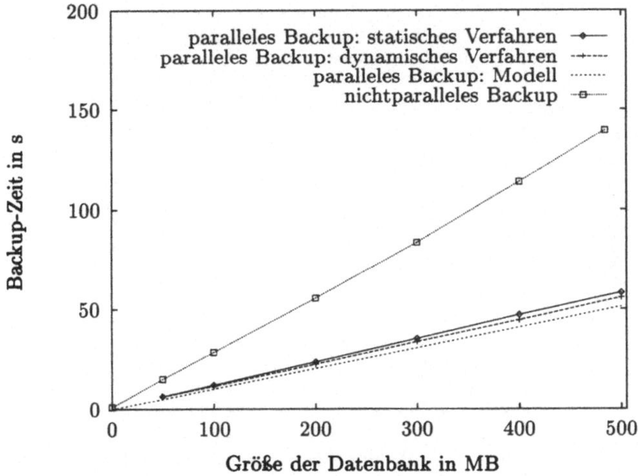

Abbildung 5.35: Backup-Zeiten für verschiedene Verfahren

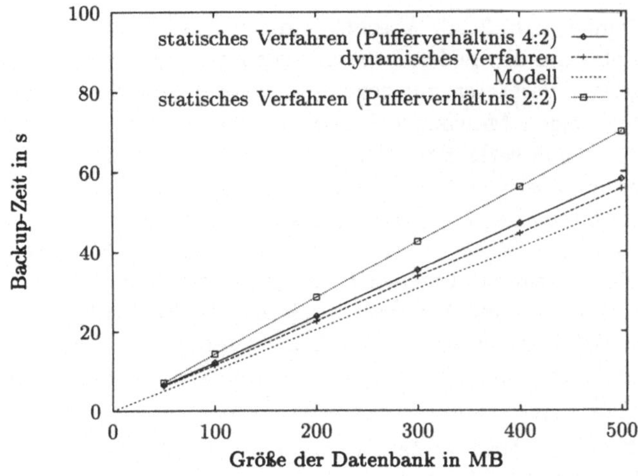

Abbildung 5.36: Backup-Zeiten bei veränderter Pufferzuordnung

das Schreiben auf das Backup-Medium der begrenzende Faktor. Der Performance-Gewinn durch die parallele Sicherung ist deutlich zu sehen.

Ein kritischer Faktor für das statische Verfahren ist die geeignete Pufferzuordnung. Bei den obigen Messungen wurde das Verhältnis der Puffer aus dem Verhältnis der Schreibübertragungsraten der Sicherungsmedien ermittelt und damit eine unter Performance-Gesichtspunkten günstige Verteilung der Sicherungskopie auf die Sicherungsmedien erzielt. Wird diese Pufferzuteilung ungünstig gewählt, kann es, wie in Abschnitt 5.4.3.2 erläutert, zu Wartesituationen beim Lesen von der Datenbank und folglich auch beim Schreiben auf die Sicherungsgeräte kommen. Um diese Aussage zu überprüfen, wurde das statische Verfahren mit einer veränderten Pufferzuordnung ausgeführt. Jedem Sicherungsgerät wurden

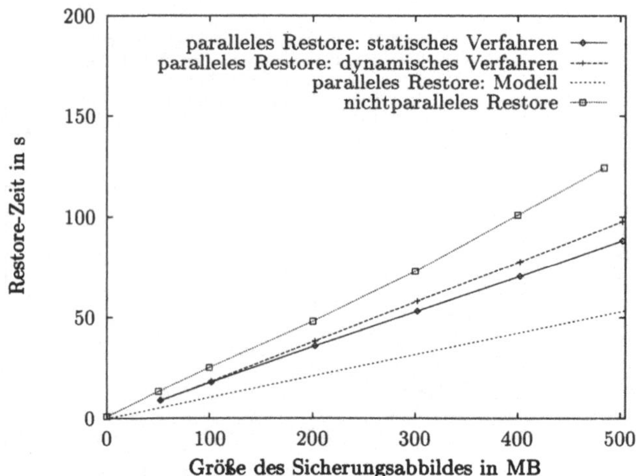

Abbildung 5.37: Restore-Zeiten für verschiedene Verfahren

jetzt gleich viele Puffer, d. h. 2 pro Abschnitt, zugeordnet. Damit wird das Sicherungsabbild zu gleichen Teilen auf die beiden Sicherungsgeräte verteilt. *Abbildung 5.36* enthält die Werte für das statische Verfahren mit der beschriebenen veränderten Zuordnung. Um den Unterschied zu den obigen Messungen besser sichtbar zu machen, wurde die Skalierung gegenüber Abbildung 5.35 verändert. Man sieht sehr deutlich die negativen Performance-Auswirkungen der ungünstigen Pufferzuordnung. Das schnellere Gerät muß nach jeder Übertragung seines Unterabschnitts warten, bis das langsamere Gerät seine Übertragung ebenfalls beendet hat. Die Sicherungszeit wird jetzt durch die Schreibrate des langsameren Sicherungsgeräts bestimmt. Eine solche ungünstige Pufferzuteilung für das statische Verfahren kann auch dann entstehen, wenn während der Sicherung eine Veränderung der Zugriffscharakteristika, beispielsweise durch Lastschwankungen, auftritt. Das dynamische Verfahren hingegen kann, aufgrund der fehlenden Pufferzuordnung, solche Veränderungen ausgleichen.

In *Abbildung 5.37* sind die Restore-Zeiten angegeben. Die Messungen wurden im gleichen Szenario ausgeführt, d. h. die Wiederherstellung erfolgte von den beiden Backup-Medien auf das Datenbankmedium. Beim Restore ist das dynamische Verfahren etwas langsamer als das statische. Dieses Verhalten war zu erwarten, da beim statischen Verfahren *sequentiell* auf dem Datenbankmedium geschrieben wird (siehe Tabelle 5.4), während beim dynamischen Verfahren die Reihenfolge des Schreibens davon abhängt, wie die Pakete von den Sicherungsgeräten bereitgestellt werden, es also häufiger zu Positionierungsoperationen kommt. Der Modellwert wird hier für beide Verfahren durch die Zeit für das Schreiben auf dem Datenbankmedium bestimmt (Gleichung 5.20). Allerdings wird er nicht erreicht. Ein Grund hierfür sind die zusätzlichen Positionierungsoperationen beim dynamischen Verfahren bzw. das Warten beim statischen Verfahren, bis beide Sicherungsgeräte ihre entsprechenden Unterabschnitte bereitgestellt haben. Aus diesem Grund fällt der Performance-Gewinn beim parallelen Restore im Verhältnis zum nichtparallelen Restore hier deutlich geringer aus als beim Backup. Die Bemerkungen bezüglich der Auswirkungen von Veränderungen der Zugriffscharakteristika gelten analog zum Backup.

Kapitel 6

Zusammenfassung und Ausblick

In diesem abschließenden Kapitel wird zunächst eine Zusammenfassung der wichtigsten Ergebnisse des vorliegenden Buches gegeben. Anschließend wird auf offene Fragestellungen und Ansatzpunkte für weitere Arbeiten eingegangen.

6.1 Ergebnisse

Nach der Einführung in grundlegende Begriffe der Fehlerbehandlung in Datenbanksystemen wurden *Klassifikationskriterien für Sicherungs- und Wiederherstellungsvarianten von Datenbanken* gegeben und zu den Kriterien korrespondierende Backup- und Recovery-Techniken vorgestellt. Es wurde ein Überblick über existierende Ansätze in Forschungsarbeiten für die Behandlung von Externspeicherfehlern gegeben. Außerdem erfolgte eine Einordnung und Abgrenzung zu wissenschaftlichen Arbeiten aus dem Bereich der Transaktions- und Systemfehlerbehandlung sowie der Recovery von Main-Memory-Datenbanken. Darüber hinaus wurde ein ausführlicher Überblick über den Stand in kommerziellen Datenbanksystemen präsentiert. Dabei wurden die von diesen Systemen angebotenen Sicherungs- und Wiederherstellungsmöglichkeiten in die gegebene Klassifikation eingeordnet.

Andere Ansätze zum Schutz vor Datenverlust, wie RAID-Systeme und Remote-Backup, wurden ebenfalls dargestellt. Es wurde diskutiert, ob bzw. in welchem Maße sie zur Behandlung von Externspeicherfehlern in Datenbanksystemen einsetzbar sind. Dabei hat sich gezeigt, daß es eine Reihe von Fehlerszenarien gibt, in denen diese Mechanismen für den sicheren Schutz vor Datenverlust in Datenbanksystemen allein nicht ausreichen. Das Zusammenspiel der Sicherungsmöglichkeiten von Datenbanksystemen mit anderen Sicherungssystemen (auf Betriebssystemebene) wurde diskutiert.

Die Leistungsfähigkeit von Backup- und Recovery-Verfahren sollte nicht nur unter dem Gesichtspunkt der Funktionalität, sondern auch unter Performance-Gesichtspunkten betrachtet werden. Hierfür wurden Modelle und Werkzeuge entwickelt, mit deren Hilfe entsprechende quantitative Vergleiche, Bewertungen und Performance-Abschätzungen vorgenommen werden können. Die Architektur des *DBMS-Prototyps* und die *Werkzeuge zur Untersuchung und Verarbeitung von Log-Daten des Datenbanksystems DB2 UDB* wurden vorgestellt. Weiterhin wurde die Architektur und Funktionalität des *Backup- und Recovery-Benchmark* erläutert. Schwerpunkt war dabei die Vorstellung der Schnittstelle des Benchmark mit ihren *datenbanksystemunabhängigen Backup- und Recovery-Kommandos*. Das Zusammenspiel der Werkzeuge wurden anhand möglicher Untersuchungsszenarien skizziert und ein Überblick über die verwendete Meßumgebung gegeben.

Es wurde eine ausführliche Darstellung von Log-Protokollierungstechniken in Datenbanksystemen gegeben. Neben Ansätzen aus der Literatur wurden dabei auch die im DBMS-Prototyp realisierten Techniken vorgestellt und ein Vergleich zur Realisierung im kommerziellen Datenbanksystem *DB2 UDB* präsentiert. Eine ausführliche Darstellung der Log-Protokollierungstechniken war insbesondere auch deshalb notwendig, weil sich existierende Darstellungen in der Literatur primär an den sich aus der Behandlung von Transaktions- und Systemfehlern ergebenden Anforderungen orientieren. Auch bei der Diskussion der Reapply-Algorithmen wurde deutlich, daß bei einer Externspeicherfehlerbehandlung signifikant andere Anforderungen als bei Transaktions- und Systemfehlern existieren. Diese ergeben sich insbesondere aus der im Falle eines Externspeicherfehlers wesentlich größeren Menge an zu verarbeitender Log-Information, welche normalerweise zu einem Zeitpunkt nicht vollständig im Sekundärspeicher gehalten werden kann. Die beschriebenen Reapply-Algorithmen wurden anhand der Frage, ob bzw. in welchem Maße eine zusätzliche Analysephase notwendig ist, klassifiziert. Dabei wurde erläutert, daß für die Behandlung von Externspeicherfehlern aufgrund der beschriebenen Besonderheiten Reapply-Algorithmen ohne Analysephase eingesetzt werden sollten. Ausgehend von den vorgestellten Algorithmen wurden Realisierungsmöglichkeiten für die in der Literatur bislang wenig beachteten Recovery-Verfahren Point-In-Time-Recovery, partielle Recovery und Online-Recovery vorgestellt.

Für das Reapply wurden Leistungsuntersuchungen durchgeführt. Hierfür wurden *analytische Modelle für verschiedene Protokollierungstechniken* entwickelt und angegeben. Diese wurden entsprechenden Messungen im DBMS-Prototyp gegenübergestellt. Für die Protokollierungstechniken, bei denen während des Reapply die Veränderung der Daten im Datenbankpuffer stattfindet, wurde dabei die Buffer Hit Ratio des Datenbankpuffers als einer der Haupteinflußfaktoren für die Performance des Reapply identifiziert. Um diese zu verbessern, wurde das *Log-Clustering-Verfahren* LogSplit vorgeschlagen. Idee dieses Verfahrens ist eine Neusortierung und physische Neuanordnung der Log-Einträge dergestalt, daß beim Anwenden der Log-Einträge die Lokalität der Änderungsoperationen erhöht wird. Dadurch kann die Buffer Hit Ratio während des Reapply signifikant verbessert und damit die Reapply-Zeit verringert werden. Die Korrektheit des Verfahrens wurde diskutiert, und die möglichen Performance-Verbesserungen durch die Anwendung von LogSplit wurden aufgezeigt. Außerdem wurde erläutert, daß neben der generellen Reduzierung der Reapply-Zeit durch die Verbesserung der Buffer Hit Ratio zusätzlich für die partielle Recovery und die Online-Recovery durch die Anwendung von LogSplit die Menge der wiedereinzuspielenden und zu lesenden Log-Einträge deutlich reduziert werden kann. Desweiteren wurde die Einsatzmöglichkeit von LogSplit bei der Parallelisierung des Reapply diskutiert.

Für ausgewählte Backup- und Restore-Techniken wurden *Klassifikationen, Implementierungsvarianten und Leistungsuntersuchungen* vorgestellt. Für das Komplett-Backup wurden analytische Modelle präsentiert und diese Meßergebnissen, welche mit Hilfe des Backup- und Recovery-Benchmarks für *ADABAS D* und *DB2 UDB* ermittelt wurden, sowie

Ergebnissen aus dem DBMS-Prototyp gegenübergestellt. Dabei hat sich gezeigt, daß die Modelle für eine grobe Abschätzung der Sicherungs- und Wiederherstellungszeiten geeignet sind, aber für noch genauere Vorhersagen die Berücksichtigung spezifischer Eigenschaften des konkreten Datenbanksystems notwendig sind. Wir werden hierauf in Abschnitt 6.2 zurückkommen.

Für das Online-Backup wurde eine Klassifikation der verschiedenen Verfahren angegeben, und die Begriffe des vollständigen bzw. eingeschränkten Online-Backup und seiner Varianten wurden eingeführt. Es wurden Implementierungsmöglichkeiten für die verschiedenen Verfahren diskutiert und dabei insbesondere die Implikationen für das Reapply dargestellt.

Ein weiterer Schwerpunkt waren Verfahren zur inkrementellen Sicherung von Datenbanken. Es wurden die verschiedenen Varianten des inkrementellen Backup, d. h. das einfache inkrementelle Backup und das inkrementelle Multilevel-Backup mit seinen verschiedenen Ausprägungen, erläutert und eine Klassifikation der Verfahren zur inkrementellen Sicherung angegeben. Für das inkrementelle Multilevel-Backup wurden Implementierungsvarianten vorgeschlagen, die in ihren Möglichkeiten teils über bekannte Vorschläge hinausgehen. Weiterhin wurde gezeigt, welche entscheidende Rolle die *effiziente Implementierung des Lesens der veränderten Seiten* für die Leistungsfähigkeit der inkrementellen Sicherungsverfahren darstellt. Diese Aussagen wurden mit analytischen Modellen und Meßergebnissen belegt. Ausgehend davon wurde das *Verfahren* SelectiveRead$_{Gap}$ vorgestellt, mit dessen Hilfe signifikante Performance-Verbesserungen gegenüber anderen, ebenfalls erläuterten Implementierungsvarianten nachgewiesen wurden.

Für Verfahren zum parallelen Backup und Restore wurde eine Klassifikation angegeben, welche sich an der Frage der Pufferzuordnung und der Reihenfolge der Pufferverarbeitung sowohl auf Seite der Datenbank- als auch der Sicherungsmedien orientiert. Die Eigenschaften der sich daraus ergebenden Verfahren wurden erläutert und Implementierungsvarianten diskutiert. Während die Gruppe der *statischen* Verfahren eine genaue Vorausberechnung der Speicherplatzverteilung ermöglichen, haben die *dynamischen* Verfahren ihre Stärke in Umgebungen mit starken Lastschwankungen. Es wurden analytische Modelle zur Abschätzung der Sicherungs- bzw. Wiederherstellungszeiten angegeben und diese durch Messungen mit dem DBMS-Prototyp belegt.

6.2   Weiterführende Arbeiten

Nach der Zusammenfassung der Ergebnisse soll in diesem Abschnitt auf offene Fragestellungen und Ansatzpunkte für weitere Arbeiten eingegangen werden. Dabei ergeben sich eine Reihe von Ansatzpunkten aus der Tatsache, daß das vorliegende Buch relativ breit angelegt ist und einen ersten, umfassenden Überblick über Verfahren zur Sicherung und Wiederherstellung nach einem Externspeicherfehler geben sollte. Aus diesem Grund wurden einige Techniken nur skizziert und nicht allumfassend betrachtet.

Bei den Betrachtungen zum Reapply wurde die Buffer Hit Ratio während des Reapply als ein entscheidender Faktor für die Performance identifiziert (Kapitel 4.4). Hier erscheint es lohnenswert, Modelle für deren Abschätzung ausgehend vom Transaktionsprofil der Datenbank zu untersuchen, um genauere Performance-Abschätzungen vornehmen zu können. Dabei muß beachtet werden, daß die Buffer Hit Ratio während des Reapply andere Werte annimmt als während des normalen Datenbankbetriebs, da nur verändernde Operationen beim Reapply wiederholt werden. Ebenso sollte untersucht werden, inwieweit beim Reapply durch einen asynchronen Prozeß zum Ausschreiben der Seiten aus dem Datenbankpuffer wirklich signifikante Performance-Vorteile erzielt werden können. Für das vorgestellte Log-Clustering-Verfahren **LogSplit** (Kapitel 4.5) sollten weitere, ausführliche Leistungsuntersuchungen mit verschiedenen Datenbanken und Transaktionsprofilen durchgeführt werden, um den Performance-Gewinn genauer quantifizieren zu können.

Bei der Vorstellung des Verfahrens **SelectiveRead**$_{Gap}$ zum effizienten Lesen der veränderten Seiten beim inkrementellen Backup (Kapitel 5.3) wurde erläutert, warum die in der Literatur gegebenen Modelle für eine optimale Gap-Größe in diesem Fall nicht anwendbar sind. Die Bestimmung dieser Größe ist eine offene Frage, deren Beantwortung relativ schwierig sein dürfte. Bei der Betrachtung muß insbesondere auch das Cache-Verhalten des Speichermediums und das des Betriebssystems berücksichtigt werden.

Für die Verfahren zum parallelen Backup und Restore (Kapitel 5.4) konnten mit der zur Verfügung stehenden Meßumgebung nur eingeschränkt Untersuchungen durchgeführt werden. Hier sollten in einer Umgebung mit einer größeren Anzahl parallel ansprechbarer Medien weitere Untersuchungen durchgeführt werden. Um realitätsnähere Aussagen zu erzielen, erscheint insbesondere die Einbeziehung von Tertiärspeichermedien, beispielsweise Bandroboter mit Magnetbändern, sinnvoll.

Die Leistungsuntersuchungen zum Backup und Restore wurden bislang im Offline-Modus durchgeführt, um erste, grundlegende Aussagen über die Eigenschaften der verschiedenen Verfahren zu erhalten. Eine Erweiterung der Untersuchungen für den Online-Fall erscheint interessant. Schwerpunkt sollte dabei die Simulation eines realitätsnahen Benutzerprofils auf der Datenbank sein.

Abschließend soll ein Ausblick auf mögliche Anwendungsszenarien und Realisierungsmöglichkeiten eines, im Laufe des Buches bereits mehrfach erwähnten, Backup- und Recovery-Strategie-Tools gegeben werden.

Backup- und Recovery-Strategie-Tool

Bereits in Kapitel 1.1 wurde motiviert, daß die entwickelten Modelle nicht nur als Hilfsmittel zum Vergleich von Verfahren dienen sollen, sondern auch als möglicher Ausgangspunkt für die Entwicklung eines Werkzeugs, mit dessen Hilfe der Datenbankadministrator beim Finden einer individuellen, also auf die jeweilige Datenbank und das Benutzungsprofil zugeschnittenen Sicherungs- und Wiederherstellungsstrategie unterstützt wird. Diese Anforderung ergibt sich aus den erläuterten Problemen der wachsenden Datenmenge in Datenbanken bei gleichzeitig steigenden Verfügbarkeitsanforderungen und den daraus resultierenden neuen Anforderungen an die Sicherung und Wiederherstellung von Datenbanken. Heutige Produkte bieten für die Vorhersage von Sicherungs- bzw. Wiederherstellungszeiten oder gar für das Finden einer individuellen Sicherungsstrategie keine bzw. nur sehr rudimentäre Unterstützung an und beschränken sich meist auf allgemeine Hinweise in der Dokumentation.

Ausgehend von einer gegebenen *Datenbankumgebung*, d. h. Angaben über die Größe und physische Speicherung der Datenbank sowie über das Transaktionsprofil der Datenbankanwendungen, könnte ein solches Werkzeug Unterstützung für die folgenden Szenarien anbieten:

(1) Abschätzung, d. h. Vorhersage der Zeiten für die Sicherung bzw. Wiederherstellung bei gegebener Sicherungsstrategie und Sicherungsumgebung.

(2) Aussagen über die Veränderung der Zeitdauer für die Sicherung bzw. Wiederherstellung bei einer Variation

    (a) der Sicherungsstrategie und/oder

    (b) der Sicherungsumgebung.

(3) Berechnung der Leistungscharakteristika der benötigten Sicherungsumgebung bei gegebener Sicherungsstrategie und vorgegebenen Zeitschranken für die Sicherung und/oder Wiederherstellung.

(4) Vorschlag einer geeigneten Sicherungsstrategie bei gegebener Sicherungsumgebung und Zeitschranken für die Sicherung und Wiederherstellung.

(5) Ermittlung einer Sicherungsstrategie mit minimaler Wiederherstellungszeit bei gegebener Sicherungsumgebung und Zeitschranke für die Sicherung.

Die *Sicherungsstrategie* beschreibt dabei Art und Häufigkeit der durchgeführten Sicherungen. Als *Sicherungsumgebung* wird hier das gesamte System aus Sicherungsgeräten mit ihren Sicherungsmedien und den zugehörigen I/O-Verbindungen bezeichnet.

Szenario (1) ermöglicht in einer festen und gegebenen Datenbank- und Sicherungsumgebung das Berechnen von Sicherungs- und Wiederherstellungszeiten. Dazu muß neben den Parametern der Datenbank- und Sicherungsumgebung die Sicherungsstrategie spezifiziert werden. Davon ausgehend kann mit Hilfe von analytischen Modellen, wie sie in diesem Buch angegeben wurden, eine Abschätzung des Zeitbedarfs für die Sicherung bzw. Wiederherstellung angegeben werden. Bei der Berechnung können verschiedene Fehlerzeitpunkte, beispielsweise der *average case*, daß ein Fehler im Mittel zwischen zwei Sicherungen auftritt oder der *worst case* eines Fehlers unmittelbar vor der nächsten durchzuführenden Sicherung, berücksichtigt werden. Dabei ist sowohl für dieses als auch die anderen Szenarien eine adäquate Hardware-Modellierung unerläßlich.

Ergeben sich bei der Berechnung unbefriedigende Ergebnisse, d. h. erfüllen die ermittelten Zeiten nicht die durch Verfügbarkeitsanforderungen o. ä. gegebenen Zeitschranken, sollte die Sicherungsstrategie (Szenario (2a)) oder die Sicherungsumgebung (Szenario (2b)) variiert werden. Diese beiden Szenarien können natürlich auch kombiniert werden, also sowohl Sicherungsstrategie als auch Sicherungsumgebung können verändert werden. Eine erste Möglichkeit besteht darin, dies durch den Datenbankadministrator ausführen zu lassen. Er könnte mit Hilfe eines solchen Backup- und Recovery-Strategie-Tools die Eingabeparameter Sicherungsstrategie und/oder Sicherungsumgebung verändern und erhält als Ausgabe die sich dann ergebenden neuen Zeitwerte. Damit ist also eine gefahrlose, weil theoretische, Variation der Sicherungsstrategie bzw. Sicherungsumgebung möglich, und es wird dem Datenbankadministrator ermöglicht, eine Analyse durchzuführen, welche Auswirkungen diese

Veränderungen auf die Sicherungs- bzw. Wiederherstellungszeiten haben. Hierfür werden wiederum nur die analytischen Modelle benötigt.

Statt die Sicherungsumgebung, wie heute meist erforderlich, manuell und durch systematisches Probieren zu verändern, werden in Szenario (3) durch das Backup- und Recovery-Strategie-Tool aus der festen, gegebenen Sicherungsstrategie und den vorgegebenen Zeitschranken für die Sicherung und/oder Wiederherstellung Leistungsparameter für die Sicherungsumgebung berechnet. Hierbei ist zu beachten, daß die Zeitschranke für die Wiederherstellung ein einzelner Wert ist, während für das Backup eine Spezifikation von Zeitschranken korrespondierend zur Sicherungsstrategie notwendig ist. Neben den Modellen werden für dieses Szenario noch Heuristiken über mögliche und sinnvolle Konfigurationen von Sicherungsumgebungen benötigt.

Soll die Sicherungsstrategie variiert werden und soll oder kann dies beispielsweise aufgrund der Komplexität der vorhandenen Umgebung nicht durch den Datenbankadministrator ausgeführt werden, so könnte auch hier eine Werkzeugunterstützung geschaffen werden. Eingabewerte sind in diesem Fall die Parameter der Datenbank- und Sicherungsumgebung sowie die Zeitschranken für Sicherung und Wiederherstellung. Mit Hilfe von analytischen Modellen und Heuristiken über Sicherungsstrategien kann nun versucht werden, eine Sicherungsstrategie zu ermitteln, welche die gegebenen Rahmenbedingungen erfüllt (Szenario (4)). Dabei ist zu beachten, daß immer Zeitschranken für Sicherung *und* Wiederherstellung spezifiziert werden müssen, da sonst mit hoher Wahrscheinlichkeit eine Strategie ermittelt werden würde, welche die Zeitschranken auf der einen Seite erfüllt und inakzeptable Werte auf der anderen Seite produziert. Würden beispielsweise keine Zeitschranken für die Sicherung, sondern nur für die Wiederherstellung angegeben, würde das Tool vermutlich eine Strategie vorschlagen, in der ständig oder zumindest viel zu häufig Komplett-Backups durchgeführt werden. Die Zeitschranken für die Sicherung können dabei wiederum komplexer sein und beispielsweise zu verschiedenen Wochentagen korrespondieren. Außerdem ist zu beachten, daß natürlich nicht für alle Eingabeparameterkombinationen eine Lösung existieren muß. Existiert keine Lösung, sind also die Vorgaben nicht erfüllbar, so müssen entweder die Sicherungsumgebung oder die vorgegebenen Zeitschranken verändert werden.

Das eben beschriebene Szenario könnte dahingehend modifiziert werden, daß statt der Vorgabe von Zeitschranken für Backup und Recovery nur eine Zeitschranke für die Sicherung vorgegeben wird und für die Wiederherstellung eine minimale Zeit gefordert wird. Dieses Szenario (5) korrespondiert zu der sehr realitätsnahen Forderung nach minimalen Wiederherstellungszeiten unter Berücksichtigung bestimmter begrenzender Werte, wie den Zeitschranken für die Sicherung und den Parametern der Datenbank- und Sicherungsumgebung. Neben den Modellen und Heuristiken für Sicherungsstrategien sind hier zusätzlich Methoden der linearen Optimierung einzusetzen.

Bei allen gegebenen Szenarien wurde keine Variation der Datenbankumgebung vorgeschlagen, obwohl natürlich klar ist, daß auch dies ein Ansatzpunkt zur Verbesserung der Sicherungs- bzw. Wiederherstellungszeiten ist. Allerdings dürfte die Veränderung der Datenbankumgebung unter Gesichtspunkten des Backup und Recovery wenig realitätsnah sein, da normalerweise die Verbesserung der Performance des normalen Datenbankbetriebs bei der Konfiguration der Datenbankumgebung im Vordergrund steht. Aus diesem Grund sollte bei Performance-Problemen bei der Sicherung oder Wiederherstellung stets versucht werden, die Sicherungsstrategie oder die Sicherungsumgebung zu verändern.

Bei der Diskussion der Leistungsuntersuchungen in den Kapiteln 4 und 5 wurde deutlich, daß die gegebenen Modelle für eine grobe Abschätzung der Sicherungs- und Wiederherstellungszeiten geeignet sind. Allerdings wurde auch deutlich, daß für konkrete DBMS zusätzlich spezifische Eigenschaften berücksichtigt werden müssen, um noch genauere Aussagen zu erhalten. Aus diesem Grund kann ein solches Backup- und Recovery-Strategie-Tool kaum allgemeingültig realisiert werden, sondern sollte auf ein spezifisches DBMS zugeschnitten sein und kann folglich auch nur in enger Zusammenarbeit mit einem DBMS-Hersteller realisiert werden, da hierfür spezifische, interne Informationen benötigt werden. Ein solches Werkzeug könnte dann auch so konzipiert werden, daß es bei der Weiterentwicklung des DBMS eingesetzt werden könnte, um Auswirkungen von geplanten algorithmischen Veränderungen der Sicherungs- und Wiederherstellungstechniken vorab abzuschätzen.

Anhang

Untenstehend werden alle in den Kapiteln 4 und 5 verwendeten Variablenbezeichner in alphabetischer Reihenfolge aufgelistet. Dabei sind neben dem Bezeichner und der Bedeutung auch die Einheit, mit der diese Variablen in den Formeln verwendet werden bzw. entsprechende Wertebereichseinschränkungen angegeben. Bei der Angabe der Einheiten wird für Sekunden die Abkürzung s verwendet.

Bezeichner	*Bedeutung*	*Einheit*
C_{D_j}	Kapazität des Speichergeräts D_j	Byte
H	Buffer Hit Ratio des Datenbankpuffers	$\in [0, 1]$
LS	Größe des Log Space	Byte
n_r	Anzahl der pro Änderungsoperation im Mittel generierten Log-Einträge	$\in \mathbf{R}^+$
N_T	Anzahl der in einem bestimmten Zeitraum aktiven Transaktionen	$\in \mathbf{N}$
o_a	Anzahl der von einer abgebrochenen Transaktion im Mittel ausgeführten Änderungsoperationen	$\in \mathbf{R}^+$
o_c	Anzahl der von einer erfolgreich beendeten Transaktion im Mittel ausgeführten Änderungsoperationen	$\in \mathbf{R}^+$
o_o	Anzahl der von einer zum Fehlerzeitpunkt offenen Transaktion im Mittel ausgeführten Änderungsoperationen	$\in \mathbf{R}^+$
p_a	Wahrscheinlichkeit, daß eine Transaktion abgebrochen wurde	$\in [0, 1]$
p_c	Wahrscheinlichkeit, daß eine Transaktion erfolgreich beendet wurde	$\in [0, 1]$
p_o	Wahrscheinlichkeit, daß eine Transaktion zum Fehlerzeitpunkt offen ist	$\in [0, 1]$
p_u	Anteil veränderter Datenbankseiten	$\in [0, 1]$
p_A	Anteil archivierter Log-Dateien	$\in [0, 1]$
P_T	Anzahl der im Mittel gleichzeitig aktiven Transaktionen	$\in \mathbf{R}^+$

Bezeichner	Bedeutung	Einheit
s_p	Größe einer Datenbankseite	Byte
s_r	durchschnittliche Größe eines Log-Eintrags	Byte
$s_{r_{EOT}}$	Größe des End of Transaction Log-Eintrags	Byte
$s_{r_{CLR}}$	durchschnittliche Größe eines Compensation Log Record	Byte
S_B	Größe der Sicherungskopie	Byte
S_B^k	Größe der Sicherungskopie bezüglich der k-ten Teilsicherung	Byte
S_{D_j}	Größe der auf einem Sicherungsgerät D_j gespeicherte Teile der Sicherungskopie	Byte
S_{DB}	Größe der Datenbank	Byte
S_{DB}^k	Größe der Datenbank bezüglich der k-ten Teilsicherung	Byte
S_{Log}	Größe des Log	Byte
S_{P_i}	Größe der auf einer Partition P_i gespeicherten Teile der Datenbank	Byte
t_{l_j}	Latenzzeit der j-ten Leseoperation	s
t_{pos}^{db}	Positionierungszeit des Datenbankmediums	s
t_{pos}^{la}	Positionierungszeit des Log-Archivierungsmediums	s
t_{rot}^{db}	Rotationsgeschwindigkeit des Datenbankmediums	Umdr./s
tr_r^b	Lesetransferrate des Backup-Mediums	Byte/s
tr_r^{db}	Lesetransferrate des Datenbankmediums	Byte/s
tr_r^l	Lesetransferrate des Log-Mediums	Byte/s
tr_r^{la}	Lesetransferrate des Log-Archivierungsmediums	Byte/s
$tr_r^{D_j}$	Lesetransferrate des Sicherungsgeräts D_j	Byte/s
$tr_r^{M_j^b}$	Lesetransferrate des Backup-Mediums M_j^b	Byte/s
$tr_r^{M_i^{db}}$	Lesetransferrate des Datenbankmediums M_i^{db}	Byte/s
$tr_r^{P_i}$	Lesetransferrate des Speichergeräts, auf welchem P_i gespeichert ist	Byte/s
tr_w^b	Schreibtransferrate des Backup-Mediums	Byte/s
tr_w^{db}	Schreibtransferrate des Datenbankmediums	Byte/s
tr_w^l	Schreibtransferrate des Log-Mediums	Byte/s
$tr_w^{D_j}$	Schreibtransferrate des Sicherungsgeräts D_j	Byte/s
$tr_w^{M_j^b}$	Schreibtransferrate des Backup-Mediums M_j^b	Byte/s

Bezeichner	Bedeutung	Einheit
$tr_w^{M_i^{db}}$	Schreibtransferrate des Datenbankmediums M_i^{db}	Byte/s
$tr_w^{P_i}$	Schreibtransferrate des Speichergeräts, auf welchem P_i gespeichert ist	Byte/s

Literaturverzeichnis

[AD85]   R. Agrawal und D. J. DeWitt. Integrated Concurrency Control and Reco-
            very Mechanisms: Design and Performance Evaluation. *ACM Transactions on
            Database Systems*, 10(4):529–564, Dezember 1985.

[ANS94]   ANSI X3.131-1994. *Information Systems – Small Computer Systems Inter-
            face-2 (SCSI-2)*, 1994.

[ANS96]   ANSI X3.272-1996. *Information Technology – Fibre Channel – Arbitrated Loop
            (FC-AL)*, 1996.

[Bau99]   R. Baumgarten. Entwurf und Implementierung einer Datenbankanwendung
            zur Verwaltung und Auswertung von Meßergebnissen. Studienarbeit, Institut
            für Informatik, Friedrich-Schiller-Universität Jena, Februar 1999.

[BHG87]   P. A. Bernstein, V. Hadzilacos und N. Goodman. *Concurrency Control and
            Recovery in Database Systems*. Addison-Wesley, Reading, MA, 1987.

[BJK+97]   W. Bridge, A. Joshi, M. Keihl, T. Lahiri, J. Loaiza und N. MacNaughton. The
            Oracle Universal Server Buffer Manager. In *Proc. of the 23rd Int. Conference
            on Very Large Databases (VLDB)*, Seiten 590–594, Athens, Greece, August
            1997.

[Buc98]   R. Buck-Emden. *Die Technologie des SAP R/3-Systems*. Addison-Wesley,
            Bonn, Paris, 4. Auflage, 1998.

[But98]   D. Butenhof. *Programming with POSIX Threads*. Addison Wesley Longman,
            Reading, MA, 1998.

[Cam96]   J. Camp. Enterprise Storage Management. White Paper, Gartner Group,
            Stamford, CT, April 1996.

[CPM82]   R. Crus, F. Putzolu und J. Mortenson. Incremental Data Base Log Image
            Copy. *IBM Technical Disclosure Bulletin*, 25(7B):3730–3732, Dezember 1982.

[CRH95]   L.-F. Cabrera, R. Rees und W. Hineman. Applying Database Technology in the
            ADSM Mass Storage System. In *Proc. of the 21st Int. Conference on Very Large
            Databases (VLDB)*, Seiten 597–605, Zürich, Switzerland, September 1995.

[Dad96]   P. Dadam. *Verteilte Datenbanken und Client/Server-Systeme*. Springer-Verlag,
            Berlin, Heidelberg, 1996.

[DLL98]   M. H. Dunham, J.-L. Lin und X. Li. Fuzzy Checkpointing Alternatives for Main Memory Databases. In V. Kumar und M. Hsu (Hrsg.), *Recovery Mechanisms in Database Systems*, Seiten 574–616. Prentice Hall PTR, Upper Saddle River, NJ, 1998.

[Dom95]   H. Dombrowska. ARIES/NT Modification for Advanced Transactions Support. In *Proc. of the 2nd Int. Workshop on Advances in Databases and Information Systems (ADBIS)*, Seiten 43–51, Moscow, Russia, Juni 1995.

[DST87]   D. Daniels, A. Z. Spector und D. S. Thompson. Distributed Logging for Transaction Processing. *ACM SIGMOD Record*, 16(3):82–95, 1987.

[EB84]   K. Elhardt und R. Bayer. A Database Cache for High Performance and Fast Restart in Database Systems. *ACM Transactions on Database Systems*, 9(4):503–525, Dezember 1984.

[EH84]   W. Effelsberg und T. Härder. Principles of Database Buffer Management. *ACM Transactions on Database Systems*, 9(4):560–595, Dezember 1984.

[EMS91]   J. L. Eppinger, L. B. Mummert und A. Z. Spector. *Camelot and Avalon: A Distributed Transaction Facility*. Morgan Kaufmann Publishers, San Mateo, CA, 1991.

[Erf99]   C. Erfurth. Entwurf und Realisierung eines Backup- und Recovery-Benchmarks. Studienarbeit, Institut für Informatik, Friedrich-Schiller-Universität Jena, April 1999.

[GE91]   L. Gruenwald und M. H. Eich. MMDB Reload Algorithms. In *Proc. of the ACM SIGMOD Int. Conference on Management of Data*, Seiten 397–405, Denver, CO, Mai 1991.

[GHD+96]   L. Gruenwald, J. Huang, M. H. Dunham, J.-L. Lin und A. C. Peltier. Recovery in Main Memory Databases. *Engineering Intelligent Systems*, 4(3):177–184, September 1996.

[GMB+81]   J. Gray, P. McJones, M. Blasgen, B. Lindsay, R. Lorie, T. Price, F. Putzolu und I. Traiger. The Recovery Manager of the System R Database Manager. *ACM Computing Surveys*, 13(2):223–242, Juni 1981.

[GMS87]   H. Garcia-Molina und K. Salem. Sagas. In *Proc. of the ACM SIGMOD Int. Conference on Management of Data*, Seiten 249–299, San Francisco, CA, Mai 1987.

[Gol98]   C. Gollmick. Analyse, Visualisierung und Auswertung von DB2-Log-Einträgen. Studienarbeit, Institut für Informatik, Friedrich-Schiller-Universität Jena, September 1998.

[Gol99]   C. Gollmick. Parallelisierung von Backup und Recovery in Datenbanksystemen. Diplomarbeit, Institut für Informatik, Friedrich-Schiller-Universität Jena, September 1999.

[GR93]   J. Gray und A. Reuter. *Transaction Processing: Concepts and Techniques.* Morgan Kaufmann Publishers, San Francisco, CA, 1993.

[Gro96]   G. Großmann. Klassifizierung von Backup- und Recovery-Mechanismen in Datenbanksystemen und TP-Monitoren. Diplomarbeit, Institut für Informatik, Friedrich-Schiller-Universität Jena, April 1996.

[GS98]   P. B. Goes und U. Sumita. Stochastic Models for Performance Analysis of Database Recovery Control. In V. Kumar und M. Hsu (Hrsg.), *Recovery Mechanisms in Database Systems*, Seiten 259–334. Prentice Hall PTR, Upper Saddle River, NJ, 1998.

[Här78]   T. Härder. *Implementierung von Datenbanksystemen.* Carl Hanser Verlag, München, Wien, 1978.

[Här87]   T. Härder. Realisierung von operationalen Schnittstellen. In P. C. Lockemann und J. W. Schmidt (Hrsg.), *Datenbank-Handbuch*, Kapitel 3, Seiten 163–335. Springer-Verlag, Berlin, 1987.

[HBM93]   A. Hosking, E. Brown und J. Moss. Update Logging in Persistent Programming Languages: A Comparative Performance Evaluation. In *Proc. of the 19th Int. Conference on Very Large Data Bases (VLDB)*, Seiten 429–440, Dublin, Ireland, August 1993.

[Hen96]   A. Hendrich. Backup-Mechanismen im relationalen Datenbanksystem ADABAS D: Dokumentation und Evaluierung. Studienarbeit, Institut für Informatik, Friedrich-Schiller-Universität Jena, Mai 1996.

[HR83]   T. Härder und A. Reuter. Principles of Transaction-Oriented Database Recovery. *ACM Computing Surveys*, 15(4):287–317, Dezember 1983.

[HR87]   T. Härder und K. Rothermel. Concepts for Transaction Recovery in Nested Transactions. In *Proc. of the ACM SIGMOD Int. Conference on Management of Data*, Seiten 239–248, San Francisco, CA, Mai 1987.

[HR99]   T. Härder und E. Rahm. *Datenbanksysteme – Konzepte und Techniken der Implementierung.* Springer-Verlag, Berlin, Heidelberg, 1999.

[Hva96]   S.-O. Hvasshovd. *Recovery in Parallel Database Systems.* Verlag Vieweg, Wiesbaden, 1996.

[IBM97a]   IBM Corp. *IBM DB2 Universal Database Administration Guide Version 5*, 1997.

[IBM97b]   IBM Corp. *IBM DB2 Universal Database API Reference Version 5*, 1997.

[Inf91]   Informix Software, Inc. *INFORMIX OnLine Administrator's Guide – Database Server Version 5.0*, 1991.

[ISO90]   ISO/IEC 9899:1990. *Programming Languages – C*, 1990. Entsprechende deutsche Norm: DIN EN 29899.

[ISO92] ISO/IEC 9075:1992. *Information Technology – Database Languages – SQL*, 1992. Entsprechende deutsche Norm: DIN 66315.

[ISO98] ISO/IEC 14882:1998. *Programming Languages – C++*, 1998.

[JK92] A. Jhingran und P. Khedkar. Analysis of Recovery in a Database System Using a Write-Ahead Log Protocol. In *Proc. of the ACM SIGMOD Int. Conference on Management of Data*, Seiten 175–184, San Diego, CA, Juni 1992.

[JK97] S. Jajodia und L. Kerschberg (Hrsg.). *Advanced Transaction Models and Architectures*. Kluwer Academic Publishers, Boston, 1997.

[JS97] C. Janacek und D. Snow. *DB2 Universal Database Certification Guide*. Prentice Hall PTR, Upper Saddle River, NJ, 2. Auflage, 1997.

[JWB96] R. Jain, J. Werth und J. Brown. *Input/Output in Parallel and Distributed Computer Systems*. Kluwer Academic Publishers, Boston, 1996.

[KB98] V. Kumar und A. Burger. Performance Measurement of Main-Memory Database Recovery Algorithms Based on Update-in-Place and Shadow Approaches. In V. Kumar und M. Hsu (Hrsg.), *Recovery Mechanisms in Database Systems*, Seiten 617–637. Prentice Hall PTR, Upper Saddle River, NJ, 1998.

[KGP89] R. H. Katz, G. A. Gibson und D. A. Patterson. Disk System Architectures for High Performance Computing. *Proceedings of the IEEE, Special Issue on Supercomputers*, 77(12):1842–1858, Dezember 1989.

[KH98] V. Kumar und M. Hsu. *Recovery Mechanisms in Database Systems*. Prentice Hall PTR, Upper Saddle River, NJ, 1998.

[KM98] V. Kumar und S. D. Moe. Performance of Recovery Algorithms for Centralized Database Management Systems. In V. Kumar und M. Hsu (Hrsg.), *Recovery Mechanisms in Database Systems*, Seiten 219–258. Prentice Hall PTR, Upper Saddle River, NJ, 1998.

[Kuo96] D. Kuo. Model and Verification of a Data Manager Based on ARIES. *ACM Transactions on Database Systems*, 21(4):427–479, Dezember 1996.

[LD96] J.-L. Lin und M. H. Dunham. Segmented Fuzzy Checkpointing for Main Memory Databases. In *Proc. of the ACM Symposium on Applied Computing (SAC)*, Seiten 158–165, Philadelphia, PA, Februar 1996.

[Leo96] B. Leonhardt. Backup- und Recovery-Mechanismen im relationalen Datenbanksystem DB2 für AIX – Dokumentation und Evaluierung. Studienarbeit, Institut für Informatik, Friedrich-Schiller-Universität Jena, Mai 1996.

[Lor77] R. A. Lorie. Physical Integrity in a Large Segmented Database. *ACM Transactions on Database Systems*, 2(1):91–104, März 1977.

[LS93a] D. Lomet und B. Salzberg. Exploiting A History Database for Backup. In *Proc. of the 19th Int. Conference on Very Large Data Bases (VLDB)*, Seiten 380–390, Dublin, Ireland, August 1993.

[LS93b]   D. Lomet und B. Salzberg. Transaction-Time Databases. In A. U. Tansel, J. Clifford, S. Gadia, S. Jajodia, A. Segev und R. T. Snodgrass (Hrsg.), *Temporal Databases: Theory, Design, and Implementation*, Kapitel 16, Seiten 388–417. Benjamin/Cummings, Redwood City, CA, 1993.

[LSG+79]   B. G. Lindsay, P. Selinger, C. Galtieri, J. Gray, R. Lorie, F. Putzolu, I. Traiger und B. Wade. Notes on Distributed Databases. IBM Research Report RJ 2571, IBM Research Laboratory, San Jose, CA, 1979.

[LT95]   D. Lomet und M. R. Tuttle. Redo Recovery after System Crashes. In *Proc. of the 21st Int. Conference on Very Large Databases (VLDB)*, Seiten 457–468, Zürich, Switzerland, 1995.

[Mas97]   P. Massiglia (Hrsg.). *The RAIDbook: A Storage System Technology Handbook*. Peer-to-Peer Communications, Menlo Park, CA, 6. Auflage, Februar 1997.

[Max99]   M. Maxeiner. Implementierung von Recovery-Algorithmen in Datenbanksystemen. Studienarbeit, Institut für Informatik, Friedrich-Schiller-Universität Jena, September 1999.

[MD97]   M. Mehta und D. J. DeWitt. Data Placement in Shared-Nothing Parallel Database Systems. *The VLDB Journal*, 6(1):53–72, Januar 1997.

[Mec97]   A. G. Meckenstock. *Synchronisations- und Recoverykonzepte für Transaktionen in kooperativen Entwurfsumgebungen – ein objektorientierter Ansatz*. Shaker-Verlag, Aachen, 1997. Dissertation im Fachbereich Mathematik/Informatik der Universität-Gesamthochschule Paderborn.

[MHL+92]   C. Mohan, D. Haderle, B. Lindsay, H. Pirahesh und P. Schwarz. ARIES: A Transaction Recovery Method Supporting Fine-Granularity Locking and Partial Rollbacks Using Write-Ahead Logging. *ACM Transactions on Database Systems*, 17(1):94–162, März 1992.

[ML89]   C. Mohan und F. Levine. ARIES/IM: An Efficient and High Concurrency Index Management Method Using Write-Ahead Logging. IBM Research Report RJ 6846, IBM Almaden Research Center, San Jose, CA, August 1989.

[ML92]   C. Mohan und F. Levine. ARIES/IM: An Efficient and High Concurrency Index Management Method Using Write-Ahead Logging. In *Proc. of the ACM SIGMOD Int. Conference on Management of Data*, Seiten 371–380, San Diego, CA, Juni 1992.

[MN93]   C. Mohan und I. Narang. An Efficient and Flexible Method for Archiving a Data Base. In *Proc. of the ACM SIGMOD Int. Conference on Management of Data*, Seiten 139–146, Washington, DC, Mai 1993. Eine korrigierte Version ist erschienen als IBM Research Report RJ 9733, IBM Almaden Research Center, San Jose, CA, März, 1994.

[MN94]   C. Mohan und I. Narang. ARIES/CSA: A Method for Database Recovery in Client-Server Architectures. In *Proc. of the ACM SIGMOD Int. Conference on Management of Data*, Seiten 55–66, Minneapolis, MN, Mai 1994.

[Mol97]   J. Molina. The RAB Guide To Non-Stop Data Access. White Paper, RAID Advisory Board, 1997.

[Oes98]   B. Oestereich. *Objektorientierte Softwareentwicklung – Analyse und Design mit der Unified Modeling Language*. Oldenbourg, München, 4. Auflage, 1998.

[OOW93]   E. J. O'Neil, P. E. O'Neil und G. Weikum. The LRU-K Page Replacement Algorithm For Database Disk Buffering. In *Proc. of the ACM SIGMOD Int. Conference on Management of Data*, Seiten 297–306, Washington, DC, Mai 1993.

[PGK88]   D. A. Patterson, G. A. Gibson und R. H. Katz. A Case for Redundant Arrays of Inexpensive Disks (RAID). In *Proc. of the ACM SIGMOD Int. Conference on Management of Data*, Seiten 109–116, Chicago, IL, Mai 1988.

[PGM94]   C. A. Polyzois und H. Garcia-Molina. Evaluation of Remote Backup Algorithms for Transaction-Processing Systems. *ACM Transactions on Database Systems*, 19(3):423–449, September 1994.

[Reu81]   A. Reuter. *Fehlerbehandlung in Datenbanksystemen: Datenbank-Recovery*. Carl Hanser Verlag, München, Wien, 1981.

[Reu84]   A. Reuter. Performance Analysis of Recovery Techniques. *ACM Transactions on Database Systems*, 9(4):526–559, Dezember 1984.

[RM89]   K. Rothermel und C. Mohan. ARIES/NT: A Recovery Method Based on Write-Ahead Logging for Nested Transactions. In *Proc. of the 15th Int. Conference on Very Large Databases (VLDB)*, Seiten 337–346, Amsterdam, The Netherlands, August 1989.

[RSS97]   A. Reuter, K. Schneider und F. Schwenkreis. ConTracts Revisited. In S. Jajodia und L. Kerschberg (Hrsg.), *Advanced Transaction Models and Architectures*, Seiten 127–151. Kluwer Academic Publishers, Boston, 1997.

[RW94]   C. Ruemmler und J. Wilkes. An Introduction to Disk Modelling. *IEEE Computer*, 27(3):17–29, März 1994.

[Sch97]   A. Schweinitz. Entwurf und Implementierung eines Simulationsmodells für Backup- und Recovery-Verfahren in Datenbanksystemen. Diplomarbeit, Institut für Informatik, Friedrich-Schiller-Universität Jena, Dezember 1997.

[Sch98]   H. Schöning. The ADABAS Buffer Pool Manager. In *Proc. of the 24th Int. Conference on Very Large Databases (VLDB)*, Seiten 675–679, New York City, NY, August 1998.

[Sch99]   R. Schaarschmidt. *Konzept und Sprache für die Archivierung in Datenbanksystemen*. Dissertation, Institut für Informatik, Friedrich-Schiller-Universität Jena, Dezember 1999. Erscheint im Verlag B. G. Teubner.

[SG98a]   U. Störl und C. Gollmick. Methoden und Werkzeuge zur quantitativen Untersuchung von Backup- und Recovery-Algorithmen in Datenbanksystemen. *MMB-Mitteilungen*, 34:14–19, Herbst 1998.

[SG98b]   U. Störl und G. Großmann. Backup- und Recovery-Mechanismen in Datenbanksystemen: Beschreibung und Bewertung. *HMD: Theorie und Praxis der Wirtschaftsinformatik*, 200:110–129, April 1998.

[SGM89]   K. Salem und H. Garcia-Molina. Checkpointing Memory-Resident Databases. In *Proc. of the 5th Int. Conference on Data Engineering (ICDE)*, Seiten 452–462, Los Angeles, CA, Februar 1989.

[SH99]   G. Saake und A. Heuer. *Datenbanken – Implementierungstechniken*. MITP-Verlag, Bonn, 1999.

[Sie97]   A. Siegert. *The AIX Survival Guide*. Addison Wesley Longman, Harlow, 1997.

[Sig98]   K. Sigmon. *MATLAB primer*. CRC Press, Boca Raton, FL, 5. Auflage, 1998.

[Sku97]   A. Skunde. Backup-Mechanismen in Datenbanksystemen: Untersuchung, Bewertung und Erweiterungsmöglichkeiten betrachtet anhand des relationalen DBMS Sybase. Diplomarbeit, Institut für Informatik, Friedrich-Schiller-Universität Jena, Juni 1997.

[SLM93]   B. Seeger, P.-Å. Larson und R. McFayden. Reading a Set of Disk Pages. In *Proc. of the 19th Int. Conference on Very Large Data Bases (VLDB)*, Seiten 592–603, Zürich, Switzerland, August 1993.

[Stö96a]   U. Störl. Klassifikation und Bewertung von Backup- und Recovery-Strategien in Datenbanksystemen. In *Beiträge zum GI-Datenbank-Fachgruppentreffen „Datenbankadministration: Methoden, Werkzeuge und Erfahrungen", Darmstadt, März 1996*, Datenbank-Rundbrief, Ausgabe 17, Seiten 82–91, Mai 1996.

[Stö96b]   U. Störl. Konzepte und Verfahren für effektives Online-Backup zur Unterstützung langer Transaktionen. In *Beiträge zum 7. Workshop „Transaktionskonzepte", Nieheim, Januar 1996*, Datenbank-Rundbrief, Ausgabe 17, Seiten 59–60, Mai 1996.

[Stö97a]   U. Störl. Analytische Modelle für Backup- und Recovery-Techniken in Datenbanksystemen. In *Tagungsband der 9. ITG/GI-Fachtagung Messung, Modellierung und Bewertung von Rechen- und Kommunikationssystemen (MMB)*, Aktuelle Probleme der Informatik: Band 1, Seiten 267–283, Freiberg, September 1997. VDE-Verlag.

[Stö97b]   U. Störl. LogSplit: A Clustering Algorithm for Database Recovery Speed-Up. Forschungsergebnisse der Fakultät für Mathematik und Informatik Math/ Inf/97/26, Institut für Informatik, Friedrich-Schiller-Universität Jena, Dezember 1997.

[Stö99a]   U. Störl. *Backup und Recovery in Datenbanksystemen: Verfahren, Klassifikation, Implementierung und Bewertung*. Dissertation, Institut für Informatik, Friedrich-Schiller-Universität Jena, Oktober 1999.

[Stö99b]   U. Störl. Inkrementelle Sicherungsverfahren für Datenbanken: Vorgehens-
           weisen, Klassifikation, Implementierung und Bewertung. In *Tagungsband
           der 8. GI-Fachtagung Datenbanksysteme in Büro, Technik und Wissenschaft
           (BTW)*, Informatik Aktuell, Seiten 115–136, Freiburg, März 1999. Springer-
           Verlag.

[Stö00]   U. Störl. Backup und Recovery in Datenbanksystemen: Verfahren, Klassifika-
           tion, Implementierung und Bewertung. In *Ausgezeichnete Informatikdisserta-
           tionen*, Seiten 233–242. Verlag B. G. Teubner, Stuttgart, Leipzig, Wiesbaden,
           September 2000.

[SWZ98]   P. Scheuermann, G. Weikum und P. Zabback. Data Partitioning and Load
           Balancing in Parallel Disk Systems. *The VLDB Journal*, 7(1):48–66, Februar
           1998.

[TPC98]   TPC Benchmark C – Standard Specification Revision 3.4, August 1998.

[Vel95]   R. Velpuri. *Oracle Backup & Recovery Handbook*. McGraw-Hill, Berkeley, CA,
           1995.

[VGH93]   G. Vossen und M. Groß-Hardt. *Grundlagen der Transaktionsverarbeitung*.
           Addison-Wesley, Bonn, Paris, 1993.

[WA98]   R. Winter und K. Auerbach. The Big Time. *Database Programming & Design*,
           11(8):36–45, August 1998.

[WD95]   S. J. White und D. J. DeWitt. Implementing Crash Recovery in QuickStore:
           A Performance Study. In *Proc. of the ACM SIGMOD Int. Conference on
           Management of Data*, Seiten 187–198, San Jose, CA, Mai 1995.

[Wei89]   G. Weikum. Set-Oriented Disk Access to Large Complex Objects. In *Proc.
           of the 5th Int. Conference on Data Engineering (ICDE)*, Seiten 426–433, Los
           Angeles, CA, Februar 1989.

[WR92]   H. Wächter und A. Reuter. The ConTract Model. In A. K. Elmagarmid
           (Hrsg.), *Database Transaction Models for Advanced Applications*, Seiten 219–
           263. Morgan Kaufmann Publishers, San Francisco, CA, 1992.

[WZ93a]   G. Weikum und P. Zabback. I/O-Parallelität und Fehlertoleranz in Disk-
           Arrays. Teil 1: I/O-Parallelität. *Informatik Spektrum*, 16(3):133–142, Juni
           1993.

[WZ93b]   G. Weikum und P. Zabback. I/O-Parallelität und Fehlertoleranz in Disk-
           Arrays. Teil 2: Fehlertoleranz. *Informatik Spektrum*, 16(4):206–214, August
           1993.

Stichwortverzeichnis

Abort *siehe* Transaktion, Zustand,
    abgebrochen
ACID 17, **23**, 74, 88
ADABAS C 34, 100, 132
ADABAS D 34, 59, 61f., 74, 130
    Messungen 126f.
ARIES *siehe* Logging, ARIES
Atomarität **23**, 70
    siehe auch ACID
Atomicity *siehe* Atomarität
Ausschreibstrategie
    siehe Datenbankpuffer,
        Ausschreibstrategie

Backup **24**
    inkrementell
        siehe Inkrementelles Backup
    komplett *siehe* Komplett-Backup
    offline *siehe* Offline-Backup
    online *siehe* Online-Backup
    parallel *siehe* Paralleles Backup
    partiell *siehe* Partielles Backup
    remote *siehe* Remote-Backup
Backup- und Recovery-Benchmark 47, 54,
    56ff., 101
    Architektur 57
    Funktionalität 58
    Messungen 126f.
    Schnittstelle 59ff.
        Backup-Kommando 60f.
        Reapply-Kommando 62
        Recovery-Kommando 62f.
        Restore-Kommando 61f.
Backward recovery *siehe* Point-In-Time-
    Recovery, backward recovery
Bandlaufwerk
    Positionierungszeit 102
Buffer Hit Ratio *siehe* Datenbankpuffer,
    Buffer Hit Ratio

Checkpoint 85
CLR *siehe* Compensation Log Record
Commit *siehe* Transaktion, Zustand,
    erfolgreich beendet
Compensation Log Record **78**, 80, 82, 86,
    96, 133, 142f.
Consistency *siehe* Konsistenz
Container
    siehe Paralleles Backup, Container
Crash recovery
    siehe Recovery, crash recovery

Datei 65, 159
Dateisystem 65, 124
Datenbank 21, 41
    Main-Memory-Datenbank 32, 102
    relationale 21
Datenbankmanagementsystem 21, 41
Datenbankpuffer 121, 131, 133, 140, 144,
    146
    asynchrones Ausschreiben 100, 102
    Ausschreibstrategie 70ff.
        Force **70**
        No-Force **70**
    Buffer Hit Ratio **99**, 102, 104, 109,
        112, 115f., 119
    Prefetching 101
    Seitenersetzungsstrategie 69ff.
        No-Steal **70**
        Steal **70**
Datenbanksystem **21**
    Architektur 22
    kommerzielle 33ff.
Dauerhaftigkeit **23**, 71
    siehe auch ACID
DB2 for OS/390 34, 92, 139
DB2 for VSE & VM 34
DB2 Universal Database 34, 51, 61f., 74,
    129

Log-Werkzeuge 47, 50, 52ff., 101
  db2log 53
  db2logstat 53
  db2toproto 56
  Logging 81ff., 88
  Messungen 126f.
  Record Identifier (RID) 82
DBMS-Prototyp 46ff., 121
  Architektur 47
  Backup Manager 49, 51
  Buffer Manager 48f.
  Log Manager 49f.
  Log-Werkzeuge
    protolog 56
    protologstat 56
  Logging 78ff.
  Messungen 126
  Restore Manager 49, 52
  Transaction Manager 49ff.
Disaster recovery
  siehe Recovery, disaster recovery
Durability *siehe* Dauerhaftigkeit

Einbringstrategie
  atomare 70
  direkte 70
  indirekte 70
  nichtatomare 70, 72
Externspeicherfehler **18**, 23f., 30ff., 36, 70f.,
    83, 91

Fehlerbehandlung *siehe* Recovery
Festplatte *siehe* Magnetplatte
Forward recovery
  siehe Point-In-Time-Recovery, forward
    recovery

Idempotenz 75, 78
IMS/ESA 34
Informix Dynamic Server 34, 138
Inkrementelles Backup **26**, 51, 61, 132,
    135ff.
  Änderungsinformation **139**
  SelectiveRead$_{Gap}$ 152ff.
  Implementierung 143ff.
  Klassifikation 139ff.
  kommerzielle Datenbanksysteme 34

Leistungsuntersuchungen 146ff., 155f.
  Analytische Modelle 147ff.
  Messungen 149ff., 155f.
Multilevel-Backup 61, 137ff., 142f.
  kumulativ **137**
  nichtkumulativ **137**
  Referenz-Backup 137
Restore 136f., 139
Sicherungsobjekte 26, 34, 136
Isolation **23**, 88
  siehe auch ACID

Komplett-Backup **25**, 60, 121ff.
  Implementierung 121f.
  kommerzielle Datenbanksysteme 34
  Leistungsuntersuchungen 122ff.
    Analytische Modelle 122ff.
    Messungen 124ff.
Komplett-Recovery **28**
Komplett-Restore 122ff.
  Implementierung 122
  Leistungsuntersuchungen 122ff.
    Analytische Modelle 124
    Messungen 127
Konsistenz **23**
  siehe auch Transaktionskonsistenz
  Aktionskonsistenz 77

Leistungsuntersuchungen
  Backup- und Recovery-Benchmark
    siehe Backup- und Recovery-Benchmark
  DB2-Werkzeuge *siehe* DB2 Universal
    Database, Log-Werkzeuge
  DBMS-Prototyp *siehe* DBMS-Prototyp
  Inkrementelles Backup
    siehe Inkrementelles Backup,
    Leistungsuntersuchungen
  Komplett-Backup *siehe* Komplett-Backup,
    Leistungsuntersuchungen
  Komplett-Restore *siehe* Komplett-Restore,
    Leistungsuntersuchungen
  Kostenmodelle 45
  LogSplit *siehe* Log-Clustering-Verfahren,
    LogSplit, Leistungsuntersuchungen
  Meßdatenverwaltung 47, 67
  Meßumgebung 64ff.
  Mittelwert 126

Paralleles Backup *siehe* Paralleles
    Backup, Leistungsuntersuchungen
Paralleles Restore *siehe* Paralleles
    Restore, Leistungsuntersuchungen
Reapply *siehe* Reapply, Leistungsun-
    tersuchungen
Standardabweichung 126
Variationskoeffizient 126
Werkzeuge 45ff.
Log 71
    Archiv-Log 72
    Archivierung
      siehe Logging, Log-Information,
        Archivierung
    copy aside log 75
    copy forward 75
    gemeinsames Log 72f., 90
    getrenntes Log 72
    Größe 95ff.
    lineares Log 73
    Log-Dateien **73**, 97
    Nachbehandlung 105
      Kompression 105
      Neusortierung *siehe auch* Log-
        Clustering-Verfahren, 106
      Zeitpunkt 108
    Redo-Log 73
    temporäres Log 72f.
    Undo-Log 73
    zyklisches Log 73
Log Sequence Number 76, **77**, 79, 82, 88,
    133, 142
    pageLSN 78, 133, 142
Log-Clustering-Verfahren
    LogSplit 93f., 105ff.
      Algorithmus 106ff.
      Cluster-Granulat **107**, 114, 119
      Leistungsuntersuchungen 113ff.
      Reapply 109ff.
      Recovery 116ff.
Logging 69ff.
    ARIES 78, 82
    Compensation Log Record
      siehe Compensation Log Record
    Log *siehe* Log
    Log Sequence Number

      siehe Log Sequence Number
    Log-Information 69ff.
      Archivierung 73ff., 82, 97, 112
    logisches *siehe* Logisches Logging
    physiological
      siehe Physiological Logging
    physisches *siehe* Physisches Logging
    Transaction low-water mark 73ff., 133
Logisches Logging **76f.**, 92, 106, 133
LSN *siehe* Log Sequence Number

Magnetband *siehe* Bandlaufwerk
Magnetplatte
    Cache 148, 151
    Positionierungszeit 156
      Latenzzeit 99, 102, 147f., 151f.
      Seek-Zeit 99, 102, 104, 147
Media recovery
    siehe Recovery, media recovery
Microsoft SQL Server 34

O$_2$ 34
ObjectStore 34, 130f., 136, 138
Offline-Backup **27**, 61, 121ff.
Online-Backup 26, **27**, 51, 61, 128ff., 173
    eingeschränktes **129**, 131
    Implementierung 131ff.
    Klassifikation 128ff.
    kommerzielle Datenbanksysteme 34
    vollständiges **129**
Online-Reapply 62
Online-Recovery **29**, 63, 93f.
    kommerzielle Datenbanksysteme 34
    LogSplit 117
Online-Restore 62
Open *siehe* Transaktion, Zustand, offen
OpenIngres 34
Oracle 34, 51, 62, 73f., 129, 138

Parallele Recovery
    Reapply *siehe* Paralleles Reapply
    Restore *siehe* Paralleles Restore
Paralleles Backup **27**, 61, 157ff.
    Ausführungsparallelität 158
    Container **160**
    dynamische Verfahren **170**
    high level Parallelität 158

I/O-Parallelität 158, 161
I/O-Prozesse 162
Implementierung 170ff.
Klassifikation 163ff.
kommerzielle Datenbanksysteme 34
Leistungsuntersuchungen 176ff.
   Analytische Modelle 176ff.
   Messungen 180ff.
low level Parallelität 158
Paket 162
Partition **160**
Puffer 162
Sicherungsgranulat 160
statische Verfahren **170**
Teilsicherungen **161**
Verteilgemeinschaft **161**, 164
Zugriffsparallelität 158
Paralleles Reapply 62, **118f.**
LogSplit 118f.
Paralleles Restore **30**, 62, 169ff.
siehe auch Paralleles Backup
Implementierung 171ff.
kommerzielle Datenbanksysteme 34
Leistungsuntersuchungen 176ff.
   Analytische Modelle 179f.
   Messungen 182
Redirect-Restore **169**
Partielle Recovery **28**, 63, 91ff.
Abgeschlossenheitsbedingung **91**, 93, 116
kommerzielle Datenbanksysteme 34
LogSplit 116f.
selektiv **29**, 91, 161
   kommerzielle Datenbanksysteme 34
Vollständigkeitsbedingung **91**, 93, 116
Partielles Backup **25**, 61, 160
kommerzielle Datenbanksysteme 34
Partielles Reapply 62
Partielles Restore 62
Partitionen
physische 65
Physiological Logging 50, 52, 56, **77f.**, 80, 82, 94, 99, 102, 106, 133
Physisches Logging 50, **75f.**, 79, 92, 94, 99, 102, 106, 133
POET 34

Point-In-Time-Recovery **29**, 62, 71, 88ff., 105f., 113
backward recovery **29**, 90
forward recovery **29**, 89
kommerzielle Datenbanksysteme 34

RAID 37ff., 158
EDAP Kriterien 39
Level 1–6 **38**
RAID Advisory Board 37, 39
Raw Device 22, 41, 65, 104, 124, 159
Reapply **24**, 132f.
siehe auch Recovery
Algorithmen 83ff.
Leistungsuntersuchungen 94ff.
   Analytische Modelle 94ff.
   Messungen 104f.
LogSplit 109ff.
   Leistungsuntersuchungen 114ff.
paralleles *siehe* Paralleles Reapply
Recovery 17, **24**
siehe auch Restore und Reapply
crash recovery 17
disaster recovery 39
kommerzielle Datenbanksysteme 34
komplett *siehe* Komplett-Recovery
media recovery 18, 24
online *siehe* Online-Recovery
parallel *siehe* Parallele Recovery
partiell *siehe* Partielle Recovery
Point-In-Time
   siehe Point-In-Time-Recovery
R1-Recovery 23
R2-Recovery 23
R3-Recovery 23
R4-Recovery 24
selektiv
   siehe Partielle Recovery, selektiv
transaction recovery 17
Verfahren 88ff.
Redo *siehe* Transaktion, Redo
Remote-Backup 39ff.
1-safe Algorithmen 40
2-safe Algorithmen 40
Restore **24**, 132
siehe auch Recovery

komplett *siehe* Komplett-Restore
parallel *siehe* Paralleles Restore

Schattenspeicherverfahren 70, 77
Seiteneinbringstrategie
   siehe Einbringstrategie
Seitenersetzungsstrategie *siehe* Datenbank-
     puffer, Seitenersetzungsstrategie
Selektive Recovery
   siehe Partielle Recovery, selektiv
SESAM/SQL-Server 34, 130, 132
Sicherungsgerät *siehe* Speichergerät
Sicherungsmechanismen
   Betriebssystem 41ff.
Sicherungsstrategie 43f.
SMP *siehe* Space Map Pages
Space Map Pages 140, 143
Speichergerät **159**
Speichermanagementsystem 43
Sperren
   Kurzzeitsperren 76
   Langzeitsperren 76
   Latch 76f.
   Lock 76
   Satzsperren 76
   Seitensperren 76
Spiegelung 37
Sybase SQL Server 34, 59, 61, 74, 129
Systemfehler **17**, 23, 30ff., 70

Table Spaces 22, 160
TPC Benchmark C 54, 56, 58, 101f., 114,
    126
Transaction low-water mark *siehe* Logging,
    Transaction low-water mark

Transaktion **22**
   aktive 73, 84, 90, 95
   lange 72, **74**, 86, 130
   Lokalität 114
   Redo **70**, 83ff.
     selektives 83, 85f.
     vollständiges 86
   Redo-Information 70ff., 75ff.
   Undo **70**, 83ff.
     maximumbildendes 88
     sequentielles 87
     transaktionsbezogenes 87
   Undo-Information 70ff., 75ff., 84, 86,
     89f., 133, 135
   Zustand 22
     abgebrochen **23**, 83ff., 95
     erfolgreich beendet **22**, 83ff., 95
     offen **23**, 83ff., 95
Transaktionsfehler **17**, 23, 30ff., 70, 95
Transaktionskonsistenz 91, 113, 129, 131ff.
   siehe auch ACID
TransBase 34

UDS/SQL 34
Undo *siehe* Transaktion, Undo
Update in place
   siehe Einbringstrategie, direkte

Vektor-Read **153**
Vektor-Write **145**
Volumes
   logische 65
   physische 65

e
e-business

Es muss schon eine starke
Software
sein, die mit
4.000.000
Transaktionen pro
Stunde fertig wird.
Das ist Software
von IBM.

IBM

DB2 Universal Database verkraftet selbst solche Transaktionsvolumina, bei denen die
meisten konventionellen Datenbanken in die Knie gehen. Schließlich ist sie die leistungs-
stärkste Kundenservice-Datenbank, die je für UNIX-, Linux- und Windows-Umgebungen entwickelt wurde. Testen Sie
selbst. Kostenlos. Infos unter ibm.com/software/soul/data/de

Software is the soul of e-business.

Sicherheit für R/3-Daten

Backup und Restore sind zeitraubende Routine-Aufgaben in einer IT-Umgebung, die jedoch gerade angesichts der Bedeutung der SAP-Daten für das Unternehmen eine Schlüsselrolle in der IT-Prozesskette spielen. Tivoli Data Protection for R/3 erlaubt eine weitgehende Automation von Datensicherungsvorgängen und stellt durch Einsatz moderner Technologien wie der Split-Mirror-Technik oder der Integration und Nutzung von Storage Area Networks (SAN) die optimale Leistung sowie Verfügbarkeit der SAP-Umgebung sicher. Die Software setzt auf SAP DBA auf, einem von SAP definierten Satz von Funktionen für die Datenbank-Administration. Tivoli Data Protection for R/3 schlägt die Brücke zwischen SAP DBA und Tivoli Storage Manager. So lassen sich auch die Daten multipler R/3-Systeme auf unterschiedlichen Plattformen gemeinsam sichern.

Der Einsatz eines Storage Area Network entlastet die LANs und eröffnet gleichzeitig die gemeinsame Nutzung kostspieliger Peripherie-Ressourcen, wie etwa Bandbibliotheken und Kassettenroboter. Die Tivoli-Lösung verbindet, falls gewünscht, jeden Server mit jeder Tape Library des Unternehmens. Diese werden von Tivoli Storage Manager zu zentralen Backup- und Archiv-Servern aufgewertet. Weil der Storage Manager via CommonStore auch die R/3-Archivierung unterstützt, wird er zum universellen Speichertool für SAP-Anwender. Diverse Disaster-Recovery-Optionen bieten adäquate Datensicherheit bei Störfällen. Ebenfalls optional ist ein Java-basierter Administration Assistent, der als 'Single Point of Control' Überwachungsfunktionen für das R/3-Daten- und Speichermanagement eines oder mehrerer Systeme bietet.

Mehr Leistung durch Multi-Threading

Einer der Hauptvorteile von Tivoli Data Protection for R/3 ist eine Performance, wie sie für das Backup geschäftskritischer Daten unverzichtbar ist. Die gesamte Architektur der Software ist mit Blick auf die angestrebte Leistung auf Multi-Threading ausgelegt, optimiert also die Nutzung der CPU-Kapazitäten in den SAP-typischen Symmetrischen Multiprozessor (SMP)-Umgebungen durch die parallele Abwicklung von Backup-Aktivitäten. So können etwa Datentransfers von mehreren Datenbankservern zum Storage Manager gleichzeitig abgewickelt werden, ebenso die Auslagerung der Daten von verschiedenen Platten auf Magnetbänder. Damit verkleinert sich das Backup-Fenster, in dem das SAP-System nicht oder nur bedingt verfügbar ist, erheblich. Diesem Zweck dient auch die parallele Nutzung multipler Datenpfade und Mediasysteme, die wiederum ausgetüftelte Verfahren wie File Multiplexing und Adaptive File Sequencing nach sich zieht. Auch verschiedene Kompressionsverfahren dienen der Leistungssteigerung des Gesamtsystems.